DISCOURS ET TERMINOLOGIE DANS LA PRESSE SCIENTIFIQUE FRANÇAISE (1699-1740)

CONTEMPORARY STUDIES IN DESCRIPTIVE LINGUISTICS

VOL. 43

Edited by
PROFESSOR GRAEME DAVIS & KARL A. BERNHARDT

PETER LANG
Oxford • Bern • Berlin • Bruxelles • Frankfurt am Main • New York • Wien

Claudio Grimaldi

DISCOURS ET TERMINOLOGIE DANS LA PRESSE SCIENTIFIQUE FRANÇAISE (1699–1740)

LA CONSTRUCTION DES LEXIQUES DE LA BOTANIQUE ET DE LA CHIMIE

PETER LANG
Oxford · Bern · Berlin · Bruxelles · Frankfurt am Main · New York · Wien

Bibliographic information published by Die Deutsche Nationalbibliothek
Die Deutsche Nationalbibliothek lists this publication in the Deutsche Nationalbibliografie; detailed bibliographic data is available on the Internet at http://dnb.d-nb.de.

A catalogue record for this book is available from the British Library.

Library of Congress Control Number: 2017952411

This publication has been made possible thanks to the support of the Dipartimento di Studi Economici e Giuridici of the University of Naples « Parthenope ».

Cover design by Peter Lang Ltd.

ISSN 1660-9301
ISBN 978-1-78707-923-6 (print) • ISBN 978-1-78707-924-3 (ePDF)
ISBN 978-1-78707-925-0 (ePub) • ISBN 978-1-78707-926-7 (mobi)

© Peter Lang AG 2017

Published by Peter Lang Ltd, International Academic Publishers,
52 St Giles, Oxford, OX1 3LU, United Kingdom
oxford@peterlang.com, www.peterlang.com

Claudio Grimaldi has asserted his right under the Copyright, Designs and Patents Act, 1988, to be identified as Author of this Work.

All rights reserved.
All parts of this publication are protected by copyright.
Any utilisation outside the strict limits of the copyright law, without
the permission of the publisher, is forbidden and liable to prosecution.
This applies in particular to reproductions, translations, microfilming,
and storage and processing in electronic retrieval systems.

This publication has been peer reviewed.

Printed in Germany

À ma famille
À jamais

Table des matières

Liste des tableaux — ix

Remerciements — xi

MARIA TERESA ZANOLA
Présentation — xiii

JOHN HUMBLEY
Préface — xv

Liste des abréviations — xix

Introduction — xxi

PREMIÈRE PARTIE — 1

CHAPITRE 1
La naissance de l'idéal de « science moderne » et la conception des nouvelles pratiques savantes — 3

CHAPITRE 2
L'écriture de la science en France à la fin du XVIIe siècle et au début du siècle suivant — 41

DEUXIÈME PARTIE   69

CHAPITRE 3
Prémisse méthodologique   71

CHAPITRE 4
La langue scientifique au XVIIIe siècle : la construction des
lexiques de la botanique et de la chimie   97

Conclusion générale   173

Annexe 1   185

Annexe 2   195

Bibliographie   205

Index   225

Tableaux

Tableau 1.	Jean-Pierre Vittu, nombre de périodiques savants créés de 1665 à 1714	60
Tableau 2.	Jean-Pierre Vittu, journaux savants publiés pendant plus de vingt ans, dans l'ordre de leur création, avec les années de première parution	61
Tableau 3.	Nombre total des articles composant le corpus	78
Tableau 4.	Liste des termes retenus pour l'analyse terminologique suivis de leur datation	80–83
Tableau 5.	Évolution dénominative des termes *étamine* et *pistil*	134
Tableau 6.	Évolution dénominative du terme *calice*	136

Remerciements

Cette publication a été réalisée grâce au soutien du Dipartimento di Studi Economici e Giuridici de l'Université de Naples « Parthenope ».

Je tiens à remercier tous ceux qui ont contribué avec leur encouragement à la réalisation de cet ouvrage. Toute ma gratitude va à ma directrice de thèse Jana Altmanova pour m'avoir guidé et conseillé avec générosité depuis mes années de formation universitaire.

J'adresse ma reconnaissance à Carolina Diglio et Maria Teresa Zanola pour leur soutien et leurs conseils qui m'ont permis d'avancer dans la réalisation de cette publication.

Mes remerciements vont également à John Humbley, qui m'a fait l'honneur de préfacer cet ouvrage et qui a suivi avec enthousiasme la finalisation de ce volume, et à Gabrielle Le Tallec, pour ses conseils précieux.

J'exprime enfin ma sincère gratitude à Serena, Magi, Michele, Silvia et Jacopo, pour leur support tout au long de mes recherches.

MARIA TERESA ZANOLA

Présentation

Les recherches de l'Auteur sont le fruit d'un travail novateur en terminologie diachronique dont le suivi est un enrichissement scientifique dû à la rigueur et au soin apportés dans sa démarche d'enquête, dans le foisonnement d'idées et de suggestions évoquées, dans la pénétration intellectuelle et l'effort pointu pour atteindre les résultats que ce volume nous présente.

Cet ouvrage a pour objet central l'analyse du rapport étroit entre la structuration des connaissances et l'évolution terminologique et langagière recensée dans les genres textuels adoptés par la communauté scientifique au cours des premières quarante années du XVIIIe siècle. Le choix très heureux d'élection du genre de la presse scientifique périodique constitue à lui seul un aspect de forte originalité qui réserve à plusieurs reprises beaucoup d'autres remarques d'authenticité et de traits inédits.

La reconstruction du cadre historique et culturel de l'évolution de la science, dans les domaines de la botanique et de la chimie notamment, accompagne la construction d'un corpus textuel significatif pour une analyse terminologique systématique. Cela conduit l'Auteur à développer – pour chaque source et à chaque pas de son enquête – un examen critique des informations pertinentes qu'il fournit : le corpus terminologique ainsi constitué puise dans les pages des centaines d'articles du *Journal des savants* et des *Histoire et Mémoires de l'Académie royale des sciences* de 1699 à 1740, des lieux d'analyse précieux, jusqu'ici nullement considérés pour des recherches terminologiques.

L'histoire de l'idéal de science moderne, dans le dialogue entre théorie et pratique, entre expérimentation et institutionnalisation des pratiques savantes, entre Académies d'État et provinciales, devient le terrain spécial pour donner naissance aux formes de narration qui se révèlent les plus adéquates. Entre histoire des sciences et histoire des idées, l'Auteur sait nous fournir les idées clés du contexte vers lequel il va introduire le lecteur.

La presse scientifique analysée documente ce tournant décisif au niveau européen, qui formalise des modèles privilégiés pour la diffusion des savoirs aussi bien que pour l'histoire des genres textuels de la communication scientifique du XVIIIe siècle. Une des contributions majeures de ce travail est constituée par la discussion, riche et détaillée, de la terminologisation conceptuelle d'un nouveau système ontologique qui va vers la systématisation : des « termes d'auteur » (*placenta, verticillé*) à des formations populaires (*belle-de-nuit, nopal, cytise*) aux travaux collectifs (*dissolubilité, malléabilité, talqueux, glutineux*, entre autres), sont illustrées les modalités du développement de la pensée par le développement du vocabulaire et les différents types d'évolution terminologique dans la tranche diachronique évaluée.

La clarté de l'analyse est une qualité qui sait restituer une démarche ardue de manière passionnante et très intéressante pour le lecteur. Une des clefs de la démonstration est l'exposition de l'état de la langue scientifique de la botanique avec la classification linnéenne et de la langue de la chimie avant la méthode de terminologie chimique de Lavoisier. La démonstration, parfaitement bouclée, vise à identifier les apports spécifiques des articles de la presse scientifique du corpus identifié pour la circulation des savoirs et pour la structuration discursive de la langue scientifique.

Ce volume contribue à déployer un véritable trésor de contenus variés, riche en collecte d'informations et en données analysées, mais aussi complet dans ses analyses lexicologiques et terminologiques et dans ses sources documentaires et sa bibliographie approfondie.

L'Auteur traverse en profondeur un contexte de savoirs complexe et savant, et pour lequel seule une approche textuelle terminologique et culturelle permet de faire avancer la connaissance et le questionnement de façon décisive. C'est une réponse documentée sur l'intérêt des données produites à partir du dépouillement – manuel surtout et très rigoureux – de la presse scientifique à ses débuts, nous permettant l'accès à des sources qui ne sont pas encore numérisées.

JOHN HUMBLEY

Préface

En 2003, l'Association des Sciences du langage organisait un colloque intitulé *Mais que font les linguistes* ?[1] Le but était de montrer que les linguistes, outre leur travail théorique sur la langue, avaient également vocation à jouer un rôle plus large dans la société, notamment en apportant leur savoir et leur méthodologie à des projets transdisciplinaires. Ainsi leur collaboration aux domaines de l'histoire des sciences s'est révélée particulièrement fructueuse. En effet, la principale trace de l'innovation scientifique du passé est à chercher dans le langage qui l'exprime : nous connaissons l'évolution des sciences grâce aux écrits que nos prédécesseurs nous ont laissés. L'historien se focalise sur les faits, les méthodes, les hypothèses ; le linguiste sur la façon de les exprimer. La démarche de l'un éclaire la recherche de l'autre.

La prise en compte de la dimension linguistique de l'évolution des sciences est devenue aujourd'hui une évidence, et les exemples de collaboration se multiplient. L'Italie joue depuis longtemps un rôle clé dans ces explorations pluridisciplinaires, menées en particulier par l'Istituto per il Lessico Intellettuale Europeo e Storia delle Idee (ILIESI),[2] animées par Giovanni Adamo, et illustrées plus récemment par les travaux de Maria Teresa Zanola,[3] pour ne nommer que ceux qui ont directement orienté les recherches présentées dans cet ouvrage. C'est donc dans ce terreau que

---

1   Christine Jacquet-Pfau et Jean-François Sablayrolles (dir.), *Mais que font les linguistes ? Les Sciences du langage, vingt ans après*. Actes du colloque 2003 de l'Association des Sciences du langage, Présentation par Jean Pruvost (Paris : L'Harmattan, Collection « Sémantiques », 2005).
2   <http://www.iliesi.cnr.it/index.shtml>
3   Maria Teresa Zanola, *Arts et métiers au XVIIIᵉ siècle. Études de terminologie diachronique*. Préface d'Alain Rey, Postface de Bénédicte Madinier (Paris : L'Harmattan, Collection « Rose des vents », 2014).

Claudio Grimaldi a mûri son projet d'étudier l'émergence de deux langues de spécialité, celles de deux disciplines clés du XVIIIe siècle : la botanique et la chimie. À partir de l'hypothèse d'une collaboration entre le linguiste et l'historien des sciences, il démontre que la néologie, l'innovation dans la langue, représente la trace visible et analysable de l'innovation scientifique. On peut, selon cette hypothèse, suivre et mieux comprendre l'évolution de la pensée scientifique en étudiant celle de la langue utilisée.

Il ne s'agit pas toutefois, on s'en doute bien, d'une correspondance directe entre innovation scientifique et néologie linguistique, d'où la nécessité d'une collaboration étroite entre le linguiste et l'historien. Ainsi, la définition du terme *acide*, pour prendre un exemple connu, n'a cessé d'évoluer en fonction du progrès des connaissances scientifiques, de telle sorte que c'est l'analyse de tout le contexte textuel disponible qui s'impose pour détecter l'évolution de la pensée. Parmi les genres textuels qui jouent un rôle dans la transmission de l'évolution des idées, il convient de signaler et d'explorer celui de l'article de recherche. Or, c'est précisément une des originalités de la démarche de Claudio Grimaldi que d'étudier l'évolution de la terminologie de ces deux disciplines, en prenant comme corpus un type de publications que l'on peut considérer comme l'ancêtre de l'article scientifique. Il a donc retenu comme base de son corpus *Le Journal des sçavans*, première publication en France, voire en Europe, consacrée à la divulgation de la recherche, fondée en 1655, ainsi que les *Histoire et Mémoires de l'Académie royale des sciences*, publiés à partir de 1699.

Le choix des disciplines de cette étude linguistique n'est pas dû au hasard. Ces deux sciences alors en plein développement avaient comme point commun le besoin impérieux de classification et surtout la nécessité de définir des critères clairs permettant ces classifications. Or, pour l'essentiel, ces critères ont été fixés, en France tout au moins, après la période étudiée par l'auteur, qui s'est imposé la date de 1740 comme limite de sa recherche actuelle. À cette époque, la révolution linnéenne n'est pas encore connue en France, et celle de la chimie devra attendre la période pré-révolutionnaire. Les analyses des deux périodiques savants révèlent donc non l'achèvement de cette réflexion mais les prémisses de ce qui provoquera d'importants bouleversements scientifiques. Les tentatives de classification botanique, pour n'en donner qu'un exemple, avaient connu des avancées significatives pendant la période retenue, et les travaux de Tournefort continuaient de dominer la réflexion botanique de la première moitié du XVIIIe siècle. Le système proposé par ce botaniste se révéla finalement ou trop complexe pour être opérationnel ou trop peu pertinent, mais il avait préparé le terrain pour l'application d'autres critères, notamment ceux de la reproduction sexuée des plantes. Voilà ce que nous disent les livres d'histoire. Mais, ce que nous montre l'auteur, c'est que cet effort de conceptualisation était déjà inscrit dans le langage des scientifiques de ce début du XVIIIe siècle : si l'on commence, pendant cette période, à forger des adjectifs de relation, construits sur les modèles des langues classiques (essentiellement du grec), c'est que les scientifiques passent du stade de la description, exprimée par des formulations analytiques (« ... les graines de la plante sont exposées ... »), à celui de la classification, réalisée au moyen d'une de ces constructions savantes (*plante gymnosperme*). Ce n'est pas encore la classification linnéenne, mais du point de vue linguistique et conceptuel, la voie était désormais ouverte. Et ce qui vaut pour les adjectifs de relation sera également développé pour d'autres innovations linguistiques qui concourront à la création du français de la botanique ... et des sciences en général.

La finesse de l'étude de Claudio Grimaldi et son choix du corpus nous donnent un aperçu privilégié de la pensée des scientifiques dont les écrits ont été préservés dans les articles analysés : en effet, les savants de l'époque sont amenés à expliquer leurs choix terminologiques, à les justifier, et parfois à employer les termes vulgaires, faute d'autre solution. Ce sont leurs écrits qui révèlent les méthodes de conceptualisation exprimées par le langage. C'est en même temps un aperçu d'un moment privilégié du passage du latin comme langue scientifique, de plus en plus concurrencé par les vernaculaires, à la constitution du français scientifique, qui s'appuie fortement sur l'héritage gréco-latin.

Pour répondre alors à notre question initiale : Mais que font les linguistes ? nous pourrons désormais nous appuyer aussi sur l'étude de Claudio Grimaldi, qui comblerait d'aise l'Association des Sciences du langage : le linguiste y engage en effet le dialogue avec les historiens des sciences et fait la démonstration, à partir d'études linguistiques fines d'écrits de savants, de l'interdépendance de l'évolution de la pensée scientifique et de la mise en place d'une langue de spécialité.

Abréviations

BW	*Dictionnaire étymologique de la langue française* d'Oscar Bloch et Walther von Wartburg (version papier).
DA	(ab. suivie de l'année) *Dictionnaire de l'Académie française* (version en ligne <http://www.lexilogos.com/francais_classique.htm>).
DC	*Dictionnaire culturel en langue française* d'Alain Rey (version papier).
DF	*Dictionnaire universel* d'Antoine Furetière (version en ligne <http://www.lexilogos.com/francais_classique.htm>).
DH	*Dictionnaire historique de la langue française* d'Alain Rey (version papier).
DR	*Encyclopédie ou Dictionnaire raisonné des sciences, des arts et des métiers*, 1751–1772 (version en ligne <http://www.lexilogos.com/francais_classique.htm>).
DRAE	*Diccionario de la Real Academia española* (version en ligne <http://www.rae.es>).
DT	*Dictionnaire universel françois et latin*, Dictionnaire de Trévoux, 1704 (version disponible sur <http://gallica.bnf.fr/>).
GR	*Grand Robert* (version 2016, disponible en ligne <http://www.lerobert.com>).
TB	*Tela Botanica* (réseau collaboratif de botanistes, ONG régie par la loi de 1901 <http://www.tela-botanica.org/>).
TLFi	*Trésor de la langue française informatisé* (version en ligne <http://www.atilf.fr>).

Les références bibliographiques complètes des ouvrages sont indiquées dans la Bibliographie qui termine ce travail.

Introduction

Dans ce travail nous menons une réflexion concernant le rapport étroit existant entre la structuration des connaissances, l'évolution des langues de spécialité et les genres textuels adoptés par la communauté scientifique. Notre hypothèse de départ est qu'au fil de certaines périodes complexes de l'histoire des sciences, notamment lorsque les domaines scientifiques sont impliqués au niveau linguistique dans une nécessité de systématisation du vocabulaire témoignant de l'adoption progressive de structures et schèmes nouveaux de la pensée, l'évolution dans la langue et l'évolution des connaissances s'accompagnent d'un genre textuel adéquat et novateur au sein de la communauté scientifique censée aider la stabilisation des évolutions citées.

En terminologie diachronique plusieurs études récentes ont démontré, en effet, l'intérêt d'une approche s'intégrant à la linguistique de corpus et outillée, ainsi qu'à la terminologie textuelle afin de souligner au niveau théorique les évolutions linguistiques liées aux différents états de langue et, au niveau pratique, les avantages appliqués pour la didactique des langues de spécialité, ainsi que pour la traduction découlant de la prise en compte de la dimension diachronique.[1] Cette même dimension a été considérée

---

[1] Cf. Pascaline Dury, *Étude comparative et diachronique de l'évolution de dix dénominations fondamentales du domaine de l'écologie en anglais et en français,* Thèse de Doctorat sous la direction de Philippe Thoiron, Université Lumière Lyon II, 1997 ; Aurélie Picton, *Diachronie en langue de spécialité. Définition d'une méthode linguistique outillée pour repérer l'évolution des connaissances en corpus. Un exemple appliqué au domaine spatial,* Thèse de Doctorat sous la direction d'Anne Condamines, Université Toulouse le Mirail – Toulouse II, 2009 ; Pascaline Dury et Aurélie Picton, « Terminologie et diachronie : vers une réconciliation théorique et méthodologique ? », *Revue française de linguistique appliquée* XIV-2 (2009), pp. 31–41 ; Nadine Celotti et Maria Teresa Musacchio, « Un regard diachronique en didactique des langues de spécialité », *Revue de didactologie des langues-cultures et de lexiculturologie* 135/3 (2004), pp. 263–270 ; Maria Teresa Zanola, *Arts et métiers au XVIIIe siècle. Études de terminologie diachronique* (Paris : L'Harmattan, 2014).

comme base de départ dans une autre filière d'études, plutôt penchées sur le côté de la rhétorique, dans lesquelles les textes scientifiques sont analysés pour explorer les résultats relevant de l'application de certaines stratégies de la critique littéraire sur des textes non littéraires.[2]

Dans la filière des études terminologiques, des contributions en diachronie rapprochant le pôle linguistique, le pôle textuel et le pôle disciplinaire des domaines scientifiques impliqués dans l'analyse linguistique et textuelle restent encore marginales. Notre travail s'inscrit, donc, dans des pistes de recherche qui jusqu'à maintenant ont pris en considération les ouvrages d'un savant pour en proposer une analyse linguistique, mais dont les réflexions avancées n'ont pas exploré un genre textuel ou un groupe de savants appartenant tous à une même communauté scientifique.[3]

Dans ce type d'études, les trois noyaux cités (les pôles disciplinaire, textuel et linguistique) doivent être pris en considération dans des étapes de travail séparées, mais complémentaires pour valider l'hypothèse de départ. Tout d'abord il s'agit de retracer un cadre historique et culturel de l'évolution de la science pendant la fenêtre temporelle sur laquelle nous nous pencherons pour l'analyse terminologique. Des sources bibliographiques relevant principalement de l'histoire et de la philosophie des sciences s'avèrent être ici fondamentales. À ce propos il faut préciser que, dans cette première étape, cette vue d'ensemble de la période historique analysée ne peut pas se limiter strictement à la période retenue parce que l'évolution des connaissances se veut un *continuum* dont les limites temporelles et spatiales sont très floues.

---

2   Cf. Fernand Hallyn, *La structure poétique du monde : Copernic, Kepler* (Paris : Seuil, 1987) ; Fernand Hallyn, « Dialectique et rhétorique devant la "nouvelle science" du XVIIe siècle », in *Histoire de la rhétorique dans l'Europe moderne : 1450–1950*, éd. Marc Fumaroli (Paris : PUF, 1999), pp. 601–627 ; Fernand Hallyn, *Les structures rhétoriques de la science* (Paris : Seuil, 2004) ; Fernand Hallyn (éd.), *Metaphor and Analogy in the Sciences* (Dordrecht-Boston-London : Kluwer, 2000).

3   Cf. Fabrice Chassot, *Le Dialogue scientifique au XVIIIe siècle* (Paris : Classiques Garnier, 2011) ; Maria Luisa Altieri Biagi, *Galileo e la terminologia tecnico-scientifica* (Firenze : Olschki, 1965) ; Christian Licoppe, *La formation de la pratique scientifique. Le discours de l'expérience en France et en Angleterre (1630–1820)* (Paris : La Découverte, 1996) ; Simone Mazauric, *Fontenelle et l'invention de l'histoire des sciences à l'aube des Lumières* (Paris : Fayard, 2007).

Introduction xxiii

Dans cette perspective, il n'est pas sans intérêt de remarquer que certains événements fondamentaux de l'histoire des sciences, tels que l'adoption de la méthode expérimentale et d'une approche mathématique au monde, n'ont des conséquences significatives qu'après plusieurs décennies.

Deuxièmement, afin de construire un corpus qui soit représentatif pour l'analyse terminologique que nous voulons mener, il est essentiel de dégager les genres textuels majeurs de la période historique retenue. De même que pour l'histoire des sciences, l'histoire des genres textuels est faite de publications se succédant rapidement parmi lesquelles il peut être difficile de saisir l'attestation d'un nouveau genre. Cependant des besoins de communication liés parfois à des facteurs externes à la dynamique des genres textuels s'imposent et les savants sont censés adopter un genre pour satisfaire leurs nécessités communicationnelles : nous citons ici à titre d'exemple l'adoption du *dialogue* par Galilée et de l'*entretien* par Fontenelle pour faire face à la censure et vulgariser leurs idées scientifiques.

Enfin, après la construction d'un corpus de textes relevant du genre textuel choisi par rapport à la fenêtre temporelle retenue, une analyse terminologique peut être conduite afin de pouvoir dégager les phénomènes de l'évolution linguistique et conceptuelle des domaines scientifiques choisis. L'utilisation d'outils informatiques propres à la linguistique de corpus peut constituer dans cette étape un avantage non négligeable.

L'articulation de ces trois étapes représente à notre avis la méthode la plus exacte pour pouvoir retracer des évolutions dans la langue et dans les connaissances de certains domaines qui tiennent en compte le rôle indéniable joué par les genres textuels de la communication scientifique qui font l'objet d'un choix délibéré et intentionnel de la part des savants.

C'est pourquoi ce travail s'organise autour de ces trois étapes dans quatre chapitres, l'un d'entre eux étant consacré aux principes méthodologiques adoptés et au corpus créé. Le Chapitre 1 situe notre recherche dans le *continuum* de l'histoire des sciences, en soulignant le caractère non statique des connaissances scientifiques. Les aspects principaux liés à l'émergence du concept de science moderne, notamment par rapport à l'Europe occidentale, sont ici présentés afin de créer un cadre historique et culturel le plus fidèle possible de la fenêtre temporelle retenue pour la successive analyse textuelle et terminologique (1699–1740).

Dans le Chapitre 2 nous détaillons les formes d'écriture, de partage et de diffusion des savoirs scientifiques retenus par les savants le long de la période analysée dans le Chapitre 1. Ces formes s'avèrent être fort hétérogènes et en évolution constante, relevant, d'un côté, du rapport changeant que la science entretient avec le grand public, et, de l'autre, des nouvelles valeurs dont la science est progressivement revêtue. Nous montrons également que la naissance de la presse scientifique périodique en France dans la seconde moitié du XVIIe siècle représente un tournant décisif au niveau européen à la fois pour les modèles retenus pour la diffusion des savoirs et pour l'histoire des genres textuels de la communication scientifique.

Le Chapitre 3 présente notre ancrage en terminologie textuelle qui permet de lier la pratique terminologique aux données textuelles de spécialité. Une approche sémasiologique, selon laquelle on prend les termes présents dans les textes comme le point de départ pour accéder ensuite aux concepts, est ici préférée, les concepts étant vu dans cette perspective comme le produit d'une construction qui se réalise dans le discours. Dans le Chapitre 3 nous justifions également la constitution, l'exploration et l'exploitation d'un corpus synchronique « en continu » qui permet d'observer l'évolution en diachronie à travers le repérage à l'intérieur d'un état de langue des usages des termes et de la stabilité des concepts auxquels les termes renvoient. Une réflexion sur les domaines retenus pour l'analyse terminologique, à savoir la botanique et la chimie, est également proposée afin d'en retracer l'évolution en tant que disciplines scientifiques unanimement reconnues par les savants. Ce chapitre se termine avec un tableau récapitulatif des termes extraits du corpus dont nous proposons la datation à partir des sources lexicographiques consultées.

Le Chapitre 4 présente l'analyse terminologique conduite sur les termes extraits du corpus et séparés dans deux sous-sections (la langue de la botanique et celle de la chimie) dans lesquelles d'ultérieures catégories d'analyse ont été proposées. Le point de départ de l'analyse est représenté par les occurrences des termes dans les articles du *Journal des savants* et des *Histoire et Mémoires de l'Académie royale des sciences*, dont la liste complète est fournie dans les Annexes 1 et 2 : le but est celui d'explorer les caractéristiques linguistiques principales de ces termes et les rapports discursifs existant au sein des textes qui les accueillent.

Introduction

Notre travail s'achève avec une conclusion générale dans laquelle, à partir de quelques réflexions relevant de la philosophie des sciences, nous présentons les phénomènes d'évolution terminologie et les enjeux discursifs dégagés dans le corpus créé et soulignons la pertinence de l'adoption du genre textuel de la presse scientifique périodique à la fois comme le moteur de la diffusion des connaissances disciplinaires et comme l'instrument de validation des phénomènes d'évolution linguistique cités.

PREMIÈRE PARTIE

CHAPITRE I

La naissance de l'idéal de « science moderne » et la conception des nouvelles pratiques savantes

> Ô soleil ! Ô cieux ! Qu'êtes-vous ? Nous avons surpris le secret et l'ordre de vos mouvements. Dans la main de l'Être des êtres, instruments aveugles et ressorts peut-être insensibles, le monde sur qui vous régnez mériterait-il nos hommages ? Les révolutions des empires, la diverse face des temps, les nations qui ont dominé, et les hommes qui ont fait la destinée de ces nations mêmes, les principales opinions et les coutumes qui ont partagé la créance des peuples dans la religion, les arts, la morale et les sciences, tout cela que peut-il paraître ? Un atome presque indivisible, qu'on appelle l'homme, qui rampe sur la face de la terre, et qui ne dure qu'un jour, embrasse en quelque sorte d'un coup d'œil le spectacle de l'univers dans tous les âges.
> — LUC DE VAUVENARGUES (1746), *Réflexions et maximes*

Les historiens des sciences considèrent la période qui va de la Renaissance jusqu'à la fin du siècle des Lumières comme le moment de construction de l'idéal de « science moderne ».[1] D'un point de vue épistémologique,

---

[1] Mazauric définit la science moderne comme « les différentes pratiques savantes qui sont mises en œuvre, ainsi que les différents savoirs que ces pratiques ont permis de construire tout au long des trois siècles qui correspondent, si l'on adopte la périodisation la plus courante, à l'époque moderne, celle qui, en gros, commence à la Renaissance pour s'achever à la fin du siècle des Lumières », Simone Mazauric, *Histoire des sciences à l'époque moderne* (Paris : Armand Colin, 2009, p. 4). Au niveau épistémologique il est intéressant de remarquer deux différentes dénominations pour indiquer les pratiques savantes de cette longue période, à savoir « science classique » et « science moderne », les deux qualificatifs gardant dans la plupart des cas une valeur purement descriptive. Bien que les deux dénominations soient rivales, notamment

la naissance de ce concept coïncide avec une topologie du savoir relevant de méthodes nouvelles, en raison desquelles des disciplines qui au Moyen Âge ou à la Renaissance bénéficiaient du statut de science sont rejetées hors du champ scientifique,[2] alors qu'en même temps des champs disciplinaires apparaissent et d'autres champs encore se transforment, en donnant naissance à des disciplines qui n'existaient pas auparavant.[3]

Bien que notre étude linguistique ne se situe au niveau temporel qu'à la fin du XVIIe siècle et au début du siècle suivant, il est intéressant de souligner que tout travail prenant en compte cette période historique nécessite une réflexion sur des facteurs contextuels et extralinguistiques concernant la scientificité des pratiques savantes, les méthodes scientifiques utilisées, ainsi que la conceptualisation des champs disciplinaires dont la construction remonte aux siècles précédents, caractérisés par des bouleversements épistémologiques importants et par un grand dynamisme au niveau de la pensée.

Aborder l'émergence de la science moderne implique, en effet, indiquer sous cette dénomination générique des savoirs et des champs disciplinaires différents, qui ont chacun une histoire singulière et des rythmes d'évolution propres, ces pratiques savantes devant être insérées dans les péripéties remarquables qui ont caractérisé l'histoire générale de ces trois siècles. Ce n'est que de cette manière que l'histoire des concepts et des théories scientifiques, sans être réservée à un public de scientifiques, ne se résout pas à un simple

---

d'un point de vue chronologique (pour les historiens des sciences la « science classique » concerne davantage le XVIIe siècle), elles signalent souvent un seul et même objet. C'est selon la différente posture face à cette acception qu'on retrouve des titres d'ouvrages de référence ayant recours aux deux différents adjectifs (entre autres, *La science classique XVIe–XVIIIe siècle* de Michel Blay et Robert Halleux, *La nascita della scienza moderna in Europa* de Paolo Rossi et *La naissance de la science classique au XVIIe siècle* de Michel Blay).

2   C'est le cas, en particulier, des sciences dites « divinatoires », comme l'astrologie et la chiromancie. Cf. Alfred Rupert Hall, *La Rivoluzione scientifica 1500/1800. La formazione dell'atteggiamento scientifico moderno* (Milano : Feltrinelli Editore, 1976 [1954]).
3   Par exemple, l'alchimie se transforme au point de donner naissance à la chimie moderne, alors que la physique mathématique se constitue en tant que discipline à part entière.

catalogue des découvertes accomplies durant cette longue période[4] et devient une discipline qui fait partie de l'histoire générale, au même titre que l'histoire culturelle, l'histoire des religions et des croyances. Sur le plan linguistique, les langues des savoirs reflètent le caractère dynamique des connaissances scientifiques qui travaillent par accumulation de découvertes. C'est pourquoi, pour le dire avec Ducos, « les langues des savoirs sont ainsi à la frontière de la linguistique, du cognitif et de l'épistémologique, se constituant progressivement : qu'il s'agisse de la langue technique ou de la langue scientifique, elles ne sont ni l'une ni l'autre figées, ni dans des pratiques néologiques, ni dans une structure sémantique. Elles témoignent ainsi de l'évolution des savoirs ».[5]

Or, parler de science moderne conduit aussi à réfléchir[6] sur la valeur et la nature de la connaissance scientifique basée sur des conceptions philosophiques et épistémologiques nouvelles, ainsi que, d'un point de vue strictement méthodologique, sur la conception de ce que l'on nomme aujourd'hui la « scientificité », à savoir l'activité théorique caractérisant la science en général. La construction de l'idéal de science moderne correspond en effet à une progressive démarcation et distinction – au sein d'institutions nouvelles – entre le scientifique et le non-scientifique, entre la science véritable et les pseudo-sciences, grâce à une méthode recourant à un langage mathématique et à une nouvelle conception de la rationalité.

---

4   Chaque champ disciplinaire a été, en effet, ponctué par des découvertes significatives, selon un rythme considérablement accéléré par rapport aux périodes précédentes. C'est le cas notamment de la découverte de la loi de la chute des corps par Galilée, l'invention de la géométrie analytique de Descartes, l'énoncé de la loi de l'attraction universelle par Newton et la découverte de l'oxygène par Lavoisier.

5   Joëlle Ducos, « Néologie lexicale et culture savante : transmettre les savoirs », in *Lexiques scientifiques et techniques. Constitution et approche historique*, éd. Bertrand Olivier, Gerner Hiltrud et Stumpf Béatrice (Palaiseau : Les Éditions de l'École Polytechnique, 2007), p. 254. Cf. entre autres, Id., « Terminologie médiévale française face au latin : un couple nécessaire ? », in *Le française en diachronie. Nouveaux objets et méthodes*, éd. Anne Carlier, Michèle Goyens et Béatrice Lamiroy (Berne : Peter Lang, 2015), pp. 133–160 ; Id., *La météorologie en français au Moyen Âge (XIIIe–XIVe siècles)* (Paris : Champion, 1998) ; *Néologies et sciences médiévales*, éd. Joëlle Ducos, numéro de la révue *Neologica* no. 7 (2013).

6   Cf. Alan F. Chambers, *Qu'est-ce que la science ? Popper, Kuhn, Lakatos, Fayerabend* (Paris : La Découverte, 1987).

L'évolution des pratiques savantes et le nouveau concept de science moderne sont bien évidemment liés aux formes de partage et de diffusion des savoirs scientifiques retenus par les savants le long de cette période. Ces formes, fort hétérogènes et en évolution constante, relèvent, d'un côté, du rapport changeant que la science entretient avec le grand public, et, de l'autre côté, des nouvelles valeurs dont la science est revêtue, notamment par les institutions officielles chargées de faire progresser la société grâce aux nouveaux atouts scientifiques.[7]

En effet, comme l'indique Paty,

> L'un des traits caractéristiques des connaissances scientifiques [...] est d'être produites et transformées au long du temps. Ce que nous appelons « la science » est fondamentalement non statique. Elle comporte une dimension temporelle intrinsèque qui se manifeste dans sa dynamique, visible tant dans les changements de contenus de connaissance, que dans le mouvement même de l'activité scientifique et dans les transformations liées à ses effets. Et, avant ces changements, dans la formulation même de ces connaissances, qui n'étaient pas données comme telles dans la nature, et qui ont donc été inventées ou créées dans leur propre espace symbolique.
>
> Cet aspect dynamique est devenu très apparent avec la science moderne et contemporaine, depuis le XVIIe siècle : l'augmentation et l'intégration de toutes les connaissances acquises incitent à donner corps à l'idée de « progrès ».[8]

Dans cette dimension non statique de la science, le rapport existant entre les pratiques savantes et les formes de l'écriture de la science est très étroit et s'évolue au fur et à mesure que les disciplines scientifiques se stabilisent dans leurs paradigmes conceptuels. Avant d'indiquer la nature et les caractéristiques des différentes formes d'écriture de la science retenues à la fin du XVIIe siècle et au début du XVIIIe siècle il est donc indispensable de fournir un aperçu plus vaste du concept de science et de communauté scientifique dans laquelle ces formes textuelles s'inscrivent.

---

7   Cf. Gerda Haßler, « Entre Renaissance et Lumières : les genres textuels de la création et de la transmission du savoir », in *Manuel des langues de spécialité*, éd. Werner Forner et Britta Thörle (Berlin : De Gruyter Mouton, 2016), pp. 446–471.

8   Michel Paty, « Du style en sciences et en histoire des sciences », in *Méthode et histoire. Quelle histoire font les historiens des sciences et des techniques ?*, éd. Anne-Lise Rey (Paris : Classiques Garnier, 2013), pp. 61–62.

Ce sont les différents aspects liés à l'émergence du concept de science moderne, notamment dans l'Europe occidentale (Italie, France, Angleterre et Allemagne), que nous analyserons ici de plus près, sans entrer toutefois dans les détails des théories scientifiques qui ont caractérisé la période de formation des pratiques savantes modernes.[9]

La redécouverte de l'Antiquité : l'influence des sources anciennes pour les nouveaux besoins de la dénomination et de la communication scientifique

> On reproche aux Anciens de n'avoir pas fait des méthodes, et les Modernes se croient fort au-dessus d'eux parce qu'ils ont fait un grand nombre de ces arrangements méthodiques et de ces dictionnaires dont nous venons de parler, ils se sont persuadés que cela seul suffit pour prouver que les Anciens n'avaient pas à beaucoup près autant de connaissances en histoire naturelle que nous en avons ; cependant c'est tout le contraire, et nous aurons dans la suite de cet ouvrage mille occasions de prouver que les Anciens étaient beaucoup plus avancés et plus instruits que nous le sommes, je ne dis pas en physique, mais dans l'histoire naturelle des animaux et des minéraux, et que les faits de cette histoire leur étaient bien plus familiers qu'à nous qui aurions dû profiter de leurs découvertes et de leurs remarques.
> — BUFFON (1749–1789), *Histoire naturelle, générale et particulière*

Un des traits caractérisant la science moderne est la volonté de renouer avec l'héritage de la culture antique, grecque et romaine, « considérée comme la seule culture véritable, la seule culture authentique, un héritage qui a été déformé, dénaturé par la barbarie médiévale ».[10] Cette visée concerne notamment les domaines artistique et littéraire, telle la redécouverte des langues et des œuvres antiques, qui relèvent du développement sans précédent de la

---

9   Cf. Gérard Simon, *Sciences et savoirs aux XVIe et XVIIe siècles* (Villeneuve d'Ascq : Presses universitaires du Septentrion, 1996).
10 Mazauric, *Histoire des sciences à l'époque moderne*, p. 35.

philologie, bien qu'on la retrouve également dans l'univers de la science, la pensée scientifique de la Renaissance étant caractérisée en général par sa diversité, sa richesse et sa profusion.[11] Toutefois ce désir de restitution de l'héritage antique s'étend progressivement à la totalité des courants scientifiques nés dans l'Antiquité et se caractérise comme une volonté d'assimilation critique dans le but de donner naissance à une culture renouvelée, qui a besoin de nouveaux moyens d'expression linguistique. C'est dans cet esprit, comme nous le verrons par la suite, que les savants des siècles successifs à la Renaissance puiseront dans les ressources morphologiques et lexicales des langues anciennes pour créer un répertoire terminologique adéquat aux nouveaux besoins de dénomination imposés par la nouvelle organisation des savoirs scientifiques.

L'apport majeur du rapprochement à la culture antique est sans aucun doute représenté par la réappropriation des sources classiques qui, indépendamment de la médiation des sources arabes, permettent un accès aux théories formulées par les Anciens[12] et notamment aux expressions linguistiques contenues dans les textes de l'Antiquité. Ce mouvement de réappropriation des sources anciennes se réalise avec un grand esprit critique qui permet l'intégration de l'héritage ancien et des nouveautés provenant des découvertes de nouveaux territoires qui se concrétise dans la création des cabinets de curiosités,[13] les lieux les plus emblématiques de

11   Cf. Eugenio Garin, *Rinascite e Rivoluzioni. Movimenti culturali dal XIV al XVIII secolo* (Roma-Bari : Laterza, 1976).
12   C'est le cas, par exemple, de la résurrection du platonisme qui a lieu grâce à la première traduction latine des écrits grecs, attribués à Trismégiste par Marsile Ficin, jusqu'alors complètement ignorés. Les croyances et les pratiques héritées de l'Antiquité connaissent donc une faveur nouvelle à la Renaissance et trouvent un aliment supplémentaire dans les découvertes géographiques qui marquent cette période. Les informations livrées par les récits des voyageurs s'intègrent en effet à la culture de l'époque, au moment même où celle-ci assimile les effets de la redécouverte du passé, surtout dans les domaines de la botanique et de la zoologie dont les modèles théoriques étaient ceux de la tradition intellectuelle antique.
13   C'est à la Renaissance qu'on voit se développer véritablement la pratique des collections, des collections d'œuvres d'art notamment, mais également et, peut-être surtout, de tous les vestiges de l'Antiquité que la période redécouvre : les statues ou simplement leurs fragments, aussi bien que les objets usuels, les pièces de monnaie frappées par les empereurs romains et baptisées médailles, dont les amateurs sont particulièrement

La naissance de l'idéal de « science moderne » 9

la culture savante du XVIe siècle, où apparaissent aussi bien les vestiges de l'Antiquité que ceux provenant des voyages et explorations géographiques.

De nombreux exemples du processus de réappropriation du patrimoine ancien peuvent être évoqués dans tout domaine de la science. Parmi les plus intéressants au niveau de l'expression linguistique nous citons ici les cas relatifs à l'astronomie[14] et à la médecine.[15] Il est, en effet, utile de remarquer

---

friands. La Renaissance invente en Italie les *studioli*, en Allemagne les *Wunderkammer*, les chambres des merveilles, et les *Kunstkammer*, qui rassemblent les œuvres d'art au sens large du terme. Aux sculptures, médailles, tableaux de leurs prédécesseurs, les fondateurs de ces cabinets ajoutent des bijoux, des pierres précieuses, des fossiles, des pétrifications, des végétaux et des fruits exotiques, des animaux naturalisés, des parties d'animaux fabuleux – des cornes de licorne, par exemple – ou réels, mais aux propriétés fabuleuses, comme le bézoard, des armes, des cartes, des automates, des instruments scientifiques. En général ces cabinets constituent un emblème de la culture de l'époque, inspirés par le désir de construire une sorte d'encyclopédie du monde naturel et poussés par la volonté de favoriser la démarche d'inventaire et de connaissance du réel.

14   Au niveau disciplinaire, la réappropriation des sources anciennes est totale chez Copernic et Kepler. Quant à Copernic, son activité scientifique, notamment la publication en 1543 du *De revolutionibus orbium caelestium*, indique, selon maints historiens de la science, l'émergence de la science moderne. Toutefois, ce n'est que l'hypothèse centrale autour de laquelle l'astronome polonais construit son nouveau système, à savoir l'héliocentrisme, qui représente une rupture radicale avec les systèmes astronomiques précédents, notamment celui de Ptolémée. À bien des égards Copernic reste en effet un aristotélicien et il se situe à l'intérieur du système astronomique existant, en conservant nombre de caractéristiques du système ptoléméen. De même que Copernic, Kepler est sans aucun doute un des astronomes qui a fait accomplir à cette science un progrès incontestable, bien qu'il ait continué à pratiquer toute sa vie l'astrologie judiciaire et à construire une représentation de l'univers empreinte de pythagorisme. Son œuvre est retenue notamment pour la rupture la plus radicale avec l'univers ptoléméen et l'énonciation dans l'*Astronomia nova* des lois servant de point de départ à la théorie newtonienne de l'attraction universelle.

15   Le XVIe siècle est marqué par les figures de Vésale, le « père de l'anatomie moderne », et du médecin suisse Paracelse dont l'œuvre, par rapport à celle de Vésale et de Paré, qui apparaissent sous bien des égards comme des résultats organiques de réappropriation du savoir ancien, manque de systématicité et d'homogénéité. Toutefois, ses recherches s'insèrent complètement dans l'entreprise de restitution des sources grecques mise en œuvre à la Renaissance, en étant en même temps tributaires de la redécouverte et de la traduction par Ficin des textes grecs de l'alchimiste Trismégiste. Quant à Vésale, par

que la redécouverte de l'Antiquité s'accompagne aussi d'une attention particulière à l'expression linguistique parce que c'est dans cette dynamique de réappropriation que le latin et le grec sont utilisés comme base de départ de plusieurs termes du discours scientifique. C'est, par exemple, à Newton que l'on doit des créations sur base latine comme *centrifuge* et *centripète* et à Paré[16] que remonte la réhabilitation dans l'usage de termes anciens, tels que *ablution*, *artériotomie* et *excréteur*, ce qui témoigne d'un soin et d'une attention pour l'expression linguistique qui ne sont pas négligeables car la terminologie, comme nous le verrons dans le Chapitre 4, a été forgée pour répondre à un besoin d'expression de l'innovation scientifique. Paré et Newton sont, en effet, parmi les savants qui puisent davantage dans les sources textuelles anciennes soit en réhabilitant des termes scientifiques y présents soit en tirant les règles des créations néologiques pour atteindre l'objectif général d'une langue des sciences plus claire et précise.

Face aux nouveaux besoins de la communication scientifique il n'est donc pas anodin l'apport des langues classiques qui se révèle déterminant,

---

contre, une remarquable coïncidence a voulu qu'il ait publié son ouvrage le plus célèbre, *De humani corporis fabrica libri septem* (1542), la même année où Copernic publie le volume *De revolutionibus* (1543). De fait, lorsque l'astronome polonais propose une nouvelle image du macrocosme, le professeur d'anatomie et de chirurgie belge présente une nouvelle vision de l'anatomie humaine, dont la base du savoir et de l'enseignement était représentée à l'époque par l'ouvrage du médecin grec Galien et par le *Canon* d'Avicenne. L'héritage du passé est donc très significatif pour les études de Vésale qui, à travers cette réappropriation critique, opère une rupture importante avec l'orthodoxie galénique, en en repérant plus de deux cents erreurs anatomiques. Toutefois, de la même façon que Copernic suit pour ses théories l'ordre de construction de l'*Almageste* de Ptolémée, Vésale suit l'ordre galénique d'exposition des parties.

16 Paré est considéré comme le « père de la chirurgie moderne » en raison notamment à la fois de ses interventions de revendication professionnelle des chirurgiens et de ses traitements innovateurs des blessures liés à la pratique de la médecine de guerre, tel le traitement des plaies par arquebuses. Bien qu'il ait fait évoluer l'art chirurgical, aussi bien dans la pratique que dans sa reconnaissance institutionnelle, tout en étant un sujet de quelque sorte subversif dans la société de son temps, dans ses œuvres Paré reste attaché aux Anciens, notamment à la physique aristotélicienne ou à la physiologie galénique. À l'égard de la tradition antique son attitude est entièrement conforme aux positions défendues par ses contemporains.

en particulier le latin relativement aux racines et le grec pour ce que Brunot appelle les confixes. Ces deux langues permettent dans une certaine mesure de garder le caractère international du français scientifique. À ce propos, Brunot souligne relativement aux précis qui sont au cœur de la formation du français des sciences aux XVIIe et XVIIIe siècles :

> D'abord on garderait le plus grand nombre de racines latines, qui maintiendrait dans une certaine mesure le caractère international du français scientifique ; on laisserait même à ces mots transcrits du latin leur prononciation latine ; par contre, il fallait sacrifier les termes trop « indigènes », les mots de la langue courante, les termes populaires surtout [...]. Ensuite, il fallait donner à la dérivation et à la composition scientifiques une rigueur tout à fait contraire aux caprices – au moins apparents – de l'usage, et cela nécessitait presque l'invention de préfixes et suffixes nouveaux, à tout le moins la préférence donnée à des éléments rares, aux particules les moins usées, les moins exposées à se déformer sous l'influence de la langue vulgaire. Cela menait à préférer en bien des cas le grec au latin, d'autant plus volontiers que le grec était considéré depuis longtemps comme la langue des sciences, et qu'il donnait, bien plus que le latin, l'exemple de la hardiesse et se prêtait à tous les besoins néologiques.[17]

Le recours aux langues anciennes et les formations savantes s'avèrent donc les moyens les plus adéquats pour s'exprimer dans une communauté scientifique internationale nécessitant de se comprendre de manière rapide et surtout univoque. L'emploi d'une base de départ linguistique partagée, comme les langues anciennes, dont l'accès aux sources devient de plus en plus direct, est considéré par les savants comme la solution la plus adéquate pour implanter dans le discours scientifique les créations néologiques dont ils ont besoin pour nommer de nouvelles réalités. Le grec et le latin constituent, en effet, des réservoirs sans fond de termes à usage scientifique : il va falloir exporter leurs racines dans les langues modernes pour réinventer en retour des mots qui n'existent pas dans ces langues et créer une sorte de moyen de communication unanimement compréhensible.[18]

---

17   Ferdinand Brunot, *Histoire de la langue française. De l'origine à nos jours* (Paris : Armand Colin, 1966, t. VI/2), pp. 600–601.
18   Alain Rey, Gilles Siouffi et Frédéric Duval, *Mille ans de langue française* (Paris : Perrin, 2007), p. 713.

D'ailleurs, cette vision de la langue scientifique qui sera suivie tout au long du XVIIIe siècle est profondément ancrée aux réflexions des philosophes Leibniz, Condillac et Condorcet qui proposent dans leurs ouvrages la création d'une langue parfaite étant en mesure d'exprimer les besoins de dénomination de la science. C'est d'abord Leibniz en 1666 (*Dissertatio de arte combinatoria*) avec sa théorie sur la « caractéristique universelle », un système de langue philosophique universelle, à concevoir ce moyen de communication dans l'univers scientifique. Dans la même lignée, au siècle des Lumières Condorcet et Condillac poursuivent ces réflexions, en suggérant une théorie de la langue scientifique systématique, dont la création de la nomenclature de Lavoisier sera une application éclatante.[19]

Théorie et pratique : le rôle de l'expérimentation et ses méthodologies narratives

> La nature a changé de face depuis que la physique expérimentale et l'esprit observateur l'ont soumise à leur examen. Les découvertes ont du moins appris combien il en restait à faire.
> — *Discours de réception à la Société royale des sciences et belles-lettres de Nancy*

---

19   En ce qui concerne la théorie de la langue parfaite, Brunot cite un extrait de l'*Éloge de Bergmann* dans lequel Condorcet plaide avec force pour l'adoption de ce système linguistique : « Le moment approche où la langue alphabétique ne sera plus assez rapide, ni assez riche, ni assez précise, pour répondre aux besoins des Sciences ; elles seront forcées de s'arrêter, ou il faudra créer pour chacune une langue dont les signes, invariablement déterminés, expriment les objets de nos connaissances, les diverses combinaisons de nos idées, les opérations auxquelles nous soumettons les productions de la nature, et celles que nous exécutons sur nos propres idées, qui soient enfin pour tous les genres de Sciences, mais avec plus de perfection encore, ce que la langue de l'algèbre est pour l'analyse mathématique » (Brunot, *Histoire de la langue française*, p. 523).

Sur le plan de la méthode, l'expérience s'impose sans aucun doute comme la voie royale de la constitution de la science moderne : de nouveaux principes explicatifs s'imposent, il est nécessaire d'imaginer plusieurs hypothèses et d'avoir recours à l'expérience pour qu'elle les départage, ce qui entraîne en particulier la disparition des principes explicatifs précédents, tels que la sympathie ou l'antipathie, ainsi que le discrédit de toute forme de physique qualitative.

La démarche scientifique du XVIIe siècle est, en effet, marquée par le rôle joué par la méthode de l'expérience[20] indiquant à la fois une nouvelle représentation et une nouvelle méthodologie d'exploration de la nature, celles-ci étant strictement liées à une conception mécaniste de la nature même. Bien que cette pratique de validation des hypothèses se répande de plus en plus – on la rencontre, sous diverses formes, entre autres, chez Galilée, Descartes, Pascal et Newton – ce n'est que grâce au philosophe et scientifique anglais Bacon qu'on procède à une entreprise de clarification de la voie expérimentale qui était à l'époque largement nécessaire.[21] La problématique de l'expérience s'avère indispensable pour réussir dans les nouvelles finalités de la démarche scientifique qui, bien qu'elle continue dans son ambition de connaître pour connaître, se veut le moteur concret

---

20   On remarque que le mot « expérience » possède au XVIIe siècle une signification imprécise : il peut indiquer aussi bien l'autorité que le simple « on dit », aussi bien le simple constat sensoriel que l'observation méthodique et la production de phénomènes à l'aide d'un dispositif artificiel spécialement conçu à cet effet, comme le tube barométrique (Mazauric, *Histoire des sciences à l'époque moderne*, p. 171). De même, les ressources lexicographiques du XVIIIe siècle proposent des définitions floues relativement à l'entrée *expérience* : voyons, à titre d'exemple : *DA* « espreuve qu'on fait de quelque chose, soit à dessein, soit par hazard » (définition proposée à partir de l'édition de 1694 jusqu'à l'édition de 1835) et *DR* « [en philosophie naturelle] est l'épreuve de l'effet qui résulte de l'application mutuelle ou du mouvement des corps naturels, afin de découvrir certains phénomenes, & leurs causes »).

21   Dans le *Novum Organum* (1620) il préconise l'orientation générale de la nouvelle méthode qui veut construire un savoir qui n'est pas chimérique, mais rigoureusement établi : il s'agit en particulier de prendre comme point de départ l'expérience, conçue comme le constat sensoriel, et de s'élever par le biais d'expériences appropriées, à savoir des dispositifs réalisés pour valider ou invalider une hypothèse préalable, jusqu'à des propositions de portée générale.

d'une exploitation pratique de la nature par le biais de la technique et dans le sens d'une meilleure satisfaction des besoins humains.

L'adoption de la méthode expérimentale est aussi un facteur de renouvellement sur le plan linguistique et textuel car de nouveaux modèles d'écriture naissent pour faire face à la nécessité de raconter de façon détaillée les expériences conduites par les savants. Le récit de l'expérience devient, en effet, un des instruments de validation d'une théorie scientifique car ce n'est que suite à la lecture de l'expérience que la communauté scientifique peut s'exprimer de manière favorable.[22]

Des cas exemplaires peuvent être évoqués ici pour témoigner de l'importance du rôle de l'expérience dans la constitution de la science moderne et sur les nécessités narratives qu'elle impose. En ordre chronologique, le premier est celui de Galilée dont l'œuvre scientifique est étroitement liée à la question de la méthode expérimentale. Le scientifique s'intéresse surtout au domaine de l'astronomie et en particulier aux observations faites grâce à la lunette d'approche, fabriquée par des artisans hollandais et perfectionnée par Galilée même pour augmenter son pouvoir d'agrandissement et promouvoir les applications que l'on peut tirer de ce nouvel instrument. Les observations se révèlent fort précises, bouleversantes et Galilée découvre des myriades d'étoiles invisibles à l'œil nu, les satellites de Jupiter, l'anneau de Saturne, la composition du sol de la Lune et la nature de la Voie lactée. Ces observations vont constituer le matériel du *Sidereus Nuncius*, court traité publié en 1610.[23]

Dans l'œuvre de Galilée la question de la langue joue un rôle central car, selon le savant, elle est liée à la nouvelle méthode scientifique qui nécessite une terminologie claire et précise dont la cohérence intime fournit la

---

22 Cf. le Chapitre 2 de cet ouvrage.
23 Les études de Galilée ont donc une importance capitale à l'intérieur de l'histoire des sciences non seulement parce qu'elles jettent les fondements d'une physique nouvelle, mais aussi parce qu'elles mettent en œuvre et préconisent la nouvelle méthode, d'inspiration empiriste et pragmatique, sans laquelle la science nouvelle aurait été impossible. L'expérience devient pour le scientifique italien la clef de la compréhension des phénomènes du monde physique, ainsi que le moyen pour asseoir la supériorité du système de Copernic et invalider les arguments des défenseurs du système de Ptolémée.

cohérence des argumentations qui sont conduites de manière rigoureuse. Comme le rappelle Altieri Biagi, « le modalità d'uso della terminologia, in Galileo, trovano conferma esplicita nella polemica galileiana contro le definizioni peripatetiche e nella difesa che Galileo fa delle sue stesse definizioni (*gravità in specie*, *momento*, ecc.) come puramente funzionali e "convenzionali" ».[24] C'est pour cette raison que Galilée a donné un apport non négligeable à la construction et à la création d'une terminologie technique et scientifique qui était absente dans la langue italienne de l'époque,[25] en raison notamment de l'adoption de la langue vulgaire par rapport au latin. De même, son influence sur la construction d'une prose scientifique moderne est remarquable : le plan syntaxique se caractérise, selon Altieri Biagi, par sa clarté et son élégance qui en font un modèle pour les autres savants européens.[26]

En France Pascal, dont les recherches sur la question du vide, entre autres, occupent une place importante dans son œuvre scientifique, attache une grande attention à l'expérience. Les expériences faites à Rouen dans ce domaine, plus originales et à une plus grande échelle que celles des physiciens italiens de l'époque, sont à la base de l'opuscule *Expériences nouvelles touchant le vide*, publié en octobre 1647, dans lequel l'adjectif « nouvelles » indique très clairement la prétention du savant à l'originalité et sa revendication dans la conception de ces expériences. Ce qui est très intéressant est notamment la dimension publique que Pascal donne au débat autour du vide et à sa méthodologie expérimentale : il décide de créer un espace public de débat qui dépasse le cercle étroit des séances académiques et des correspondances privées et, pour ce faire, il imagine une expérience

---

24   Maria Luisa Altieri Biagi, « Lingua della scienza fra Sei e Settecento », in *Letteratura e scienza nella storia della cultura italiana*, Actes du IXe Congrès AISSLI, Palerme-Messine-Catane, 21–25 avril 1976, éd. Branca Vittore (Palermo : Manfredi, 1978), p. 116.

25   Cf. Giuliana Fiorentino, « Peculiarità sintattiche della prosa scientifica : il caso di Galilei », *Revista de la Sociedad Española de Lingüística* 28/1 (1988), pp. 73–88.

26   Cf. Maria Luisa Altieri Biagi, « Coerenza logica e coesione sintattica nella scrittura di Galileo », in *Galileo a Padova, 1592–1610. 5. Occasioni galileiane : conferenze e convegni*, Actes des célébrations de Galilée (1592–1992), Padoue, mai–novembre 1992 (Trieste : Lint, 1992), pp. 53–77.

qu'il estime décisive et que son beau-frère Florin Perier réalise en 1648. L'expérience, effectuée en présence des notables de la ville ayant la tâche de valider le résultat obtenu, est un succès et Pascal la reproduit à Paris, ce qui lui permet de se déclarer toujours favorable à l'hypothèse de la pesanteur et de la pression de l'air, en étant le premier à avoir conçu l'expérience du vide dans le vide.[27]

Il est intéressant de remarquer que le nouveau rapport épistémologique établi par Pascal entre l'expérience et la déduction structure de manière novatrice l'écriture de la science car d'après le savant il est maintenant question de produire un discours scientifique démonstratif dont la validité se base sur des expérimentations. En effet, comme le dit Bah-Ostrowiecki, les nouvelles exigences imposées par le recours à la méthode expérimentale conduisent à des choix discursifs fort spécifiques, qui, dans la plupart des cas, construisent un récit qui « repose sur un personnage principal, celui de l'expérimentateur, dont les actions successives (de la résolution au bilan en passant par la mise en œuvre de l'expérience même) sont relatées dans l'ordre, au passé simple ».[28]

Pour conclure ce bref aperçu sur les répercussions linguistiques de la méthode expérimentale, on ne peut pas se pencher sur le rôle de l'expérience sans citer la science newtonienne qui a largement été un modèle de méthode au XVIIIe siècle, basé sur des recherches portées sur les observations et sur des expériences faites grâce à des protocoles rigoureux. En effet, si Newton a pu réaliser plusieurs avancées spectaculaires dans le domaine de la philosophie naturelle, c'est parce qu'il a su avoir recours à la vraie méthode de la science qui se veut d'inspiration baconienne, c'est-à-dire inductive et fondée sur les données de l'observation et sur la pratique de l'expérience, censées construire un corps de connaissances considérées comme véritablement scientifiques.

---

27 Pour une réflexion concernant l'écriture de l'expérience nous renvoyons au Chapitre 2 de cet ouvrage.
28 Hélène Bah-Ostrowiecki, « L'expérience et son récit. Remarques sur la présentation de l'expérience chez Pascal », in Rey (éd.), *Méthode et histoire. Quelle histoire font les historiens des sciences et des techniques ?*, p. 44.

Dans ses *Philosophiae naturalis principia mathematica* Newton affirme son attachement à ce que l'on appelait à l'époque la « philosophie expérimentale » : par le biais des observations et des expériences il est possible de lire le livre de la nature, immédiatement déchiffrable si on ne l'encombre pas de spéculations gratuites, et à travers cette méthode et grâce à un travail terminologique pointu, souligné, entre autres, par Brunot,[29] Newton peut prouver et démontrer ses hypothèses, en établissant avec certitude les lois véritables gouvernant le monde.[30]

Les apports de Newton à la constitution des langues scientifiques modernes et aux modalités de transmission des savoirs des expériences sont soulignés, entre autres, par Halliday qui remarque les choix discursifs adoptés par le savant anglais afin de rendre compte des méthodes scientifiques nouvelles, relevant notamment des mathématiques, et des connaissances transmises grâce à celles-ci.

> The reason lies in the nature of scientific discourse. Newton and his successors were creating a new variety of English for a new kind of knowledge; a kind of knowledge in which experiments were carried out; general principles derived by reasoning from these experiments, with the aid of mathematics; and these principles in turn tested by further experiments. The discourse had to proceed step by step, with a constant movement from 'this is what we have established so far' to 'this is what follows from it next'; and each of these two parts, both the 'taken from granted' part and the new information, had to presented in a way that would make its status in the argument clear.[31]

---

29   Cf. Brunot, *Histoire de la langue française*, pp. 547–559.
30   L'optique est l'un des domaines de recherche privilégiés par Newton qui mène de différentes expériences aboutissant au traité *Optiks or A Treatise of the Reflections, Refractions, Inflections and Colours of Light* (1704), dans lequel il élimine les études fausses de ses prédécesseurs. Newton élabore une nouvelle théorie des couleurs à travers un *experimentum crucis* qui consiste en l'occurrence à projeter les rayons provenant d'un premier prisme sur un second prisme et à constater que ces rayons ne sont pas à leur tour décomposés.
31   Michael A. K. Halliday et J. R. Martin, *Writing Science: Literacy and Discoursive Power* (London-Washington : The Falmer Press, 1993), p. 89. Cf. aussi Michael A. K. Halliday, *The Language of Science*, éd. Jonathan J. Webster (London-New York : Continuum, 2004).

La méthode mathématique, clef de voûte de la description scientifique

> L'évidence mathématique et la certitude physique sont donc les deux seuls points sous lesquels nous devons considérer la vérité ; dès qu'elle s'éloignera de l'une ou de l'autre, ce n'est plus que vraisemblance et probabilité.
> — BUFFON (1749-1789), *Histoire naturelle, générale et particulière*

La révolution scientifique qui s'est produite notamment le long du XVIIe siècle est étroitement liée à la dénonciation des insuffisances de la physique péripatecienne et d'autres principes des conceptions scientifiques précédentes. De ce point de vue, les principaux acteurs de cette période partagent un certain nombre de positions communes, entre autres l'adhésion à une représentation mécaniste de la nature, qui considère la science comme fondée sur la distinction des substances matérielles et spirituelles.

Or, le partage des principes du mécanisme constitue le plus petit dénominateur commun autour duquel se rejoignent les savants de l'époque, la nouvelle représentation de la nature s'accompagnant bien évidemment de la capacité de mettre en œuvre une méthode d'exploration innovante de celle-ci. Cette nouvelle orientation méthodologique démontrera rapidement son succès, ainsi que la fécondité, la supériorité des résultats obtenus et des résolutions d'un grand nombre de questions de physique qu'elle offre. Les problèmes philosophiques et scientifiques posés par la rupture avec la physique aristotélicienne et la constitution de la nouvelle science mécaniste, ainsi que l'ouverture à la problématique et à la pratique de l'expérimentation constituent les sujets autour desquels débattent les Académies de cette époque.

Cette nouvelle posture face à la nature a ses conséquences et ses retombées évidentes sur le plan linguistique, car, comme le dit Galilée dans *L'Essayeur* (1623), la nature est écrite en langage mathématique.

Bien qu'elles diffèrent sous nombreux aspects et qu'elles présentent chacune ses inconvénients,[32] les méthodes de la physique de Descartes

---

32 Alors que la méthode de Descartes comporte une partie d'incertitude et qu'elle ne garantit pas de pouvoir toujours arriver jusqu'aux phénomènes et en se perdant

La naissance de l'idéal de « science moderne »

et Newton représentent parfaitement le changement de traitement de la nature et ce sont ces deux méthodes qui vont influencer en particulier la naissance de la conception de science moderne, ainsi que l'écriture de la science en termes de précision, clarté et netteté.

En France Descartes s'est proposé à maintes reprises de vouloir reformuler la science, ce qui exige de se livrer préalablement à une réflexion épistémologique sur la science, sur sa nature, sur ses conditions et sur ses moyens. Pour ce faire il commence à rédiger les *Regulae ad directionem ingenii*, publiées seulement en 1701, dans lesquelles la science est considérée comme une connaissance certaine et évidente, une certitude que pour l'instant ne possèdent que les mathématiques, qui inspirent d'ailleurs son *Discours de la méthode* de 1637.

Sur le plan opératoire, selon Descartes il s'agit de conjuguer l'intuition des principes et la déduction rigoureuse des conséquences tirées de ces principes, afin de parvenir à des conclusions rigoureusement fondées. De cette manière le savant arrive à rejeter ce qu'il appelle les « sciences curieuses » et à se donner la tâche de décrire des mécanismes, dont le fonctionnement, parfaitement rationnel, doit être objet de compréhension, non d'admiration.[33]

De même que sur le plan de la pensée, Descartes s'interroge sur nombreuses questions relatives à la validité de l'expression scientifique de son époque et il indique ses incertitudes et ses perplexités dans une lettre au père Mersenne dans laquelle il affirme que « les mots que nous avons n'ont quasi que des significations confuses, auxquelles l'esprit des hommes

---

dans l'imaginaire, la méthode de Newton court le risque d'en rester au niveau des phénomènes sans pouvoir remonter à leurs principes, en entraînant donc un défaut de théorisation. Mazauric, *Histoire des sciences à l'époque moderne*, p. 242.

33   En outre, le mécanisme cartésien se conjugue à une métaphysique dans laquelle la certitude de l'existence de Dieu peut seule assurer la vérité de la science. En rejetant le principe d'autorité, le scientifique a d'abord choisi de fonder la vérité sur la règle de l'évidence et c'est l'existence de Dieu à fournir une garantie plus haute pour valider l'évidence rationnelle d'une idée claire et distincte. Pour atteindre les premières vérités de la physique, on peut, et d'ailleurs c'est même la méthode idéale de la construction de la science, procéder donc par le moyen de la déduction à partir des principes de la métaphysique, c'est-à-dire dérouler les conséquences de ces idées claires et distinctes.

s'étant accoutumé de longue main, cela est cause qu'il n'entend rien parfaitement ».[34] Bien que sa contribution concrète à l'histoire de la langue scientifique ne soit que limitée, il est pertinent de souligner que son attention à la diffusion des idées, découlant d'une vision nouvelle du rôle de la science, est si forte qu'il écrit son *Discours de la méthode* et ses *Essais* en français car il ne s'adresse pas seulement aux doctes, mais aussi à un grand public intéressé aux progrès des sciences.

En revanche, au niveau disciplinaire, il est évident aux historiens des sciences que Descartes a bien perçu les limites de la méthode déductive,[35] mais il n'est pas à négliger l'apport donné par ses recherches à la conception moderne de la science et au développement de la philosophie mécaniste.

En revanche, en ce qui concerne la méthodologie newtonienne, elle s'avère tout de suite moins ambitieuse et plus prudente que la méthode cartésienne : en suivant les préconisations de Bacon, qui a aussi évoqué l'importance de la formation d'une expérience lettrée, à savoir la mise par écrit des secrets transmis oralement par les artisans illettrés, il s'agit de remonter inductivement des phénomènes aux principes, des effets aux causes, à partir des observations et des expériences. Pour Newton, comme pour Galilée, le livre de la nature est tout à fait lisible, il est écrit en langage mathématique et il est toujours possible de donner une traduction sous une forme mathématique des phénomènes observés par les savants.

Les résultats des recherches menées par Newton représentent les avancées les plus significatives de son époque, ainsi que, de tout point de vue, l'exposé parfait de la nouvelle méthode mathématique conçue par le scientifique anglais. L'approche baconienne et la méthode newtonienne démontrent, donc, qu'une des tâches principales des savants et des institutions savantes tout au long du XVIIe siècle est celle de construire une ligne de partage entre les vrais savoirs et les faux, les pseudo-savoirs et les chimères, ce qui s'avère la condition nécessaire pour le développement des progrès scientifiques.

---

34   Descartes, cité dans Brunot, *Histoire de la langue française*, p. 526.
35   La voie de la déduction ne permet, en effet, de déduire qu'un certain nombre d'effets concernant les phénomènes les plus courants de la nature et surtout les effets les plus généraux.

De ce point de vue le travail de démarcation des champs disciplinaires de la science au sens moderne du terme est étroitement lié, comme nous l'analyserons par la suite, à la structuration d'une nouvelle terminologie scientifique car, comme le rappelle Benveniste,

> La constitution d'une terminologie propre marque dans toute science l'avènement ou le développement d'une conceptualisation nouvelle, et par là elle signale un moment décisif de son histoire. On pourrait même dire que l'histoire propre d'une science se résume en celle de ses termes propres. Une science ne commence d'exister ou ne peut s'imposer que dans la mesure où elle fait exister et où elle impose ses concepts dans leur dénomination. Elle n'a pas d'autre moyen d'établir sa légitimité que de spécifier en le dénommant son objet, celui-ci pouvant être un *ordre* de phénomènes, un *domaine* nouveau ou un mode nouveau de *relation* entre certaines données. L'outillage mental consiste d'abord en un inventaire de termes qui recensent, configurent ou analysent la réalité. Dénommer, c'est-à-dire créer un concept, est l'opération en même temps première et dernière d'une science.[36]

L'institutionnalisation des pratiques savantes et la professionnalisation du savant

> Les voyageurs curieux, surtout ceux qui s'occupent de littérature, ne manquent pas, lorsqu'ils se trouvent en pays étranger, de s'entretenir avec des savants et de visiter des bibliothèques. Paris leur en offre une belle occasion, car je ne crois pas que dans aucune autre ville du monde, on trouve autant de belles bibliothèques, ni un aussi grand nombre de savants.
> — JOACHIM-CHRISTOPHE NEMEITZ (1727), *Séjour de Paris*

Au début de l'époque moderne, les institutions, dont les nombreuses transformations et évolutions sont indissociables du renouvellement des savoirs scientifiques, représentent les lieux au sein desquels se construit et se diffuse l'idéal de la science moderne. De ce point de vue, les Universités, les collèges

---

36   Émile Benveniste, *Problème de linguistique générale*, 2 (Paris : Gallimard, 1974), p. 247.

des jésuites et les Académies ont sans aucun doute contribué au développement de la recherche savante et de la pratique scientifique entre les XVIe et XVIIIe siècles avec des degrés différents et selon des manières diverses.

Toutefois, bien que ces institutions contribuent à institutionnaliser la pratique savante, il convient de préciser que leur rôle n'est pas toujours constant, celui-ci étant au contraire souvent ambivalent[37] parce qu'il est étroitement influencé par les interactions qui se produisent entre les sciences, la religion et la politique.[38]

C'est à travers un aperçu rapide sur ces institutions qu'on peut remarquer la visibilité acquise par les sciences, ainsi que la reconnaissance sociale du rôle du savant qui doit désormais renoncer à son statut d'amateur, au sens profond du terme, pour devenir un professionnel appointé et intégré dans un corps institutionnel. L'importance donnée au travail scientifique a donc eu comme conséquence de briser la solitude dans laquelle, bon gré mal gré, le savant se tenait enfermé. À partir du moment où la priorité des découvertes put être officiellement constatée par les corps académiques, le principe du secret lui-même devait céder à celui de la publicité.[39]

Les Universités de la première époque moderne

Bien que leur but ait été la diffusion des savoirs, en se configurant comme des lieux de recherche et de débat, de controverses et d'innovations théoriques,

---

37   Dans la mesure où elles ont pu, selon les cas, aussi bien favoriser que freiner la constitution de savoirs nouveaux.
38   Sur le plan religieux les événements majeurs concernent le succès de la Réforme protestante et la crise profonde qui en découle, puis les actions menées au sein de la Contre-Réforme catholique. De fait, les transformations aboutissant en Europe à la constitution des États Nations et le processus français de constitution de la monarchie absolue ont interagi à la fois avec la crise religieuse et la crise des anciens savoirs (Mazauric, *Histoire des sciences à l'époque moderne*, p. 65).
39   Cf. Maurice Daumas, « La vie scientifique au XVIIe siècle », *XVIIe siècle* no. 30 (janvier 1956), pp. 110–133 et Michel Lamy, *La science en question* (Paris : Éditions Le Sang de la Terre, 2013).

les Universités médiévales[40] ont été très souvent critiquées depuis le début de la Renaissance car elles résultaient très attachées à la tradition. Le grief majeur imputé aux Universités concerne, en effet, le recours à l'aristotélisme scolastique et à la pratique de la dispute : elles ont été dénoncées en raison de l'omniprésence des autorités, de leur refus de l'innovation, de leur conservatisme intellectuel et leur immobilité. Pour les contemporains, l'institution universitaire médiévale est donc perçue comme extérieure au grand mouvement de rénovation des savoirs se produisant notamment le long du XVIIe siècle.

En réalité, étant donné qu'il est très difficile de porter un jugement global lorsqu'on parle des Universités européennes de la première modernité, il faut proposer une vision plus nuancée du rôle joué par celles-ci dans la dynamique de la transmission des savoirs de la science moderne. Il importe notamment de distinguer les moments, les lieux et les types de savoir impliqués dans ce mouvement d'idées. Sans nous attarder davantage, il ne faut que citer quelques exemples qui démontrent la nature hétérogène des Universités européennes par rapport à l'accueil qu'elles ont réservé à la diffusion des nouveaux savoirs. En Italie l'Université de Padoue présente, par exemple, une situation singulière qui tient notamment à sa situation particulière – elle relève de la République de Venise et profite de sa tolérance religieuse. Elle s'offre comme un parfait contre-exemple du prétendu traditionalisme universitaire car on y enseigne un aristotélisme novateur, critique et rationaliste, ainsi qu'une médecine qui prend les distances vis-à-vis de la tradition galénique. Un autre modèle concret d'ouverture aux nouveaux idéaux est l'Université Jagellon de Cracovie accueillant libéralement le courant humaniste, avec le soutien de l'élite ecclésiastique. En France un des centres de recherche les plus actifs est la faculté de médecine

---

40   Bien que la naissance de l'Université de Bologne remonte à 1088, la fondation des principales Universités de l'Europe occidentale date du XIIe siècle (Paris 1200–1215, Oxford en 1214, Salamanque en 1218, Montpellier en 1220, Naples en 1224, Padoue en 1228 et Toulouse en 1229). En revanche, la création des Universités dans l'Europe orientale sera plus tardive (Prague en 1347, Cracovie en 1364, Vienne en 1365, Heidelberg en 1385 et Leipzig en 1409).

de Montpellier qui sait ne pas se contenter de l'enseignement classique des théories d'Hippocrate, de Galien et d'Avicenne.

Exception faite pour ces cas, l'opposition à toute volonté d'innovation dans le domaine des savoirs constituera le fil rouge de la plupart des Universités européennes, suite notamment au grand schisme de la Réforme protestante qui divisera l'Europe chrétienne. Les nouveautés et les novateurs sont accusés d'être la cause de cette division et c'est pourquoi on assiste à leur stigmatisation et à leur condamnation pour les conséquences qu'ils sont censés inévitablement entraîner. En outre, dans les Universités on enseigne le savoir traditionnel et, à part les mathématiques, l'astronomie et l'anatomie, les sciences ne prennent dans cet enseignement qu'une place relativement marginale. D'ailleurs, comme nous le verrons par la suite, ce n'est pas dans les Universités où la recherche scientifique est menée.

Pour ce qui est de la France, les guerres de religion ravagent le pays et engendrent des désordres politiques importants. Nombre de savants protestants français quittent la France pour aller enseigner dans les Universités des pays protestants, comme celles de Bâle ou de Leyde. Ce même phénomène concerne aussi les étudiants étrangers qui désertent le pays et préfèrent étudier dans les universités protestantes, dont les rivalités avec les universités catholiques se font plus vives.

Au total, il est donc difficile d'esquisser un tableau récapitulatif général valable pour toutes les Universités européennes de la première époque moderne. Toutefois, même en tenant compte des différences de temps et de lieu, ainsi que les exceptions remarquables qu'on vient de signaler, on ne peut pas présenter ces universités comme ayant été à l'initiative d'une réforme des savoirs, notamment à partir de la seconde moitié du XVIe siècle. Bien au contraire, c'est dans ces lieux que l'on rencontre les adversaires les plus acharnés des reformes : c'est le cas, par exemple, de la faculté de médecine de Paris, qui a mené la guerre contre la volonté réformatrice de Paré, contre la médecine chimique et la circulation du sang. Les savants constituent encore un corps assez hétérogène à peu près ignoré de l'ensemble de leurs contemporains. Les ouvrages imprimés, les découvertes annoncées par l'échange des correspondances privées, par les savants itinérants, ne sont discutés et commentés que par un nombre restreint de professionnels et spécialistes et ne trouvent à l'époque aucun écho dans un public plus étendu.

Les collèges des jésuites

La désaffection des élites à l'égard des institutions d'enseignement paraît contredite par le succès remarquable des collèges des jésuites[41] qui représentent une des plus grandes nouveautés de l'époque moderne. Leur création obéit notamment à une finalité religieuse : à travers l'enseignement, les jésuites, constituant à l'époque une minorité supérieure du point de vue intellectuel et religieux, peuvent réaliser leur ambition missionnaire et apologétique de défense de la religion catholique et de reconquête des lieux où s'est installée l'hérésie protestante. À côté de cette mission religieuse se manifeste simultanément une forte demande sociale de formation des enfants issus des couches privilégiées urbaines, dont les parents, faute de l'inexistence d'établissements d'enseignement supérieur dans les municipalités, se tournent vers les collèges des jésuites qui se révèlent tout de suite aptes à satisfaire ce besoin.

D'une façon générale les enseignants de la plupart des collèges des jésuites sont très attentifs au mouvement des idées scientifiques et ils sont informés de toutes les nouveautés des différents domaines grâce aux réseaux de correspondances qu'ils entretiennent dans toute l'Europe, ce qui ne signifie pas pour autant qu'ils approuvent, ni qu'ils enseignent les nouvelles avancées scientifiques.[42] De fait, c'est plutôt la forme de l'enseignement qui

---

41   Le premier collège est fondé à Dessine en 1548 et il est suivi par la fondation du *Collegium Romanum* en 1551, le plus célèbre de la Compagnie de Jésus. Il s'agit d'un institut de formation des maîtres et il accueille aussi des étudiants venant de tous les pays d'Europe destinés à former la future élite intellectuelle européenne. On y enseigne la théologie, la grammaire, la rhétorique, l'éthique et la logique, mais aussi les mathématiques, c'est-à-dire l'astronomie, l'optique, l'architecture, la géographie, l'arithmétique. Le *Collegium*, en raison de la qualité et des compétences de ses enseignants, du nombre de ses étudiants (deux mille environ) et des moyens matériels dont il dispose pour mener à bien sa tâche, est beaucoup plus proche d'une Université que d'un établissement d'enseignement secondaire.

42   De ce point de vue on remarque que la base de l'enseignement reste la physique d'Aristote et de ses commentateurs latins, notamment Thomas d'Aquin, et les enseignants sont intervenus à plusieurs reprises pour combattre les nouveautés jugées dangereuses pour la tradition, comme les théories de Giordano Bruno, puis celles

fait la fortune de ces institutions : on continue à pratiquer la *lectio*, la *quaestio* et la *disputatio*, faisant toutefois l'objet d'une adaptation, et les auteurs redécouverts par les philologues de la première Renaissance deviennent graduellement des sujets d'étude.

Si, donc, le succès des collèges des jésuites est indéniable sur le plan social,[43] le modèle jésuite s'avère, en revanche, être souvent incapable de rénover en profondeur les contenus de l'enseignement. En effet, comme le dit Mazauric :

> la nouvelle institution peut donc bien passer pour une forme de conciliation réussie entre la défense de l'orthodoxie catholique et l'ouverture à la nouveauté. Les jésuites, très habilement, auraient choisi, plutôt que de refuser brutalement cette nouveauté, de l'accueillir, avec prudence évidemment, pour mieux la contrôler.[44]

Les Académies

Un des traits significatifs de la période qui va de la fin du XVe siècle au XVIIIe siècle est la naissance et le développement des Académies, relevant à l'origine de l'initiative privée, bien que fondées le plus souvent grâce à

---

de Galilée ou de Descartes. Ce dernier en a donné un témoignage très fidèle dans son *Discours de la méthode* où il a fait le bilan de ses années d'étude au collège de la Flèche. Descartes reconnaît la qualité des enseignements délivrés et les compétences de ses maîtres, mais en même temps il remarque que ces points forts de l'institution ne compensent pas l'insatisfaction ressentie face au contenu de ces enseignements, jugés incapables de répondre aux inspirations intellectuelles nouvelles.

43 Les collèges des jésuites connaissent un succès énorme à partir de la seconde moitié du XVIe siècle. Toute ville d'une certaine importance souhaite l'ouverture d'un collège : en 1579 il en existe 180 en Europe, en 1608 293 et 612 en 1710. En France le premier collège est créé en 1556 dans la ville de Billom et on en compte 70 vers 1640. Alors que dans certains pays de l'Europe la multiplication de ces établissements d'enseignement supérieur est très rapide, comme en Espagne ou en Italie, en France la création de ces institutions s'est heurtée à plusieurs difficultés, liées notamment à la nature gallicane de l'Église de France et à son hostilité à l'ultramontanisme militant de la Compagnie de Jésus (Mazauric, *Histoire des sciences à l'époque moderne*, p. 74).

44 *Ibid.* p. 75.

La naissance de l'idéal de « science moderne »   27

l'appui des autorités municipales ou étatiques, mais qui s'institutionnalisent progressivement en se dotant d'un personnel attitré et de règles de fonctionnement strictes.

Il est important de distinguer à l'intérieur de ce foisonnant mouvement académique les périodes historiques différentes et les lieux où ces Académies apparaissent, ainsi que leur vocation principale et les finalités générales qu'elles poursuivent.

Les premières Académies au sens moderne du terme sont notamment liées aux principes de l'Humanisme et à l'avancement de ses idéaux : il s'agit des Académies italiennes de la fin du XVe siècle[45] ayant une orientation anti-scolastique vouée à la conversation savante qui revêt la forme de libres discussions entre lettrés, très éloignées des méthodes autoritaires et rigides de transmission des savoirs propres aux Universités. Ces cénacles sont des lieux de rencontre et d'échange destinés prioritairement à favoriser le commerce des esprits, en instaurant entre leurs membres des relations égalitaires en adéquation avec le nouvel idéal de courtoisie et de civilité qui s'impose avec l'Humanisme.

Le mouvement académique italien se développe foncièrement au XVIe siècle, les Académies se multipliant[46] et se spécialisant dans un domaine particulier du savoir comme le théâtre, la littérature, la musique et la poésie. En ce qui concerne notre étude, les deux Académies ayant vocation plus scientifique que littéraire sont l'Academia secretorum naturae, fondée à Naples par Giambattista della Porta en 1560 et dissoute en 1579 à cause de l'accusation de magie et de sorcellerie atteignant son fondateur, et

---

45   La première Académie de l'époque moderne est l'Académie platonicienne ou Académie florentine de Marsile Ficin, fondée à Florence en 1462. Se réunissant dans une villa offerte par Laurent de Médicis, le protecteur de Marsile Ficin, l'Académie rassemble notamment des néo-platoniciens comme Pic de la Mirandole ou Ange Politien.

46   Ces Académies se dotent de noms, de devises et d'emblèmes symbolisant leur aspiration : Accademia degli Investigati, degli Illuminati, degli Intronati, degli Insensati, degli Addormentati. En réaction au sérieux des institutions officielles, ces formes d'Académies pratiquent une forme d'autodérision pour se montrer comme des lieux en tous points distincts de ces mêmes institutions.

l'Accademia dei Lincei,[47] fondée à Rome en 1603, qui inaugure un nouvel âge de l'académisme. L'importance de l'Accademia dei Lincei, dont le fondateur est le prince Federico Cesi qui réunit autour de lui trois amis, à savoir le mathématicien Stelluti, le naturaliste Eck et le polygraphe de Fillis, est liée notamment à son orientation scientifique novatrice démontrée de manière manifeste et confirmée par la présence de Galilée en tant que membre de l'institution. D'ailleurs, l'Académie a apporté un incontestable apport aux études de Galilée en favorisant la publication des *Istoria e dimostrazioni intorno alle macchie solari e loro accidenti* en 1613 et de *Il Saggiatore* en 1623.

Pendant l'âge baroque c'est l'Accademia del Cimento, fondée en 1657 à Florence, sous l'initiative de Léopold de Médicis, à succéder à l'Accademia dei Lincei, dissoute en 1630, et à jouer un rôle important dans le mouvement académique italien. Le programme de recherche de cette Académie s'insère, en effet, dans l'orientation méthodologique de l'expérience qui caractérise la nouvelle science moderne : son nom (« cimento » signifie « expérience », « preuve ») et sa devise (*Provando e riprovando*, à savoir « essaie et essaie encore »), indiquent suffisamment que selon ses membres[48] seules les expériences sont capables de fonder une connaissance authentique, ce qui exclut le recours à une quelconque spéculation.[49] Toutefois, la brève durée d'existence de l'Académie (1657-1667), le caractère informel de ses réunions interdisent de la comparer aux deux autres grandes institutions d'État qui ont caractérisé l'âge baroque, c'est-à-dire la Royal Society, d'une part, et l'Académie des sciences de Paris, d'autre part.

La Royal Society, qui est tenue pour avoir incarné les nouvelles orientations méthodologiques de Bacon et pour avoir contribué à orienter

---

47   Le nom de l'Académie devait évoquer la vue perçante du lynx car son objectif majeur était de parvenir à pénétrer les secrets de la nature afin de procéder au renouvellement intégral de la philosophie naturelle. L'Académie, qui adhère aux grands idéaux de l'Humanisme, comme le partage du savoir, la coopération, la tolérance et l'honnêteté, poursuit également des objectifs éditoriaux et avait un projet de publication à dimension encyclopédique, recouvrant tous les champs du savoir.

48   L'Académie rassemble plusieurs savants renommés, entre autres Viviani, le dernier grand disciple de Galilée, Redi, le danois Stenon, Borelli et Magalotti.

49   Les comptes-rendus des expériences réalisées ont fait l'objet de plusieurs publications, dont la première date de 1666, sous le titre *Saggi di naturali esperienze*.

définitivement les sciences de la nature dans la voie de l'expérience, n'est pas née du néant et sa création s'inscrit dans un processus de recherche plus ancien[50] par rapport à la première réunion du groupe fondateur datant de 1660. Au niveau politique cette année correspond à la restauration du roi Charles II qui, suite à la sollicitation des membres de la société, en approuve la constitution et en officialise l'existence à travers une Charte royale octroyée en 1662. Une seconde Charte, accordée en 1663, désigne le roi comme fondateur de la société qui change de nom et devient The Royal Society of London for Improving Natural Knowledge. Les deux Chartes ont une valeur importante car elles désignent le président, le secrétaire de la société et le secrétaire aux expériences de la société, dont les ressources financières restent les cotisations de ses membres permettant de financer les expériences menées en commun et de payer le maigre salaire du secrétaire aux expériences. Sur le plan proprement scientifique la Royal Society se propose très généralement de participer à l'avancement des sciences et, pour ce faire, de recenser des faits et de pratiquer des expériences. Comme la plupart des Académies de l'époque, elle s'interdise d'aborder des questions d'ordre politique ou théologique et prétend transcender les barrières nationales en favorisant un commerce intellectuel sans exclusive.

Pas davantage que la Royal Society, l'Académie des sciences de Paris n'est venue de rien et dans une certaine mesure elle peut être considérée comme le prolongement des Académies privées créées tout au long du XVIIe

---

50   À partir de 1645 un groupe de savants en relation avec les Académies privées françaises commence à se réunir à Londres autour du Gresham College, alors qu'en 1648 à Oxford un autre groupe de savants succède au premier et se réunit au Wadham College. La principale figure de ces deux groupes est le Dr John Wilkins, un homme d'Église comparé souvent au père Mersenne pour sa capacité de propager lui aussi les orientations nouvelles d'une expérience désormais expérimentale et mécaniste.
Il faut également signaler que l'époque et le régime politique de Cromwell appellent à la prudence. Sans être clandestines, les assemblées restent toujours discrètes. La prudence consiste surtout à ne jamais aborder des sujets politiques et religieux, en se tenant aux grandes questions scientifiques, depuis la circulation du sang jusqu'à la possibilité ou l'impossibilité du vide, en passant par les satellites de Jupiter, l'anneau de Saturne et les taches solaires, la pesanteur de l'air et l'expérience de Torricelli. Cf. Maurice Daumas, « La vie scientifique au XVIIe siècle ».

siècle. Le lien entre ces deux réalités est en effet incontestable parce qu'elles partagent les mêmes idéaux et se proposent, en facilitant la mise en commun des connaissances, de participer aux progrès des sciences. D'ailleurs, ce sont en partie les membres des Académies déjà existantes qui ont fourni le personnel de la nouvelle Académie. Il résulte donc fortement convenable d'esquisser un aperçu des Académies privées qui ont anticipé la naissance de l'Académie des sciences de Paris afin de comprendre la nature et l'apport de celle-ci à l'institutionnalisation et à la diffusion de la nouvelle méthode scientifique.

En France, en raison des affrontements religieux et politiques qui marquent le XVIe siècle, la création des premières Académies est plus tardive qu'en Italie, la première Académie étant l'Académie de poésie et de musique, créée selon le modèle de l'Académie florentine de Ficin, datant de 1570. Toutefois il faut attendre le XVIIe siècle pour voir se développer, à Paris pour l'essentiel, un mouvement académique de quelque importance : à côté des salons à vocation plus spécifiquement littéraire on assiste à la multiplication de compagnies, d'ordre strictement privé, indépendantes des pouvoirs municipaux ou étatiques,[51] et donc plus libres quant à leur organisation et au fonctionnement selon des règles spécifiques. Cette liberté est également à la base de la variété des Académies[52] de l'âge baroque français,

---

51   Durant le premier XVIIe siècle il s'agit de l'Académie française, autorisée par lettres patentes en 1635, et l'Académie de peinture, créée en 1648, qui sont fondées par décision de la monarchie.

52   La diversité de ces Académies concerne tout d'abord le plan institutionnel puisqu'aucun de ces cénacles ne possède la même organisation et ne suit les mêmes typologies de séances. La diversité et la liberté de ces Académies se rapportent à la manière dont ces cénacles sont intervenus dans le déroulement de la vie intellectuelle du premier XVIIe siècle français. Toutes les Académies n'ont pas, en effet, envisagé leur participation à un projet commun social au même plan, ni selon la même finalité, ni dans le même domaine et pas davantage selon les mêmes modalités, ni enfin en produisant les mêmes résultats. On peut distinguer les Académies qui, comme celle de Renaudot, ont été animées d'une intention pédagogique et vulgarisatrice, en s'efforçant de diffuser les savoirs déjà constitués sous une forme agréable et facilement accessible. Aux antipodes de ce type d'Académie on trouve celle de Mersenne qui privilégie l'effort de recherche au détriment d'une préoccupation de publicité dont elle était complètement éloignée. En outre, même si l'on ne peut pas discerner de véritable spécialisation de chaque

dont chacune a constitué une variation originale autour du plus petit dénominateur commun qui est la culture de la sociabilité savante.[53]

Parmi les différents cénacles français privés de cette période, des assemblées savantes officieuses, à l'existence parfois éphémère, on en détache six qui ont contribué à développer de manière significative le débat autour des nouvelles théories de la science moderne naissante et, faute d'espace, on doit se contenter ici d'en évoquer les traits fondamentaux de manière rapide et en ordre chronologique de constitution.

Le cabinet des frères Dupuy, avocats au Parlement de Paris, ouvert en 1617, est traditionnellement censé marquer les débuts du mouvement académique considéré dans sa dimension savante. Ce célèbre cabinet, appelé aussi l'« académie putéane », accueille quotidiennement et très libéralement des érudits parisiens ou provinciaux ou étrangers de passage à Paris. Les frères Dupuy autorisent aussi la consultation de leur bibliothèque, riche en livres imprimés ou manuscrits, hérités de leur cousin président au Parlement de Paris. L'expression des opinions les plus diverses, notamment sur le plan religieux, est également autorisée.

En 1632 débutent les Conférences du Bureau d'Adresse organisées par Théophraste Renaudot, fondateur de la *Gazette* : à la différence du cabinet des frères Dupuy, dont l'accès repose sur la mise en œuvre d'une cooptation

---

Académie dans un champ précis de la connaissance, en raison de l'extrême porosité des frontières entre les champs du savoir, il faut distinguer des cénacles suivant une vocation plus encyclopédique, comme le cabinet des frères Dupuy, et d'autres qui affirment une vocation scientifique plus marquée, comme l'Académie de Mersenne, celle de Bourdelot ou encore l'Académie de Montmort.

53 L'unité du mouvement académique parisien tient à l'origine de ceux qui les fréquentent, ce mouvement étant d'origine essentiellement urbaine et bourgeoise, au sens où la plupart de ceux qui le composent appartient soit aux couches supérieures de la bourgeoisie, soit à la noblesse de robe dans laquelle dominent les parlementaires, les officiers, les avocats et les médecins. En outre, d'autres caractéristiques communes s'enracinent dans les motifs qui ont présidé à leur création, entre autres la conviction que seuls les échanges sont susceptibles de favoriser les progrès du savoir. En même temps la défiance à l'égard des Universités et de leurs moyens de transmission des connaissances, ainsi que de leurs méthodes de d'argumentation estimées autoritaires et stériles érigent ces cénacles en lieux d'échanges savants non hiérarchisés.

rigoureuse, mais sans aucune règle précise d'organisation des réunions, ces conférences, ouvertes au public, et dont l'intention est à la fois didactique et vulgarisatrice, consistent dans la présentation d'opinions différentes qui ont lieu tous les lundis après-midi, de 14 à 16 heures, et font l'objet d'une publication sous forme de cinq volumes, les *Centuries du Bureau d'Adresse*.[54]

En 1635 le père minime Mersenne fonde à son tour une Académie, bientôt connue sous le nom d'Academia parisiensis, qu'il définit « toute mathématique »,[55] mais c'est déjà à partir de 1619, lorsqu'il s'installe à Paris au couvent des Minimes de la place Royale, qu'il reçoit dans sa cellule tout ce que la ville, mais aussi tous les pays voisins, comptent d'érudits et de savants. Mersenne commence à entretenir avec ceux-ci un commerce épistolaire qui lui a valu le titre de « secrétaire de l'Europe savante » et sa fonction essentielle consiste à mettre en relation les savants et à dynamiser la recherche en ne cessant pas de poser des problèmes et d'inviter ses correspondants à tenter de les résoudre. Son Académie diffère toutefois sensiblement de celle de Renaudot car elle ne réunit qu'un petit nombre de savants, notamment des mathématiciens, et fonctionne de manière très informelle.

Dès 1637 peut-être, mais plus sûrement à partir de 1642, l'abbé Bourdelot commence à tenir des réunions dans l'hôtel du prince de Condé : celles-ci ressemblent, pour une part, aux conférences de Renaudot, dans la mesure où elles respectent des règles de fonctionnement précises (des heures et des jours fixes, ainsi qu'un protocole rigoureux des séances),[56] mais, d'autre part, elles traitent essentiellement des questions de médecine et de physique, en s'ouvrant à la démarche expérimentale.

À partir de 1653 deux Académies s'imposent comme des lieux connus de transmission des connaissances savantes : il s'agit des réunions du maître

---

54   Cf. Simone Mazauric, *Savoirs et philosophie à Paris dans la première moitié du XVIIe siècle, les conférences du Bureau d'adresse de Théophraste Renaudot (1633–1642)* (Paris : Publications de la Sorbonne, 1997).
55   Mazauric, *Histoire des sciences à l'époque moderne*, p. 148. Les disciplines traitées ne relèvent, en effet, que des mathématiques et de la physique.
56   Les comptes-rendus des réunions, en nombre nettement inférieur à ceux des Conférences du Bureau d'Adresse, sont parus en deux volumes sous le titre *Conversations de l'académie Bourdelot*.

des requêtes Habert de Montmort, qui organise à son domicile des séances autour de Gassendi qu'il hébergeait chez lui, et de l'Académie de Thévenot, qui se veut mécène et protecteur des savants, mais dont la tentative est interrompue au bout de quelque mois seulement en raison des frais trop importants engagés désormais par la pratique de la science. Ce sont ces deux dernières Académies qui passent le plus habituellement pour avoir directement précédé et annoncé la fondation de l'Académie des sciences qui en serait plus ou moins issue.[57]

La fondation de l'Académie des sciences de Paris par Colbert en 1666 n'indique pas la fin du mode d'existence privé des Académies, mais marque un tournant important et décisif dans l'histoire du mouvement académique français. L'acte qui déclenche l'intérêt monarchique pour la fondation d'une institution savante est un discours prononcé le 3 avril 1664, lors d'une séance de l'Académie de Montmort, par Samuel Sorbière, ayant le rôle de secrétaire, qui fait un appel explicite au pouvoir monarchique pour qu'il prenne financièrement en charge une « académie physique, où tout se passe en continuelles expériences ».[58] D'autres motifs, comme la pratique de l'expérience à travers l'établissement d'une Académie capable de fournir aux sciences les instruments du progrès et le prestige de la nation qui peut découler de ce progrès même, sont mis en avant dans le discours pour obtenir l'engagement de l'État dans la création d'une institution officielle.

Le vœu de Sorbière et d'autres personnalités, comme Chapelain, Auzout et de Carcavy, se rencontre avec les intentions politiques de Colbert qui, dès 1691, assure la plupart des charges du gouvernement. Le projet de voir le royaume de France doté d'une institution favorisant l'avancement des sciences s'inscrit, en effet, dans la politique générale d'exaltation de la

---

57 Il faut quand même souligner que d'autres Académies voient le jour juste avant la fondation de l'Académie des sciences : il s'agit de l'Académie du cartésien Rohault, professeur de mathématiques, de Justel, qui organise des séances à son domicile, rue Monsieur le Prince, ou de Denis qui tient des conférences publiques sur des sujets variés, comme la physique, la médecine ou les mathématiques, à son domicile, quai des Grands Augustins.

58 Mazauric, *Histoire des sciences à l'époque moderne*, p. 182.

monarchie de Louis XIV[59] voulue par le ministre auquel n'échappe pas le bénéfice matériel attendu de la nouvelle institution.

Persuadé donc de l'intérêt qu'une telle institution pouvait présenter, mais désireux en même temps de ne pas donner trop d'ampleur à sa reconnaissance officielle, Colbert, dès février 1666, offre la possibilité aux futurs académiciens de se réunir dans la bibliothèque du roi,[60] rue Vivienne, et assure à la nouvelle institution les moyens matériels de son fonctionnement, en finançant également des missions en France et à l'étranger. Toutefois, cette compagnie ne jouit d'aucune forme légale, d'aucun règlement définissant ses obligations et ses buts, pas plus que ses prérogatives et sa position au regard du roi. D'ailleurs, aucun acte officiel n'a officialisé l'existence de la nouvelle institution : il s'agit d'un corps scientifique qui ne connaît ni statuts officiels, ni règles écrites, ni même sécurité financière, ayant un caractère « officieusement officiel ».[61] Il n'y a qu'une réglementation sommaire qui donne à Pierre de Carcavy le rôle de directeur de l'Académie et opère une distinction entre les académiciens proprement dits, les plus nombreux, et les élèves au nombre de cinq seulement. À ces membres s'ajoutent des associés étrangers, tels que le savant hollandais Huygens et l'astronome italien Cassini, ce qui souligne la volonté de donner à la recherche une ouverture internationale et d'affirmer la prééminence du royaume de France. Enfin, conformément aux vœux d'Auzout, la fondation de l'Académie s'accompagne de la construction, commencée dès 1667, d'un observatoire, consacré uniquement à l'astronomie, qui comprend des salles de réunion et un laboratoire.

Le but général de cette première Académie des sciences est de cultiver les sciences, en particulier l'astronomie, la géographie, la géométrie et toutes les sections des mathématiques, les questions théologiques et politiques

---

59   C'est dans cet esprit que naissent également l'Académie française en 1635, l'Académie de peinture et de sculpture en 1647, l'Académie de danse en 1661, la petite Académie en 1663, l'Académie de musique en 1669 et l'Académie d'architecture en 1671.
60   Cf. Annie Chassagne, *La bibliothèque de l'Académie royale des sciences au XVIIIe siècle* (Paris : Comité des travaux historiques et scientifiques, 2007).
61   Michel Blay et Robert Halleux, *La science classique XVIe–XVIIIe siècle. Dictionnaire critique* (Paris : Flammarion, 1998), p. 8.

étant complètement exclues de tout intérêt académique. Plus concrètement, la tâche principale des académiciens est d'examiner les Mémoires scientifiques soumis au jugement de la compagnie, ainsi que les inventions et les machines nouvelles qui prétendent obtenir le privilège royal : il s'agit dans ces cas-là d'une fonction essentiellement de jugement et d'expertise.

À première vue nous ne pouvons pas nier les éléments de continuité qui rattachent cette première Académie des sciences aux Académies privées qui l'ont précédée, qui d'ailleurs continuent leurs activités, telles les conférences de Lémery, Régis et de Blégny qui commencent en 1666. On s'accorde, en effet, à souligner la générale liberté et indépendance des académiciens à l'égard du pouvoir royal et politique qui caractérise la période qui va jusqu'à la mort de Colbert en 1683. Peu de directives sont explicitement imposées aux membres et seule la tâche d'expertise des inventions est véritablement exigée d'eux. Quant au statut du savant il n'est transformé que partiellement :

> Certes, en s'officialisant la pratique de la science devenait un métier et le savant, renonçant à son statut d'amateur, au sens profond du terme, devenait un professionnel appointé, doté d'un statut et intégré dans un corps. Cependant, le paiement irrégulier des pensions des académiciens en raison des difficultés financières du royaume à partir de 1680 a largement entravé la professionnalisation de l'activité savante.[62]

Tout changera avec le renouvellement de l'Académie en 1699 qui engendre de significatives retombées à la fois sur la pratique savante académique et privée et sur le statut social du savant. Les raisons qui ont provoqué ce renouvellement sont bien connues : après la mort de Colbert la direction de l'Académie est confiée à Louvois qui exige la rentabilité des recherches entreprises par les académiciens et n'arrive pas à faire face aux problèmes financiers et religieux de cette période difficile (entre autres, les nombreuses guerres voulues par Louis XIV et la révocation de l'Édit de Nantes par l'Édit de Fontainebleau). Le redressement de l'Académie commence en 1691 après la mort de Louvois quand l'abbé Bignon, neveu de Louis II de Ponchartain, protecteur à l'époque de toutes les Académies royales, concentre sous son

---

62   Mazauric, *Histoire des sciences à l'époque moderne*, p. 185.

autorité la totalité des institutions savantes et prépare la réorganisation de l'Académie des sciences pour laquelle il obtient le règlement royal en 1699.[63]

De différentes circonstances ont, de fait, contribué à la refondation de l'Académie des sciences, en particulier une conjoncture politique favorable – la fin de la guerre de la Ligue d'Augsbourg – et la volonté du roi de faire accepter son hégémonie en Europe à travers une institution renouvelée destinée à exalter la gloire du Prince et à attester la prééminence de la nation. L'utilité sociale qu'on attend de cette institution est aussi à la base du renouvellement académique car elle est censée satisfaire les besoins du royaume,[64] ce qui est évident notamment à partir de 1716, quand Philippe d'Orléans devient régent et inscrit beaucoup plus nettement encore que dans le passé le rôle et la fonction des Académies dans une logique à la fois politique et économique. L'Académie devient donc partie intégrante de l'appareil de l'État qui assigne des objectifs précis aux académiciens, en leur fournissant aussi les matériaux de leurs recherches.

Il est clair que le fondement qui a entraîné le plus nettement l'institution scientifique est la constitution d'une nouvelle conception de la science et de ses méthodes pour que les attentes du corps social s'énoncent sous la forme de demandes précises, rendant à la fois possible, souhaitable et

---

63   Ce règlement se compose de cinquante articles et légifère tous les aspects du fonctionnement de l'Académie, en fixant également le nombre des académiciens qui s'accroît et passe de trente environ à soixante-dix. Les membres se partagent entre dix académiciens honoraires, vingt pensionnaires (trois géomètres, trois astronomes, trois mécaniciens, trois anatomistes, trois chimistes, trois botanistes, un secrétaire et un trésorier), vingt associés, dont huit sont des étrangers ; vingt élèves attachés à un pensionnaire. Le règlement fixe aussi les obligations concernant le mode et les méthodes de travail, les publications, l'âge, les jours des réunions, les dates et les temps de vacances, la répartition des sièges autour de la table de travail, la tenue des séances publiques. La liberté d'organisation est donc finie, la science faisant l'objet d'une normalisation méthodique.

64   C'est son utilité pour la monarchie qui justifie le travail académique et de ce souci procède la publication de la *Description des arts et métiers* qui s'étale sur une grande partie du XVIIIe siècle, avec pour but de contrôler et de diffuser les procédés artisanaux empiriques. Cette attitude nouvelle de l'Académie royale des sciences aboutit à des travaux très concrets appliqués aux teintures (Du Fay), à la fabrication des ancres de marine (Réaumur) ou à la résistance des bois (Duhamel du Monceau et Buffon).

La naissance de l'idéal de « science moderne » 37

nécessaire cette normalisation. Autrement dit, pour que soit véritablement instituée l'Académie royale des sciences, il faut que les sciences conquièrent une identité nouvelle et à son tour l'État puisse envisager de contribuer au plein développement de ces disciplines, en mettant à la disposition des académiciens les moyens matériels nécessaires à ce développement et en transformant profondément leur statut social qui, de simples amateurs, en fait des savants professionnels et patentés.

Les conséquences du renouvellement de l'Académie des sciences concernent bien évidemment l'attitude de la pratique de la science sur le plan théorique, puisque désormais c'est l'institution qui décrète le vrai et le faux, qui distingue le scientifique et le non scientifique, alors que sur le plan pratique elle exerce une fonction d'expertise des Mémoires et des machines que le nouveau règlement a officiellement confirmée comme étant l'une des prérogatives de l'institution. Un des rôles essentiels de l'Académie consiste également à légitimer l'innovation technique[65] (instruments et procédés), en donnant au gouvernement un support à la décision.[66] Or, l'Académie royale des sciences devient à plein titre le tribunal de la science et pour le dire avec Mazauric :

> Avec la refondation de 1699, ce n'est donc pas seulement une institution qui est renouvelée, ce sont les pratiques savantes sous leur forme académique qui connaissent une mutation en profondeur : elles se normalisent sur le plan épistémologique, se professionnalisent sur le plan social et s'enrôlent au service de la monarchie sur le plan politique. On constate alors l'accélération du processus de disparition du style d'existence privé et informel de la sociabilité savante académique qui avait persisté après la fondation de 1666 et coexisté durant plusieurs années encore avec son premier

---

65 Cf. Anne-Françoise Garçon, *L'Imaginaire et la pensée technique. Une approche historique, XVIe–XXe siècle* (Paris : Classiques Garnier, 2012), § la première partie « Penser la technique, XVIe–XVIIIe siècle ». À ce propos, l'importance des arts mécaniques dans le cadre de l'innovation intellectuelle est soulignée à plusieurs reprises par Diderot aussi dans l'*Encyclopédie*. Cf. entre autres, Jean-Luc Martine, « L'article *Art* de Diderot : machine et pensée pratique », *Recherches sur Diderot et sur l'Encyclopédie* no. 39 (2005), pp. 41–79.
66 Cf. Blay et Halleux, *La science classique XVIe–XVIIIe siècle. Dictionnaire critique*, p. 12.

mode d'existence étatique et institutionnalisé. L'Académie des sciences désormais monopolise, ou presque, toutes les forces vives de la pratique scientifique.[67]

La fin du XVIIe siècle et le début du siècle suivant marquent un nouveau tournant dans l'histoire du mouvement académique : de nouvelles grandes institutions d'État sont fondées en Europe – c'est le cas notamment de la Société des Sciences de l'Électorat de Brandebourg, dont les travaux commencent officiellement en 1710 quand l'institution est inaugurée sous le nom d'Académie royale des sciences de Prusse[68] – et en France ce sont les Académies provinciales qui se développent à côté du milieu académique parisien, surtout à partir de 1715 avec la création des Académies de Lyon, Caen, Dijon, La Rochelle et Brest. Ces Académies provinciales sont, à l'imitation de celles de la capitale, des institutions officielles, autorisées par le pouvoir royal et enregistrées par les parlements provinciaux. Elles se donnent aussi un règlement détaillé fixant le nombre de leurs membres, les statuts de ceux-ci et les règles d'admission. Toutefois elles diffèrent sensiblement quant à la renommée de leurs membres – il s'agit notamment de nobles et d'élites du clergé – et au niveau de la recherche qui ne suit pas de vraies spécialisations, l'intérêt des membres se situant notamment sur le plan du divertissement mondain.

La fondation des grandes Académies d'État et la multiplication des Académies provinciales démontrent ainsi que le phénomène académique connaît au XVIIIe siècle un progrès quantitatif incontestable : elles continuent, en effet, à se considérer comme des lieux destinés à exercer une

---

67 Mazauric, *Histoire des sciences à l'époque moderne*, p. 188.
68 En ce qui concerne l'Académie de Russie, elle voit le jour officiellement en 1724 à Saint-Pétersbourg. Cette création fortement voulue par Pierre le Grand prend place dans la politique générale de modernisation de la Russie sur le modèle occidental mise en œuvre par le monarque. De nombreux savants étrangers séjournent et travaillent dans cette nouvelle Académie, entre autres, Euler, Delisle et Bernouilli. Parmi les grandes Académies d'État fondées au XVIIIe siècle on cite aussi l'Académie d'Édimbourg (1731), celle de Stockholm (1734), celle de Copenhague (1742), ce qui témoigne du déplacement et de l'élargissement du mouvement académique vers l'Europe du Nord et vers l'Europe de l'Est, où beaucoup de souverains tentent d'imiter les modèles de référence de Londres et de Paris.

fonction de communication, à faciliter les échanges des savoirs, dans le respect des règles de la civilité. L'exercice du métier de savant académique est donc de plus en plus élevé au rang de vocation et l'institution s'auto-sacralise au cours du temps.

En revanche, la fin du XVIIIe siècle représente un arrêt brutal dans l'histoire du mouvement académique.[69] Le 8 août 1793, après un discours virulent du peintre David dénonçant le travail des Académies, la Convention ratifie par décret la proposition de loi soumise par l'abbé Grégoire qui indique la suppression de toutes les Académies et les sociétés littéraires patentées ou dotées par la nation. Le sort de l'Académie royale des sciences, suspendue grâce à l'effort remarquable de Lavoisier et de Condorcet, est définitivement réglé par le décret du 14 août qui ratifie la suppression de toutes les Académies sans exception. Ainsi prend fin le système académique qui avait commencé d'être construit plus d'un siècle et demi auparavant. De façon globale c'est une conjoncture générale qui a contribué à la chute de ce système, en particulier l'émergence d'une vision déjà romantique alimentant, grâce à une approche individualiste du génie, une littérature anti-académique de plus en plus abondante. Ces textes dénoncent l'arbitraire des jugements des Académies, ainsi que leur fonction normalisatrice, perçue comme très hostile au génie. En outre la forme profondément corporatiste et hiérarchique des Académies reflète la mentalité aristocratique et entre en contradiction avec l'esprit de réforme libérale qui gagne la société des Lumières, ce qui accentue le divorce entre les Académies et les nouvelles exigences de la société politique.

En 1795, pour faire face à cette société en mutation perpétuelle avec des nécessités tout à fait différentes par rapport au passé, la Convention, en lieu et place des Académies des rois, crée un nouveau cadre institutionnel, l'Institut, destiné à entrer en harmonie avec des structures politiques entièrement restructurées. L'Institut regroupe cinq Académies : l'Académie française, l'Académie des Inscriptions et Belles-Lettres, l'Académie des Sciences, l'Académie des Beaux-Arts et l'Académie des sciences morales et politiques.

---

69   Cf. éd. Lise Andries, *Le partage des savoirs, XVIIIe–XIXe siècles* (Lyon : Presses universitaires de Lyon, 2003).

En conclusion, bien qu'avec des changements remarquables, les formes sociales de l'échange savant font preuve d'une grande continuité tout au long des XVIIᵉ et XVIIIᵉ siècles, ce qui permet aux sciences d'accéder à une visibilité accrue, jusqu'à devenir un véritable phénomène de mode, et d'être élevées au rang d'instrument destiné à assurer la libération et le bonheur du genre humain.

Le rôle acquis par les sciences sur le plan social permettra donc aux savants de se consacrer de manière totale aux travaux scientifiques et, grâce à ceux-ci, de contribuer profondément à la création des langues scientifiques modernes, qui doit s'insérer dans le cadre d'une réflexion épistémologique conduite, comme nous avons pu le constater, dans des endroits très disparates. Pour le dire avec Ducos, « l'analyse linguistique démontre que s'il y a désir de donner une scientificité à la langue par des références aux langues de savoir, la réflexion épistémologique est au centre de la création lexicale et l'évolution. Le mot savant est en effet à lui seul moins révélateur d'un sens que d'un type d'écrit ou d'une source ».[70]

---

70 Joëlle Ducos, « Néologie lexicale et culture savante : transmettre les savoirs », p. 254.

CHAPITRE 2

L'écriture de la science en France à la fin du XVIIe siècle et au début du siècle suivant

> La vie est si courte, si remplie de devoirs et de détails inutiles, qu'ayant une famille et une maison, je ne sors guère de mon petit plan d'étude pour lire les livres nouveaux. Je suis au désespoir de mon ignorance. Si j'étais homme, je serais au Mont-Valérien avec vous, et je planterais là toutes les inutilités de la vie. J'aime l'étude avec plus de fureur que je n'ai aimé le monde ; mais je m'en suis avisée trop tard.
> — *Lettre d'Émilie du Châtelet à Maupertius* (1738)

Les typologies textuelles de la communication scientifique écrite et les nouveaux besoins d'expression de la pensée

À partir de différentes approches et méthodes d'analyse, la nature du texte scientifique a fait depuis toujours l'objet de plusieurs réflexions de la part des chercheurs.[1] En effet, si l'on considère que le recours à un genre textuel dans la communication scientifique relève d'un choix très précis reposant

---

[1] Cf. entre autres, Maria Luisa Altieri Biagi, « Forme della comunicazione scientifica », in *Letteratura italiana*, éd. Alberto Asor Rosa (Torino : Einaudi, 1984, vol. 3) ; Jean-Marc Defays, *Principes et pratiques de la communication scientifique et technique* (Bruxelles : De Boeck, 2003) ; Massimo Galuzzi, Gianni Micheli et Maria Teresa Monti (éd.), *Le forme della comunicazione scientifica* (Milano : FrancoAngeli, 1998) ; Fernand Hallyn, *Les structures rhétoriques de la science. De Kepler à Maxwell* (Paris : Seuil, 2004) ; Isabelle Pailliart (éd.), *La publicisation de la science. Exposer, communiquer, débattre, publier, vulgariser* (Grenoble : Presses universitaires de Grenoble, 2005) ; Jean-Michel Berthelot (éd.), *Figures du texte scientifique* (Paris : PUF, 2003).

sur des théories épistémologiques exactes, sur la volonté claire de persuader les lecteurs et sur le rapport existant entre le style d'écriture et le paradigme scientifique suivi, on se rend tout de suite compte de l'intérêt de ce genre d'études.

La complexité des travaux sur le texte scientifique a été soulignée à plusieurs reprises aussi, entre autres, par Hallyn qui adopte une approche rhétorique et poétique portant sur ce genre de textes dont les intérêts sont indéniables :

> L'approche rhétorique [...] étudie des techniques d'argumentation et de persuasion qui ne ressortissent pas à une logique binaire, que le recours à ces techniques soit motivé par un manque de preuves nécessaires, par une idéologie, par une prise en compte de facteurs politiques, économiques, sociaux ou culturels, ou par d'autres raisons. Cette approche revient à observer la manière dont la science faite se présente à son public : en s'y accommodant, en occultant ou en exhibant certains de ses procédés, de ses résultats, de ses présupposés ou de ses conséquences et implications. [...]
>
> L'approche poétique, quant à elle, qui peut aussi être appelée une « rhétorique profonde », explore la formation des représentations. Elle a pour objet la science en train de se faire. Elle tente notamment de découvrir dans les processus d'invention et de découverte des traces d'une activité où un imaginaire tropologique (producteur d'opérations sémantiques, telles que la métonymie et la métaphore, conduisant à des transformations conceptuelles) et narratif (producteur de récits tels que des expériences de pensée, à valeur d'exploration et d'argumentation) est à l'œuvre. La poétique ou la rhétorique profonde aborde l'énoncé en tant que *texte*.[2]

Or, étudier le texte scientifique signifie se plonger d'une certaine manière dans l'histoire des sciences car, outre une conscience métalinguistique conduisant le savant à choisir un genre textuel plutôt qu'un autre, les facteurs extralinguistiques étroitement liés aux objectifs disciplinaires et aux connaissances à transmettre jouent dans cette perspective un rôle qui n'est pas du tout anodin. Le problème du texte scientifique n'est donc pas à aborder avec naïveté, car, comme le dit Berthelot,

> Il [l'analyste] sait que ce texte, dans la multiplicité de ses genres (traité, lettre, note, mémoire, communication, article, thèse) est le support fondamental de la connaissance scientifique ; ses manifestations orales (exposé, discussion, débat) ne sont qu'un

---

2 Hallyn, *Les structures rhétoriques de la science*, p. 12.

moment dans un processus ininterrompu d'écriture, de réécriture, de contre-écriture dont le développement temporel donne à voir la progression des questions, le dégagement des concepts, la structuration des théories.[3]

De ce point de vue, le recours à une perspective diachronique permet de saisir à fond les difficultés intrinsèques liées à la définition du texte scientifique en tant que support irréductible de la connaissance et de son exposition, ainsi que la dynamique linguistique s'instaurant dans l'écriture de la science et l'hétérogénéité du texte scientifique.[4] Berthelot indique en effet plusieurs caractéristiques qui entrent en jeu dans l'identification de cette typologie textuelle, à savoir, une intention de connaissance explicite de l'auteur, un apport de connaissance reconnu par une communauté savante, l'inscription dans un espace de publication identifiable comme « scientifique ».[5] Si, d'une part, ces éléments interagissent mutuellement dans la définition du genre, d'autre part, la reconnaissance de la valeur de ce support est strictement connexe à un principe social d'évaluation et de révision permanentes contribuant à la fortune ou à l'oubli du texte à l'échelle de l'histoire. Ces facteurs du texte scientifique se lient évidemment à la réalité sémantique et référentielle visée dont une connaissance objective, acquise par observation, raisonnement ou expérience, peut être communiquée et partagée grâce à des stratégies rhétoriques mises constamment en œuvre par l'écrivain.

Au fil de l'histoire des publications scientifiques tous ces éléments ont contribué à la parution, à la disparition, à l'alternance et à la connivence des différents types de texte utilisés par les savants dans l'écriture de la

3   Jean-Michel Berthelot, « Le texte scientifique. Structures et métamorphoses », in *Figures du texte scientifique*, éd. Berthelot, p. 22.
4   À ce propos, Chemla affirme à bon escient : « nous avons en effet constaté l'existence de formes textuelles fort différentes, que ce soit dans le temps ou dans l'espace ; ces formes, stables cependant, témoignent par plus d'un biais du fait d'avoir été concertées, élaborées, et non pas produites tel l'emballage fortuit d'une connaissance scientifique indifférente à sa matérialisation ». Karine Chemla, « Histoire des sciences et matérialité des textes », *Enquête* no. 1 (1995), version en ligne <http://enquete.revues.org/273>.
5   Berthelot, « Le texte scientifique. Structures et métamorphoses », p. 33.

science. C'est dans cette perspective que l'adoption d'un système textuel n'est pas naïve et les systèmes de communication retenus relèvent des choix formels répondant à la fois à des exigences de formulation de la pensée et à des intentions rhétoriques et persuasives. Un aperçu diachronique permet en effet non seulement de mettre en lumière les caractéristiques spécifiques des textes scientifiques au fil du temps, afin de pouvoir construire un continuum à l'intérieur de l'histoire de l'écriture de la science, mais il est nécessaire pour l'historien des sciences pour trancher ce qui était dans les disciplines une voie sans issue ou une hypothèse fructueuse, un texte exemplaire ou un écrit médiocre. D'ailleurs, l'emploi d'un genre textuel de la part des savants est strictement lié à un modèle interprétatif de la réalité qui suit des choix épistémologiques et méthodologiques, déterminés par la conscience de l'auteur qui connaît la force communicationnelle du texte scientifique retenu.

Les études concernant les étapes fondamentales de l'histoire des sciences et de la pensée scientifique[6] démontrent avec force que l'abandon d'un paradigme scientifique, d'une interprétation du réel et des méthodes scientifiques données s'accompagne le plus souvent d'une reformulation (dans certains cas aussi à la disparition) des genres textuels retenus par la communauté savante et à la naissance de genres tout à fait nouveaux.[7] Cette dynamique des textes scientifiques, relevant donc de la stabilité des idées et des savoirs, ainsi que de la force sociale des institutions officielles ou non-officielles qui les produisent, se base par conséquent sur des périodes qui, en synchronie, sont constituées de modèles d'écriture plus ou moins homogènes. Toutefois ces périodes peuvent être brusquement interrompues, lorsque des idées scientifiques nouvelles se bousculent et mettent en doute

---

6   Cf. entre autres, Bertrand Gille (éd.), *Histoire des techniques. Technique et civilisations. Technique et sciences* (Paris : Gallimard, 1978) ; Mazauric, *Fontenelle et l'invention de l'histoire des sciences à l'aube des Lumières* ; Isabelle Moreau (éd.), *Les Lumières en mouvement. La circulation des idées au XVIIIe siècle* (Lyon : ENS, 2009) ; Simon, *Sciences et savoirs aux XVIe et XVIIe siècles*.

7   Altieri Biagi, « Forme della comunicazione scientifica », p. 893.

la codification formelle des œuvres scientifiques, comme le démontrent les études d'Altieri Biagi sur la prose scientifique de Galilée.[8]

La correspondance savante

Avant d'aborder de plus près les caractéristiques de la typologie textuelle du journal scientifique, qui s'avère être novatrice sous bien des égards, il est important de signaler que le journal savant naît et s'insère dans un mouvement dynamique de l'écriture scientifique dont les modifications les plus frappantes en termes de choix de support pour le partage des idées datent du XVIIe siècle, lorsque se réalise un bouillonnement important des genres de l'écriture scientifique qui relève des débats et des changements impliqués dans la science moderne au sens actuel du terme. Alors que, en effet, des genres généralement voués à la diffusion des idées scientifiques gardent leur place dans la communication savante, d'autres genres surgissent et occupent un rôle central dans la construction des savoirs des différents domaines scientifiques.

Parmi les genres qui restent en vogue au XVIIe siècle, la correspondance savante est sans aucun doute au cœur de l'échange des informations de la science : en tant que substitut indispensable de la conversation intime, la lettre savante exprime le lien profond qui unit les esprits frères, en garantissant un dialogue difficile et intermittent faute de moyens de communication meilleurs. Depuis toujours l'activité épistolaire s'impose, en effet, comme la forme de communication la plus adéquate, dépassant les frontières

---

[8] Cf. Altieri Biagi, *Galileo e la terminologia tecnico-scientifica* ; Id., *Scienziati del Seicento* (Milano-Napoli : Ricciardi, 1980) ; Id., *Scienziati del Settecento* (Milano-Napoli : Ricciardi, 1983) ; Id., *L'avventura della mente. Studi sulla lingua scientifica dal Due al Settecento* (Napoli : Morano, 1990) ; Id., *Fra lingua scientifica e lingua letteraria* (Pisa : Istituti editoriali e poligrafici internazionali, 1998) ; Id., « Forme della comunicazione scientifica » ; Id., « Le scienze e la funzione cognitiva della lingua », in *Lingua italiana e scienze*, éd. Annalisa Nesi et Domenico De Martino (Firenze : Accademia della Crusca, 2012), pp. 4–12 ; Id., « A Diachronic View of the Languages of Science », in *Incommensurability and Translation*, éd. Rema Rossini Favretti, Giorgio Sandri et Roberto Scazzieri (Cheltenham-Northampton : Edward Elgar, 1999), pp. 39–51.

institutionnelles, géographiques, politiques, religieuses et linguistiques. D'après les savants du XVIIᵉ siècle la lettre est au premier chef le véhicule de l'information scientifique, notamment entre les physiciens et les mathématiciens, comme le montrent les échanges épistolaires entretenus par les personnalités qui gèrent les cercles scientifiques. C'est, par exemple, le cas du père Mersenne dont la correspondance avec les savants les plus importants de son époque, tels que Gassendi, Descartes et Galilée, lui permet de pousser et de coordonner ses recherches. De même les astronomes encouragent le recours à la lettre savante pour s'échanger leurs observations et calculer au mieux les trajectoires des planètes et des comètes, comme le témoignent les lettres entre Kepler et Galilée.

La lettre apparaît, d'ailleurs, comme le prolongement de la parution d'une œuvre scientifique, le lieu où il est permis à l'auteur de répondre aux questions et aux objections, de donner des explications et des éclaircissements. Elle permet donc dans bien des cas de mieux saisir le sens d'un texte et de comprendre la genèse et l'évolution de l'ouvrage d'un savant. Outre la conversation entre des savants de renommée mondiale, la lettre permet également d'entretenir des correspondances entre des jeunes savants et des sommités de la science, de faire connaître les recherches et les publications, en favorisant de cette manière les contacts au sein du monde scientifique, qui découlent aussi des voyages savants qui à cette époque sont très fréquents.

Toutefois, dans la nature même de ce genre des limites s'imposent : en premier lieu le fait que l'écrit contrairement à la parole est irrévocable et que le contenu des missives peut facilement se diffuser. C'est pour cette raison que, comme l'indique Nellen,[9] les savants recourent souvent à la scission de la lettre en deux parties – une lettre d'information générale et une lettre personnelle – ou à un *inter nos* qui rappelle au destinataire le caractère confidentiel de certaines informations. Si, donc, d'un côté, la lettre reste très utilisée au fil du XVIIᵉ siècle, en raison de ses fonctions principales – légitimation des

---

9 À tout cela s'ajoute que la lettre n'est pas destinée à être publiée. Cf. Henricus Johannes Maria Nellen, « La correspondance savante au XVIIᵉ siècle », *XVIIᵉ siècle* no. 178 (janviers–mars 1993), pp. 87–89.

L'écriture de la science en France 47

pratiques savantes, médiation entre les savants, information[10] –, de l'autre, elle commence à être côtoyer par d'autres genres qui sont censés atteindre d'autres objectifs. À ce propos, il est important de remarquer que la correspondance savante va jouer un rôle central aussi dans les journaux scientifiques français car les informations contenues dans les lettres savantes constituent souvent la base de départ pour les réflexions menées au fil des articles des publications périodiques. De ce point de vue, le rapport existant entre le genre épistolaire et la naissance des journaux scientifiques est, entre autres, souligné également par Banks, lorsqu'il affirme :

> Although these letters were sent from individual to individual, they were not really personal letters in the present day sense. It was understood that these letters could, indeed in many cases should, be copied, sent on, read at meetings of intellectual societies, and so on. Networks of correspondence were built up on this basis. The fact of something having been written in a letter could even be used in a priority dispute. It was in this context that the first two vernacular journals of an academic nature were created, both in 1665. The first in the field was the French *Journal des Sçavans*, which based its content on book publication. This was closely followed by the *Philosophical Transactions*, based on a network of correspondence.[11]

Le dialogue scientifique

Parmi les genres employés couramment au XVIIIe siècle le dialogue scientifique garde une particularité tout à fait intéressante en raison de son antagonisme avec les caractéristiques du traité de tradition aristotélique à la structure rigide utilisée jusqu'à cette période.[12] Le dialogue scientifique permet, en effet, de privilégier le partage des idées et de souligner

---

10   Cf. Irène Passeron, « La République des sciences. Réseaux des correspondances, des académies et des livres scientifiques », *XVIIIe siècle* no. 40 (2008), pp. 5–27.

11   David Banks, « The beginnings of vernacular scientific discourse: genres and linguistic features in some early issues of the *Journal des Sçavans* and the *Philosophical Transactions* », *E-rea* no. 8 (2010/1) <http://erea.revues.org/1334>.

12   Cf. relativement au genre de la communication savante aux XVIIe et XVIIIe siècles, les réflexions proposées dans la section « Quelques échantillons de la diachronie » de l'ouvrage éd. Forner et Thörle, *Manuel des langues de spécialité*, pp. 383–471.

la recherche faite par le savant plutôt que les résultats obtenus, à travers une structure plus souple et le recours à une forme dialogique proche de l'oralité. Les conséquences de ces choix se reflètent de manière évidente sur le plan linguistique : la scénographie créée dans les dialogues et le débat mis en œuvre par les protagonistes autorisent à la fois le recours aux langues vernaculaires – comme l'italien de Florence pour le *Dialogo sopra i due massimi sistemi del mondo* de Galilée – et l'utilisation d'une syntaxe et d'une terminologie simplifiées, ce qui joue un rôle très important dans la diffusion du genre au-delà des cercles savants auprès du grand public.[13]

L'étude de Chassot consacrée au dialogue scientifique au XVIIIe siècle démontre que le succès paradoxal du genre le long de cette fenêtre temporelle est lié à certaines de ses caractéristiques qui portent sur les objectifs poursuivis par les auteurs :

> Or, par delà l'unité du genre, par delà des références et des modèles communs, les dialogues scientifiques se caractérisent par une extrême variété dans leur scénographie et dans leur façon de mettre en œuvre la poétique de l'honnête conversation. L'adoption du genre pouvait répondre à des raisons fort disparates, chaque auteur l'investissant selon des intentions qui lui étaient propres. [...] La scénographie qu'ils inventent, la manière singulière dont ils répondent aux contraintes et aux tensions du genre pouvaient permettre d'éclairer leurs intentions. L'histoire du genre devenait l'histoire des appropriations d'une forme pour un projet.[14]

Or, bien que Chassot reconnaisse au genre un certain degré d'hétérogénéité, il en souligne les apports novateurs au sein de la communication scientifique, notamment en ce qui concerne le rapport que le dialogue contribue à créer avec le lecteur.

---

13   Il faut quand même indiquer que, contrairement à la pratique contemporaine, le dialogue scientifique ne consiste pas nécessairement un support de vulgarisation des idées.
14   Chassot, *Le Dialogue scientifique au XVIIIe siècle. Postérité de Fontenelle et vulgarisation des sciences*, p. 16. Cf. aussi Fabrice Chassot, « Imiter les *Entretiens sur la pluralité des mondes* : la marquise entre cartésiens et newtoniens », *XVIIIe siècle* no. 40 (2008), pp. 585–603.

L'écriture de la science en France 49

> Par delà la diversité des stratégies et des enjeux de chacun des dialoguistes, l'unité profonde du genre se faisait jour. Celui-ci offre une forme particulièrement appropriée à la captation du public, et à la légitimation sociale d'un discours à prétention scientifique : le propre du dialogue scientifique est de construire par la fiction les voies et les conditions de réception d'un discours savant. De ce point de vue, la poétique du genre engage des enjeux tout autres qu'esthétiques. Représentant en son sein son destinataire, le dialogue a pour singularité de réfléchir un processus de transmission des savoirs, de manifester comment un discours dit scientifique peut être entendu, et comment il parvient à conquérir un public. Par sa dimension « spectaculaire », le genre a plus que toute autre forme écrite un pouvoir et une fonction de transformation de la science en valeur, en objet légitime d'intérêt social, opération sans laquelle tout transfert de savoir est impossible. De là, sans doute, son progressif discrédit, dès lors que cette socialisation s'avère moins nécessaire, que le didactisme est admis et réclamé, que la connaissance devient suffisamment sûre d'elle-même pour refuser d'être confondue avec la fiction. En effet, le genre, qui évolue vers un didactisme de plus en plus prononcé, légitime progressivement le transfert hiérarchique des savoirs.[15]

Toutefois, bien qu'au fil du XVIIe siècle le dialogue scientifique acquiert une forme textuelle spécifique qui l'éloigne du dialogue éminemment littéraire à travers un travail exigeant d'adaptation des savoirs pour un public foncièrement ignorant, celui-ci reste en quelque sorte trop lié aux objectifs presque pédagogiques des scientifiques qui, d'ailleurs, l'utilisent pour vulgariser leurs idées et transmettre des savoirs par le biais d'un genre textuel pouvant échapper habilement à la censure de l'époque. À partir du dialogue scientifique de Galilée de 1632, le genre connaît en effet un succès important le long du siècle, comme le démontre la publication d'autres textes de cette typologie : *La Recherche de la vérité* de Descartes, *Dialogus physicus de natura aeris* de Hobbes, *Les Conversations de l'académie* de Bourdelot, *Les Médecins à la censure ou Entretiens sur la médecine* de Bezançon, les *Entretiens sur l'acide et l'alkali* de Saint-André, *Les Entretiens de Philémon et de Théandre sur la Philosophie des gens de cour* de Gérard, les *Entretiens sur la pluralité des mondes* de Fontenelle et *Le Naturalisme moral* de Le Prestre. Dans l'ensemble des ouvrages de

---

15 Chassot, *Le Dialogue scientifique au XVIIIe siècle*, pp. 17–18.

la période XVIIᵉ–XVIIIᵉ siècles *Le Rêve de d'Alembert*[16] fait figure de cas singulier en raison des interlocuteurs impliqués dans la conversation et des relations que le texte établit avec les dialogues de la première moitié du siècle.[17]

Quant à la place de cet ouvrage dans le genre du dialogue scientifique, *Le Rêve de d'Alembert*, par la gaieté et la liberté de la conversation, revient aux origines du modèle français de Fontenelle marqué par un style narratif censé suggérer que le dialogue est bien la restitution fidèle d'une conversation spontanée.[18]

Il en ressort que le genre du dialogue est progressivement adopté au sein de la communauté savante pour vulgariser de nouvelles connaissances dans certains domaines scientifiques, ce qui est lié à la liberté dont ce genre dispose relativement surtout aux scénographies, aux personnages fictifs ou réels impliqués dans les conversations, ainsi qu'à la manière d'aborder les thématiques scientifiques qui sont le sujet des conversations mêmes.

---

16   Les trois traités composant l'ouvrage de Diderot ont été composés en 1796 et ont paru dans la *Correspondance littéraire* en 1782. La forme manuscrite de *Le Rêve de d'Alembert* n'a été imprimée qu'en 1830.

17   La scénographie créée par Diderot est, en effet, très particulière aussi bien en raison des personnages sélectionnés que par le lieu où se déroule le dialogue, principalement représenté par la chambre à coucher de d'Alembert. Loin de suivre un modèle canonique d'échange entre deux ou plusieurs interlocuteurs sur le monisme matérialiste et sur sa modélisation biologique, Diderot choisit une relation triangulaire, en mettant en scène deux personnages réels, à savoir Mademoiselle de Lespinasse, femme de lettres et amie de plusieurs savants de l'époque, et le docteur Bordeu, philosophe et médecin représentant du vitalisme, autour d'un troisième qui joue le rôle de rêveur, le philosophe d'Alembert. L'implication de personnes vivantes dans le dialogue crée une incertitude sur le caractère fictif ou authentique des entretiens, le lecteur devant donc s'imaginer comme l'auditeur d'un entretien oral, au lieu de croire qu'il est en train de lire un dialogue philosophique dont les contenus scientifiques ont une densité conceptuelle évidente.

18   Cf. Claudio Grimaldi, « Dévoiler la vérité par l'implicite dans *Le Rêve de d'Alembert* de Diderot », sous presse.

Le récit d'expérience

De ce point de vue, d'autres formes textuelles s'imposant dans cette période respectent une structure plus rigide et répondent mieux aux méthodologies scientifiques, aux nouveaux paradigmes de la science moderne et à l'objectivité requise par celle-ci. Dans cette perspective le récit expérimental répond à toutes ces nécessités et il occupe une place de plus en plus importante au fur et à mesure que l'expérimentation s'intègre dans la pratique scientifique de l'époque en tant que preuve nécessaire pour valider une découverte.[19]

De fait, au fil du XVIIe siècle le récit expérimental s'impose progressivement, en raison notamment de la diffusion de la philosophie expérimentale et de la pratique que celle-ci implique. Bien qu'il soit généralement inséré à l'intérieur d'un autre écrit scientifique, tel que le mémoire, le récit expérimental joue un rôle pivot dans le texte car il sert à persuader le lectorat d'une idée et cette persuasion résulte centrale pour la compréhension globale du texte. Comme le démontre Licoppe,[20] le développement du récit expérimental le long du XVIIe siècle signale une évolution de la forme du récit d'épreuve qui passe d'une rhétorique hypothétique basée sur le syllogisme mathématique, chez des savants comme Mersenne ou Pascal,[21] à un mode « X fit et X vit », dans lequel X vaut le plus souvent comme *je* ou *on*. À travers cette structure, abandonnant progressivement

---

19   Pour d'autres réflexions nous renvoyons au Chapitre 1 de cet ouvrage.
20   Cf. Licoppe, *La formation de la pratique scientifique*.
21   C'est ce que Licoppe souligne notamment pour *Les Expériences nouvelles touchant le vide* et les *Traités de l'équilibre des liqueurs et de la pesanteur de la masse de l'air* de Pascal dans lesquels l'auteur a recours à des structures conditionnelles dans une construction syllogistique de la preuve. Licoppe, *La formation de la pratique scientifique*, pp. 21–24. De son côté, Bah-Ostrowiecki a analysé les discours scientifiques de Pascal et certains détails textuels de ceux-ci qui structurent les récits d'expérience du savant, en mettant en relief la problématique du rapport complexe de l'expérience à la déduction. L'auteur indique que la mise en discours d'après Pascal est l'occasion d'un glissement : « du compte-rendu d'un événement singulier à la construction d'une règle générale, puis de l'affirmation de la règle générale à sa validation par un recours à l'expérience du lecteur » (Bah-Ostrowiecki, « L'expérience et son récit. Remarques sur la présentation de l'expérience chez Pascal », p. 55).

le mode hypothétique, le récit expérimental s'accompagne de nombreux détails pour devenir progressivement plus circonstancié. Cette évolution témoigne d'une dynamique de l'épreuve qui, d'après Licoppe, est liée à bien des égards à la progressive institutionnalisation de la science :

> La rhétorique de l'épreuve empirique sur le mode « X fit et X vit », où X est un pronom personnel, devient dans le dernier tiers du siècle [le XVIIe siècle] la forme conventionnelle des récits d'expérience. Cette période tranche donc avec les trente années qui précèdent, où ce type de récit se cantonnait aux correspondances manuscrites ou imprimées, tandis que dans les traités de quelque importance, les savants préféraient utiliser une rhétorique calquée sur le syllogisme mathématique. L'épreuve réalisée en laboratoire a donc acquis une légitimité supplémentaire en tant que procédure d'enquête et elle est simultanément parvenue à se doter d'un lectorat qui admet la forme narrative qui en constitue l'expression écrite. [...] L'existence de l'institution académique constitue bien un point de départ fécond pour comprendre la légitimité nouvelle des pratiques expérimentales et les formes littéraires. [...] Il est alors naturel de penser que, si la pratique expérimentale fait partie des objectifs de l'assemblée officielle des plus grands savants choisis par le roi, elle a de fait acquis la reconnaissance et la stabilité recherchée. [...] Cette légitimité nouvelle de la pratique expérimentale s'accompagne, on l'a vu, de son corollaire rhétorique, la diffusion des récits circonstanciés et détaillés des procédures expérimentales dans les traités des expérimentateurs en contact avec l'Académie.[22]

Cette nouvelle forme du récit expérimental se réalise notamment dans les comptes-rendus expérimentaux des années 1660 à 1680, qui paraissent dans les journaux savants de l'époque, notamment dans les *Philosophical Transactions* et dans le *Journal des savants*.

À l'intérieur de cette dynamique du texte scientifique, la presse scientifique va jouer un rôle de plus en plus important dans la diffusion des idées scientifiques car la structure souple des premiers journaux, rassemblant des textes variés, tels que les comptes-rendus, les lettres, les mémoires et les extraits d'ouvrages scientifiques, dans un format simple permet de rejoindre un lectorat toujours plus vaste et curieux des découvertes que la nouvelle science peut produire. C'est en raison de leur structure que les journaux deviennent concurrentiels aux autres typologies de publication scientifique de l'époque.

---

22 Licoppe, *La formation de la pratique scientifique*, pp. 59–60.

La presse périodique en France (1665–1740) : un nouvel outil pour la communication savante

> C'est ainsi que l'académie qui se formait à Paris, entrait déjà en commerce de découvertes avec les académies étrangères. Rien ne peut être plus utile que cette communication, non seulement parce que les esprits ont besoin de s'enrichir des vues les uns des autres, mais encore parce que différents pays ont différentes commodités et différents avantages pour les sciences. La nature se montre diversement aux divers habitants du monde ; elle fournit aux uns des sujets de réflexion qui manquent aux autres ; elle se déclare quelquefois plus ou moins, selon les lieux ; et enfin, pour la découvrir, il n'y a point trop de tout ce qui peut nous être connu.
> — FONTENELLE (1666), *Préface de l'Histoire de l'Académie des sciences*

Au niveau scientifique, la seconde moitié du XVIIe siècle est sans aucun doute la période pendant laquelle se réalisent les changements les plus notables de l'activité scientifique, aussi bien dans la manière retenue par les savants pour effectuer leurs recherches que dans la pratique de production et d'échange des savoirs. La fondation des institutions et des Académies nationales, ainsi que les avantages économiques découlant de l'activité scientifique en termes de richesses acquises par les nations contribuent remarquablement à la professionnalisation progressive de la pratique savante. Parmi les éléments principaux de ce renouvellement, la fondation et la large utilisation de la presse périodique occupent une place centrale dans la dynamique de la construction des savoirs, dans les modalités suivies dans le travail scientifique et dans les résultats que celui-ci va atteindre au niveau social.

D'un point de vue historique, la nouvelle forme éditoriale de la presse périodique, à la différence de la littérature et de la philosophie, ne peut pas compter sur une tradition très riche de modèles, de styles d'expression et de genres typiques retenus par les savants. Pendant longtemps la circulation des savoirs scientifiques a eu principalement recours à travers la lettre qui est le véhicule de l'information et du contact personnel au sein du monde scientifique. Toutefois, à la fin du siècle des Lumières, les revues scientifiques prennent progressivement en charge les trois fonctions de la correspondance savante – légitimation du travail scientifique, médiation, information –, en constituant pour cela un nouvel espace de circulation des savoirs, ouvert à un public plus vaste et à tous les champs disciplinaires.

À ce propos il est nécessaire de préciser que la lettre savante ne disparaît pas suite à la création de la presse scientifique, mais au contraire tout un commerce littéraire se développe autour des premiers journaux scientifiques car, comme l'indique Vittu, « la revue savante donnait naissance à de nouvelles lettres par un double mouvement de démultiplication. De la notation, de la critique, à une lettre-mémoire, le pas se franchit vite ».[23] De fait, la lettre continue à être utilisée parallèlement à la parution des journaux savants notamment en raison de son pouvoir d'affranchissement des censures et des difficultés éditoriales pouvant s'imposer aux journaux.

En général ceux-ci, nés en 1665 en Europe, partagent des caractéristiques communes : ils ne sont pas encore spécialisés et accueillent sous un même titre des auteurs et des thèmes différents, en publiant, des textes à la nature variée, tels que des observations, des comptes-rendus, des récits d'expérience scientifique, des réflexions théoriques. Quant au format et au titre de ces journaux, la plupart d'entre eux utilisent le format in-quarto correspondant à celui des livres d'études, alors que les titres adoptés différencient ces publications des textes politiques, mondains ou de vulgarisation, puisque, comme le disent Peiffer et Vittu, « *Journal*, *Transactions*, *Acta*, *Giornale*, *Bibliothek* (*Biblioteca*, *Bibliothèque*, *Boekzaal*), *Abhandlungen*, *Miscellanea*, suggèrent l'enregistrement ou la conservation, alors que les feuilles d'informations politiques jouaient plutôt sur la rapidité de la communication (par exemple les divers « courriers », « correo », ou les divers « Merkur », « mercurio », etc.) ».[24] D'ailleurs, les qualificatifs donnent de plus près l'idée du public cible des journaux : c'est le cas, par exemple,

---

23   Jean-Pierre Vittu, « De la *Res Publica Literaria* à la République des Lettres, les correspondances scientifiques autour du *Journal des savants* », in *La plume et la toile : pouvoirs et réseaux de correspondance dans l'Europe des Lumières*, éd. Pierre-Yves Beaurepaire (Arras : Artois Presses Université, 2002), p. 239.

24   Jeanne Peiffer et Jean-Pierre Vittu, « Les journaux savants, formes de la communication et agents de la construction des savoirs (17ᵉ–18ᵉ siècles) », *XVIIIᵉ siècle* no. 40 (2008), p. 282.

de « des savants », « de' letterati », « eruditorum », les préfaces, quant à elles, complétant ensuite les informations sur le lectorat visé.

Ces diverses formes d'appel au lecteur que constituent les titres, les préfaces et les avis, suggèrent donc les différents types de public, à savoir le lettré ou le curieux de la fin du XVIIe siècle, qui adoptent une vision encyclopédique du savoir, et l'homme de science spécialisé des XVIIIe et XIXe siècles. La forme même du contenu de la plupart de ces publications répond à des intentions bien spécifiques car elle essaie de satisfaire à une large visée de la science à travers les résumés des livres, les nouvelles ou les mémoires savants, alors qu'à partir de la première moitié du XVIIIe siècle les rédacteurs de certains journaux spécialisés, entre autres les *Annales de chimie* ou les *Annales de mathématiques pures et appliquées*, répondent à des logiques de publication bien plus centrées sur la discipline de la revue et plus penchées sur un lectorat ciblé.

Quant aux savants, ils ont recours à cette nouvelle forme éditoriale « pour y puiser des informations, pour faire connaître les résultats de leurs recherches, ou pour commenter, étendre et critiquer ceux de leurs collègues »,[25] en s'appropriant pleinement ces nouveaux outils de communication scientifique, qui selon Peiffer et Vittu, peuvent être considérés en général comme des moyens d'information, des sites de production des savoirs ou des instruments stratégiques.[26] Les auteurs soulignent à juste raison les effets que la forme du journal scientifique a eus sur les modes de construction des savoirs et sur l'intérêt que les savants mêmes ont pu tirer de ce genre de publication, à savoir la possibilité d'enregistrer la priorité d'une découverte ou d'une invention. D'ailleurs, cette forme éditoriale s'avère particulièrement novatrice du fait de l'adjonction de diverses annexes aux livraisons et de l'édition de plusieurs sortes de prolongements qui rendent ces périodiques d'utiles instruments de travail pour l'érudit, le spéculatif ou l'expérimentateur.

> La brièveté des pièces publiées dans les journaux savants engage à traiter un seul aspect d'une question, à communiquer une seule observation, le récit d'une seule expérience, la solution d'un problème. La périodicité de la publication permet de réagir

25   *Ibid.* p. 289.
26   *Ibid.* p. 297.

rapidement, de faire insérer des réponses, corrections, modifications et extensions, qui peuvent être à l'origine de débats et de controverses. Les savoirs publiés dans les périodiques savants sont ainsi comme précipités, prêts à se recomposer sous la plume d'auteurs variés. Les travaux sont régulièrement réactualisés ou remis en question.[27]

Dans ce panorama éditorial, en raison de leurs caractéristiques différentes, le *Journal des savants* et les *Histoire et Mémoires de l'Académie royale des sciences* constituent à bien des égards un tournant décisif au niveau européen à la fois relativement aux modèles retenus pour la diffusion des savoirs et pour l'histoire des genres textuels de la communication scientifique.

Journal des savants

Le *Journal des savants* est le périodique le plus ancien destiné aux lettrés et aux scientifiques, qui à partir de 1665 donne une nouvelle forme à la communication savante et configure de manière innovante la diffusion des savoirs dans les différents champs disciplinaires, tels que, entre autres, les lettres, la chimie, la botanique, la physique.[28] Le *Journal des savants* est, pour nous servir de l'expression de Voltaire, « le père de tous les ouvrages de ce genre dont l'Europe est aujourd'hui remplie, et dans lesquels trop d'abus se sont glissés, comme dans les choses les plus utiles ».[29]

Bien que les origines du projet d'éditer un journal de ce type soient incertaines quant au nombre des personnes impliquées dans cette nouvelle

---

27 Ibid. pp. 297–298.
28 En ce qui concerne les disciplines abordées dans le journal, ainsi que les réflexions portant sur le rapport entre le *Journal des savants* et les *Philosophical Transactions*, nous renvoyons aux travaux de David Banks : « Starting science in the vernacular. Notes on some early issues of the *Philosophical Transactions* and the *Journal des Sçavans*, 1665–1700 », *ASp* no. 55 (2009), pp. 5–22 ; Id., « Diachronic ESP: at the interface of linguistics and cultural studies », *ASp* no. 61 (2012), pp. 55–70 ; Id., *The Development of Scientific Writing, Linguistic Features and Historical Context* (London : Equinox, 2008).
29 Voltaire, cité in Eugène Hatin, *Histoire politique et littéraire de la presse en France : avec une introduction historique sur les origines du journal et la bibliographie générale des journaux depuis leur origine* (Paris : Poulet-Malassis et De Broise, 1859, t. II), p. 152.

entreprise éditoriale, la seule explication solidement documentée est l'implication immédiate de Denis de Sallo, magistrat, conseiller au Parlement de Paris depuis 1653 et membre des cercles savants les plus renommés. Cette figure de premier plan de la société française de l'époque est officiellement le fondateur et le premier rédacteur du *Journal des savants*, auquel succèdent, jusqu'à la création d'un bureau de rédacteurs datant de 1701, l'abbé Jean Gallois, l'abbé Jean-Paul de La Roque, Louis Cousin et l'abbé Jean-Paul Bignon.[30]

C'est également à de Sallo qu'on doit l'indication des objectifs du périodique, édité jusqu'en 1682 par Jean Cusson : présenter chaque semaine sur douze pages in-quarto « ce qui se passe de nouveau dans la République de Lettres » et « les expériences de Physique et de Chimie, qui peuvent servir à expliquer les effets de la Nature ; les nouvelles découvertes qui se font dans les Arts et dans les Sciences, comme les machines et les inventions utiles ou curieuses que peuvent fournir les Mathématiques ; les observations du Ciel, celles des Météores, et ce que l'Anatomie pourra trouver de nouveau dans les animaux ».[31] D'après le rédacteur, la mission du périodique se réalise notamment grâce aux genres textuels retenus pour la publication, à savoir les extraits de livres récents, les mémoires savants et les relations diverses, ce qui au niveau éditorial pose dès le début de nombreuses difficultés aboutissant

30   Cf. Jean-Pierre Vittu, « La formation d'une institution scientifique : le *Journal des savants* de 1665 à 1714 [premier article : d'une entreprise privée à une semi-institution] », *Journal des savants* (2002/1), pp. 183–186. Comme l'indiquent Ehrard et Roger, les choix des collaborateurs reposent sur des motifs scientifiques : on y retrouve des docteurs de Sorbonne pour la théologie, des avocats et des parlementaires pour le droit, mais aussi l'abbé Dubos et l'abbé Trublet pour les beaux-arts et les belles-lettres, Fontenelle et Saurin pour les mathématiques, Lalande et Bailly pour l'astronomie, Sainte-Croix pour l'histoire. L'élite savante collabore donc activement au journal, et à ce groupe de rédacteurs s'ajoutent également de nombreux académiciens et des Encyclopédistes (Jean Ehrard et Jacques Roger, « Deux périodiques français du 18ᵉ siècle : le *Journal des Savants* et les *Mémoires de Trévoux*. Essai d'une étude quantitative », in *Livre et société dans la France du XVIIIᵉ siècle*, éd. Geneviève Bollème, Jean Ehrard, François Furet, Daniel Roche et Jacques Roger (Paris-La Haye : Mouton, 1965), pp. 33–59).
31   *Avis au lecteur* : JS, 1665, p. I.

à la suspension du périodique après le treizième numéro daté du 30 mars 1665 et à la reprise, non définitive,[32] en janvier 1666.

Étroitement liée aux objectifs visés par le *Journal*, la question de sa périodicité occupe une place importante dans l'*Avis* au lecteur de la première livraison. À ce propos le rédacteur souligne de manière claire l'hésitation entourant cette décision en vertu notamment du souci d'une circulation rapide des informations.

> Ceux qui ont entrepris ce Journal ont longtemps douté s'ils devaient le donner tous les ans, tous les mois, ou toutes les semaines. Mais enfin ils ont cru qu'il devait paraître chaque semaine : parce que les choses vieilliraient trop, si on différait d'en parler pendant l'espace d'un an ou d'un mois. Outre que plusieurs personnes de qualité ont témoigné que ce Journal venant de temps en temps, leur serait agréable, et leur servirait de divertissement ; qu'au contraire ils seraient fatigués de la lecture d'un Volume entier de ces sortes de choses, qui auraient perdu la grâce de la nouveauté.[33]

Cette réflexion sur la périodicité a bien évidemment des conséquences sur la nature des articles composant la livraison, finalement hebdomadaire, du périodique car le souci de « ne pas laisser vieillir » les nouveautés scientifiques fait pencher le rédacteur vers l'emploi de certaines formes textuelles faisant partie de la publication. Le choix de ces formes relève en effet de la rapidité avec laquelle on peut organiser au niveau textuel l'ensemble du numéro du *Journal*, ainsi qu'à la fois de la rapidité de sa parution et de sa lecture.

Les genres textuels impliqués dans la diffusion et la validation des savoirs et retenus dans le *Journal des savants* sont notamment les extraits, en général les plus nombreux, et les mémoires, réunis dans les livraisons selon une composition successive. À ce propos Vittu précise que :

> Les extraits présentent un abrégé des livres parus, plus ou moins récemment, et même parfois à paraître, en respectant leur contenu et sans développer une critique, alors

---

[32] Le rythme hebdomadaire est respecté en 1666, sauf une interruption de septembre à octobre, alors qu'en 1667 le travail de Gallois auprès de l'Académie des sciences entraîne une parution irrégulière et sa quasi-extinction. Cf. Jean-Pierre Vittu, « Journal des savants (1665–1792, puis 1797 et depuis 1816) », in *Dictionnaire des journaux, 1600–1789*, éd. Jean Sgard (Paris : Universitas, 1991, vol. II), p. 710.

[33] *Avis au lecteur* : JS, 1665, p. II.

que les mémoires publiés [...] offrent en général la relation d'une observation, d'une expérience ou d'un travail scientifique, qu'il s'agisse de numismatique, d'astronomie, de physique, de mathématiques, et, jusqu'à la création d'une rubrique spécialisée, ils peuvent aussi donner des nouvelles littéraires.[34]

Ce qui se manifeste clairement est la volonté des rédacteurs, d'une part, d'éviter des textes longs pouvant lasser les lecteurs et, d'autre part, de présenter le propos utilitaire et l'originalité de l'ouvrage.[35]

Une rubrique spécifique, datant de 1678 et voulue par Jean-Paul de La Roque, est en outre consacrée aux nouvelles littéraires, telles que les annonces d'éditions réalisées ou en cours, les souscriptions aux ouvrages, les informations sur des travaux savants ou sur les institutions royales. Il s'agit donc d'une rubrique qui se veut à bien des égards ouvertement publicitaire : elle anticipe les rubriques de ce genre qui vont paraître dans les autres journaux et gazettes à la fin du XVIIe siècle, cette section trouvant place à la fin des livraisons annoncées par un titre particulier.

La formule du *Journal* d'associer les extraits, les mémoires et les nouvelles littéraires répond aux besoins des érudits et des hommes de science avides d'être informés des livres publiés ou à paraître, ainsi que des découvertes et des observations nouvelles. En effet, le périodique leur permet de faire connaître leurs propres ouvrages et leurs travaux,[36] tout en demandant, le cas échéant, la collaboration d'autres savants. En outre la composition du périodique est liée à la volonté d'une diffusion des idées scientifiques, des savoirs et des ouvrages à l'échelle européenne, ce qui est explicitement indiqué dans l'*Avis* de la première livraison : « on tâchera de faire en sorte

---

34 Jean-Pierre Vittu, « Du *Journal des savants* aux *Mémoires pour l'histoire des sciences et des beaux-arts* : l'esquisse d'un système européen des périodiques savants », *XVIIe siècle* no. 228 (2005), p. 536.

35 Quant à l'organisation des textes du journal il faut remarquer qu'une chiffre et une date distinguent chaque *Journal des savants*, alors qu'aucune division ne sépare les textes qu'il contient, un titre en italiques annonçant une nouvelle séquence de n'importe quel type.

36 À ce propos la préface initiale du *Journal* indique que « ceux qui [...] auront quelques observations qui mériteront d'être communiquées au public, le pourront faire, en m'envoyant un mémoire, que je ne manquerai pas d'insérer dans le Journal » (*Avis au lecteur* : JS, 1665, p. II).

qu'il ne se passe rien dans l'Europe digne de la curiosité des Gens de lettres, qu'on ne puisse apprendre par ce Journal ».[37]

Sur le plan commercial et éditorial, au niveau européen la parution du *Journal des savants* est un vrai succès : au cours du demi siècle qui suit sa création les périodiques inspirés de son modèle se multiplient à travers l'Europe et de différentes contrefaçons paraissent tout de suite en France et à l'étranger. Quant à celles-ci, s'il est vrai que le privilège accordé à de Sallo empêche que ces entreprises continuent dans le royaume français, celle commencée aux Provinces-Unies dure tout au long du XVIIIe siècle, mais ce sont ces activités illicites qui démontrent à la fois la fortune du *Journal des savants* aux niveaux intellectuel et commercial, dont le réseau commercial devient encore plus ample si l'on considère aussi les traductions en latin du périodique faites dans l'espace germanique, à Leipzig et à Francfort, entre 1667 et 1671.

Les travaux de Vittu permettent de saisir la floraison des périodiques savants européens qui s'intéressent aux sciences selon le sens de l'époque, à savoir les sciences spéculatives, les sciences d'observation et expérimentales. On reporte les tableaux de l'auteur[38] relatifs au marché éditorial en Europe à partir de la première parution du *Journal des savants* (voir les Tableaux 1 et 2).

Tableau 1. Jean-Pierre Vittu, nombre de périodiques savants créés de 1665 à 1714

	1665–1674	*1675–1686*	*1687–1701*	*1702–1714*
France	6	7	4	3
Angleterre	1	2	10	2
Italie	1	2	6	3
Provinces-Unies	2	4	7	10
Empire	–	5	6	7

37 *Ibid.*
38 Jean-Pierre Vittu, « La formation d'une institution scientifique : le *Journal des savants* de 1665 à 1714 [second article : l'instrument central de la République des Lettres] », *Journal des savants* (2002/2), p. 361.

Tableau 2. Jean-Pierre Vittu, journaux savants publiés pendant plus de vingt ans, dans l'ordre de leur création, avec les années de première parution

Titre	Lieu d'édition	Format	Année de première édition
Journal des savants	Paris	in-4°	1665
Philosophical Transactions	Londres	in-4°	1665
Acta Eroditorum	Leipzig	in-4°	1682
Nouvelles de la République des Lettres	Amsterdam	in-12°	1684
Histoire des Ouvrages des Sçavans	Rotterdam	in-12°	1687
Galeria di Minerva	Venise	in-f°	1696
Mémoires de Trévoux	Paris	in-12°	1701
Giornale de' letterati d'Italia	Venise	in-12°	1710
Miscellanea Berolinensia	Berlin et Halle	in-4°	1710
Deutsche Acta Eroditorum	Leipzig	in-8°	1712
Journal Littéraire	La Haye	in-8°	1713

Ces données démontrent que le périodique savant s'avère être la forme éditoriale spécifique à partir du modèle parisien et, en même temps, jusqu'à quel point le *Journal des savants* représente le journal pivot d'un réseau de périodiques savants qui paraissent depuis sa première livraison et qui constituent un système d'échange privilégié pour la diffusion des informations en matière savante, entre les lettrés et les hommes de science, ainsi que pour la validation de leurs travaux de recherche. Cette nouvelle forme textuelle devient donc le moteur d'un système communicatif de formation, de diffusion, de validation ou de rejet des savoirs scientifiques dont les caractéristiques se développent au fil des siècles suivants jusqu'aux typologies actuelles de journaux de la science, en créant un espace important de dialogue au sein des communautés savantes de tout ordre.

> La forme du périodique savant se caractérise par la brièveté des textes, la composition successive des livraisons et la possibilité, qu'ouvre le retour périodique, d'un amendement ou d'une révocation rapides des savoirs. Cette forme nouvelle impose un moule et des règles d'exposition aux savants et aux lettrés pour lesquels, des livraisons aux tables, en passant par les recueils et les choix, l'instrument périodique offre plusieurs phases de la recomposition des savoirs : le successif, le séquentiel, puis l'ordonné.[39]

Histoire et Mémoires de l'Académie royale des sciences

À partir de 1699 la scène française des journaux scientifiques est bouleversée par la parution, suite à une réorganisation de l'Académie royale des sciences de Paris, du périodique *Histoire et Mémoires de l'Académie royale des sciences*,[40] qui représente une nouvelle stratégie éditoriale adoptée par l'institution pour la publication des travaux de ses membres. Cette stratégie s'avère tout à fait en ligne avec les objectifs de la nouvelle institution qui détient entièrement le monopole de la constitution des sciences et des savants. À côté des *Philosophical Transactions*, édités par la Royal Society de Londres, les *Histoire et Mémoires* deviennent, en effet, l'organe officiel de diffusion des travaux des académiciens et le deuxième journal européen qui, au début du XVIIIe siècle est exclusivement consacré aux sciences. Cette entreprise éditoriale se sert des travaux et de l'engagement financier,[41] ainsi

---

39 Vittu, « Du *Journal des savants* aux *Mémoires pour l'histoire des sciences et des beaux-arts* : l'esquisse d'un système européen des périodiques savants », pp. 543–544.

40 Le titre complet de la publication est *Histoire de l'Académie royale des sciences, année […] avec les Mémoires de Mathématique et de Physique pour la même année, tirés des registres de cette académie*. À ce propos il faut aussi indiquer que la parution du premier volume annuel des *Histoire et Mémoires* date de 1702 et se poursuit régulièrement durant tout le XVIIIe siècle, lorsque le décret de la Convention nationale daté du 8 août supprime toutes les académies royales, y compris l'Académie française, qui, selon la formule de Chamfort, sont le « royaume des lettrés, titrés, mitrés ».

41 À ce propos, Gross, Harmon et Reidy (*Communicating Science. The Scientific Article from the 17th Century to Present* (Oxford : Oxford University Press, 2002), p. 20)

que de la bienveillance et de l'autorité d'une société scientifique institutionnalisée qui joue un rôle actif au sein du panorama scientifique international. De surcroît, la parution des publications de l'Académie marque une date importante dans l'histoire de l'édition scientifique car, pour la première fois, les producteurs du savoir contrôlent de manière directe la publication des résultats de leurs recherches. L'Académie donne donc les normes et les pratiques nouvelles qui deviennent la base de toute entreprise scientifique, à savoir l'évaluation par les pairs, la résolution de controverses par la voie institutionnelle et notamment la référence aux travaux antérieurs, recensés dans les volumes des *Histoire et Mémoires de l'Académie des sciences*.

De ce point de vue, ce journal naît comme le résultat d'une décision politique,[42] étant donné que le règlement de l'Académie des sciences de 1699 impose au secrétaire perpétuel la rédaction d'une « histoire raisonnée » des activités annuelles des savants (article XL), ce projet prenant la forme d'un travail imposant de composition d'une histoire épistémologique des sciences. Cette tâche s'avère tout de suite complexe sous une double perspective : en premier lieu il n'existe aucune publication de ce genre,[43] à savoir aucune publication de l'époque ne couvre systématiquement l'histoire

---

soulignent que « In contrast to the Royal Society, the Académie Royale was closer to what we think of today as a government-funded research institute. Science was the principal occupation of its member, who lived and worked together in Paris under the patronage of Louis XIV ».

42 Le règlement de l'Académie des sciences est en quelque sorte la façon d'affirmer la mainmise de Louis XIV sur la totalité de la vie du royaume lorsque son pouvoir fait l'objet de contestations plus ou moins ouvertes, telles que, entre autres, la révocation de l'Édit de Nantes en 1685. Cf. Mazauric, *Fontenelle et l'invention de l'histoire des sciences à l'aube des Lumières*.

43 Un seul ouvrage comparable peut être celui datant de 1698 composé par l'abbé du Hamel qui publie une histoire de l'Académie royale des sciences, la *Regiae scientiarum Academiae Historia*, mais il s'agit d'une histoire de l'institution plutôt que d'un approfondissement sur les activités de l'Académie et des disciplines scientifiques. En effet, comme le dit Mazauric, « En toute rigueur, c'est donc du Hamel qui a précédé Fontenelle dans la voie de la constitution d'une histoire des sciences étroitement liée à l'histoire d'une institution. Toutefois, si quelques-uns des traits caractéristiques de ce premier récit se retrouveront dans certains ouvrages de Fontenelle, ses dimensions réduites et l'allure elliptique des informations qu'il délivre ne permettent pas de lui

complète des découvertes ou du domaine de connaissances abordé, mais il s'agit plutôt d'ouvrages limités essentiellement à une discipline particulière ; en second lieu, le secrétaire perpétuel doit viser plusieurs objectifs, comme la diffusion des travaux des savants, la communication au public des activités conduites par les académiciens et l'exaltation de la politique scientifique du roi. L'article XL du règlement de l'Académie assigne, donc, une double tâche au secrétaire perpétuel car il doit, d'une part, tenir les registres où sont consignés les comptes-rendus des séances de l'Académie et inclure dans ces archives les mémoires présentés par les académiciens et, d'autre part, il doit publier annuellement une sélection des procès-verbaux en fonction de la qualité des travaux des académiciens.

Si, d'un côté, la publication des *Histoire et Mémoires* relève donc d'une décision prise par le roi qui veut donner aux académiciens un support de publication reconnu et officiel, et est censée suivre strictement les directives établies dans le règlement officiel, de l'autre côté, l'absence précise de modèle générique donne au secrétaire perpétuel une plus grande liberté, une grande souplesse et une discrétion remarquable dans l'élaboration de cette « histoire raisonnée », grâce notamment au fait que le nom du secrétaire n'apparaît jamais comme celui de l'auteur du périodique.

Quant à l'organisation générale du volume annuel, les *Histoire et Mémoires* se composent, comme l'indique le titre, de deux parties, reliées en un seul tome, mais à la longueur inégale et à la pagination distincte. La première section, désignée par le titre *Histoire* et s'achevant avec les *Éloges*[44] des académiciens décédés dans l'année, est la plus courte et est entièrement rédigée par le secrétaire perpétuel ; la deuxième partie est consacrée aux *Mémoires* proprement dits et y sont rassemblés les travaux présentés par les membres de l'Académie ou envoyés et approuvés par la Compagnie, et qui ne sont pas rédigés par le secrétaire perpétuel. Un système de renvois est prévu pour permettre aux lecteurs d'approfondir des sujets apparentés

---

faire jouer le rôle de source pour l'histoire des sciences au même titre que les œuvres de son successeur » (*Ibid.* pp. 74–75).

44 Dès 1708 les *Éloges* ont fait l'objet d'une première édition séparée, puis de plusieurs éditions successives.

qui sont traités dans des articles et des mémoires du même volume ou des volumes précédents.

Lorsqu'on analyse de plus près l'organisation de la partie *Histoire*, qui à notre avis représente la section la plus intéressante relativement à la nouvelle forme éditoriale créée, on remarque qu'elle suit une division particulièrement significative : comme l'indique Séguin, elle est systématiquement divisée en chapitres en suivant « une organisation rigoureuse [qui] fait passer le lecteur des sciences empiriques (la Physique) aux sciences spéculatives (les Mathématiques), en établissant une hiérarchie entre les savoirs, des matières les plus sujettes à caution à celles qui reposent davantage sur la pure raison ».[45] Chaque chapitre présente une structure hétérogène accueillant un nombre d'articles variable qui exposent des informations brèves, des comptes-rendus d'ouvrages récemment parus, des curiosités scientifiques, des rapports de séances de travail.

En dépit de sa dénomination, l'*Histoire* reste donc très peu historique, au moins au sens où l'on entend ce terme aujourd'hui, car en effet il ne s'agit pas de résumer ce que les *Mémoires* vont explorer, mais plutôt de donner un panorama complet des travaux académiques et une idée plus précise de leur portée sur le plan théorique. Toutefois, l'*Histoire* contient des considérations d'ordre épistémologique que les *Mémoires* présentent très rarement, ce qui fournit à la première partie une importance capitale. Si on se place, donc, du côté des historiens des sciences, on aperçoit en profondeur que de fait ce sont les *Éloges* qui constituent la source de l'histoire des sciences en tant que discipline à part entière.[46] Dans les *Éloges* toute information biographique et bibliographique des académiciens morts est,

---

45 Maria Susana Séguin, « Fontenelle et l'*Histoire de l'Académie royale des sciences* », *XVIIIe siècle* no. 44 (2012), p. 372.

46 La tradition des éloges remonte à l'Antiquité, mais ils connaissent un succès inégalé au XVIIIe siècle, période pendant laquelle ils vont constituer, pour le dire avec Gusdorf, le « nouveau genre de l'oraison funèbre laïque » et « une histoire de la pensée scientifique européenne, dont la valeur demeure, aujourd'hui, encore inestimable » (Georges Gusdorf, *De l'histoire des sciences à l'histoire de la pensée* (Paris : Payot, 1966), p. 54).

en effet, contenue et contribue à la construction d'un réservoir important de données critiques sur les savants de l'époque.

Bien que les différences générales entre les deux sections du volume aient affaire avec leur longueur et la subdivision interne des chapitres, la diversité majeure s'avère le lectorat auquel elles s'adressent : la première partie vise un public de simples amateurs et curieux des sciences, à savoir un public plus vaste que celui des savants auxquels s'adressent les *Mémoires*. Ce choix entraîne par conséquent l'adoption dans la première partie d'un ton narratif qui comporte la construction d'un récit dans la durée : le secrétaire perpétuel fait, en effet, plusieurs allers et retours sur des événements scientifiques évoqués dans les volumes précédents afin de donner de l'homogénéité aux thématiques abordées dans les différents numéros publiés. Ces références constantes ont également un autre objectif, à savoir « favoriser la construction de l'identité de l'institution, par le moyen de la constitution de sa mémoire, contenue dans ces volumes », une histoire qui, en raison de la jeunesse de l'institution, est une histoire « immédiate ou quasi immédiate ».[47] Il est évident que l'histoire construite dans cette partie manifeste la fonction essentielle de rappeler, de célébrer et de louer un acte monarchique, qui, au-delà de la volonté de capturer et gérer les pratiques savantes de l'époque, permet de favoriser à la fois le développement des disciplines qu'il reste à faire connaître et le progrès des disciplines dont il reste à asseoir la légitimité.[48] Il s'agit en effet de faciliter la reconnaissance sociale de ces disciplines émergentes sous leur forme moderne, au moment où les valeurs anciennes liées à l'aristocratie et aux rentes restent au cœur de la société.

Dans leur organisation générale les *Histoire et Mémoires de l'Académie royale des sciences* relèvent d'un travail soigneux de composition et d'écriture s'appréciant dans le temps qui sert pour témoigner des progrès de l'esprit humain et des connaissances de l'époque. En même temps ces volumes garantissent une grande publicité à l'institution qui veut attester son sérieux travail et son efficacité, la question de la publication des mémoires des académiciens étant désormais réglée car ils ne doivent plus passer par un

---

47 Mazauric, *Fontenelle et l'invention de l'histoire des sciences à l'aube des Lumières*, p. 83.
48 *Ibid.* p. 133.

périodique externe à l'Académie, à savoir le *Journal des savants*.[49] Il en est de même aussi bien pour les *Mémoires* des académiciens, que pour les *Éloges* qui paraissent à l'époque également dans le *Journal des savants* en seconde position relativement aux informations que le périodique se propose de transmettre.

Pour l'Académie l'aventure des *Histoire et Mémoires* s'avère donc une stratégie de communication laissant sortir les sciences de l'espace institutionnel grâce à une opération de publicité d'une institution dont la publication officielle des travaux doit attester l'excellence. En même temps cette parution annuelle sert pour abolir l'écart qui sépare les savants du grand public et pour transmettre l'utilité sociale des sciences. Ces objectifs ne peuvent se réaliser qu'à travers une publication régulière, ce qui est aussi en ligne avec les évolutions épistémologiques des disciplines impliquées dans les débats scientifiques de l'époque. En effet, comme le dit Séguin,

> la précision du langage augmente au fur et à mesure que les connaissances se précisent, que de nouveaux concepts viennent remplacer les imprécisions de nos connaissances, et que le discours de savoir remplace la « fable » : de sorte que la construction des sciences se confond définitivement avec l'histoire de l'esprit humain, et cette histoire se traduit dans l'écriture des savoirs, ce que veut être l'*Histoire de l'Académie royale des sciences*.[50]

D'un point de vue linguistique, l'écriture des savoirs est étroitement liée à la création des langues scientifiques modernes qui, grâce aux travaux pointus des savants, vont se construire progressivement jusqu'à devenir un patrimoine de connaissances dont nous analyserons certaines caractéristiques dans la Partie II de cet ouvrage.

---

49 La pratique du secret de l'Académie jusqu'aux années 1690 risque que des travaux des académiciens puissent tomber dans l'ombre, alors qu'ils méritent la reconnaissance officielle de la République des Lettres. C'est pourquoi l'Académie accepte la publication des travaux des académiciens dans le *Journal des savants* sans que ce périodique puisse être retenu pour le journal officiel de l'institution.
50 Séguin, « Fontenelle et l'*Histoire de l'Académie royale des* sciences », pp. 378–379.

DEUXIÈME PARTIE

CHAPITRE 3

Prémisse méthodologique

> En mathématique on suppose, en physique on pose et on établit ; là ce sont des définitions, ici ce sont des faits ; on va de définitions en définitions dans les sciences abstraites, on marche d'observations en observations dans les sciences réelles ; dans les premières on arrive à l'évidence, dans les dernières à la certitude.
> — BUFFON (1749–1789), *Histoire naturelle, générale et particulière*

Ancrage méthodologique

La démarche suivie dans cette étude s'inscrit dans une approche de terminologie textuelle permettant de lier la pratique terminologique aux données textuelles de spécialité, ce qui constitue, d'après Kocourek, « la liaison interdisciplinaire permanente entre la spécialité et la linguistique ».[1] Dans cette perspective, les textes s'avèrent être le seul instrument utile susceptibles de refléter à la fois l'évolution terminologique et celle des connaissances partagées par une communauté de savants/experts. De plus, on remarque que c'est dans une analyse terminologique basée sur les textes que le terme apparaît sous sa « double nature », à savoir en tant que signe linguistique et dénomination d'un concept qui entre dans une langue de spécialité qui se veut « vecteur de savoirs et de savoir-faire ».[2]

---

1 Rostislav Kocourek, *La langue française de la technique et de la science* (Zurich : Brandstetter Verlag, Zurich, 1991 [2ᵉ édn]), p. 323.
2 Pierre Lerat, *Les langues spécialisées* (Paris : Presses Universitaires de France, 1995), pp. 11–12. Cf. également Pierre Lerat, *Langue et technique* (Paris : Hermann, 2016).

Ces principes qui sont à la base de ce travail imposent forcément une approche sémasiologique selon laquelle les termes présents dans les textes représentent le point de départ pour accéder ensuite aux concepts, dont, en diachronie, on identifie l'évolution. Cette considération découle d'une vision liée à la terminologie textuelle selon laquelle la terminologie entretient un rapport fondateur avec les textes.[3] Toutefois, pour le type d'analyse que nous proposons dans ce travail une sorte de dialectique entre la sémasiologique et l'onomasiologique et vice versa s'impose. D'ailleurs, alors que nous nous intéressons aux noms que l'on donne aux entités composant les systèmes botanique et chimique, nous menons une réflexion forcément onomasiologique, qui est indispensable si l'on veut se faire une idée de l'évolution de la pensée scientifique, conçue en termes de système.

Une dernière remarque concernant les termes a affaire avec leur appartenance à un domaine, qui dans plusieurs études de théorie générale de la terminologie[4] représente de fait une des notions clé pour distinguer le *terme* du *mot*. Sans nous attarder davantage sur la difficulté générale de circonscription du domaine qui peut être présente dans toute analyse terminologique,[5] il faut quand même signaler que dans cette étude la

3   Cf. Didier Bourigault et Monique Slodzian, « Pour une terminologie textuelle », *Terminologies Nouvelles* no. 19 (1999), pp. 29–32, et Monique Slodzian, « L'émergence d'une terminologie textuelle et le retour du sens », in *Le sens en terminologie*, éd. Henri Béjoint et Philippe Thoiron (Lyon : Presses universitaires de Lyon, Travaux du CRTT [Centre de Recherche en Terminologie et Traduction], 2000), pp. 61–85, ainsi que les travaux d'Anne Condamines, entre autres, « Terminologie et représentation des connaissances », *La banque des mots* no. 6 (1999), pp. 29–44 ; Id., « L'interprétation en sémantique de corpus : le cas de la construction de terminologies », *Revue française de linguistique appliquée* no. XII/1 (2007), pp. 39–52, et Anne Condamines, Nathalie Dehaut et Aurélie Picton, « Rôle du temps et de la pluridisciplinarité dans la néologie sémantique en contexte scientifique. Études outillées en corpus », *Cahiers de Lexicologie* no. 101 (2012), pp. 161–184.
4   Cf. François Gaudin, *Socioterminologie. Une approche sociolinguistique de la terminologie* (Bruxelles : De Boeck-Duculot, 2003) ; Lerat, *Les langues spécialisées*, et Lerat, *Langue et technique* ; Maria Teresa Cabré, « Sur la représentation mentale des concepts », in *Le sens en terminologie*, éd. Béjoint et Thoiron, pp. 20–39.
5   Cf. Valérie Delavigne, *Les mots du nucléaire. Contribution socioterminologique à une analyse des discours de vulgarisation*, Thèse de Doctorat, Université de Rouen, 2001 ;

notion de *domaine* retenue est celle de « un savoir constitué, structuré, systématisé selon une thématique ».[6] En diachronie le domaine doit être considéré comme un objet hétérogène en raison notamment des théories et des disciplines qui peuvent le traverser.[7] Dans cette perspective, le domaine se rapproche à la notion de structuration des connaissances, qui découle de la prise en compte des relations conceptuelles existant dans le domaine même.

Dans la perspective théorique adoptée le concept est le produit d'une construction qui se réalise dans le discours, et qui, d'après Gaudin,[8] se modifie en fonction de variables historiques et sociales. Or, de même que pour les termes, aussi pour les concepts le rapport avec les textes est fondamental car c'est dans ceux-ci qu'on a accès aux connaissances et à la langue de spécialité en tant que système impliquant tous les niveaux linguistiques (niveau lexical, morphologique, syntaxique, etc.).[9]

Marie-Claude L'Homme, Ulrich Heide et Juan C. Sager, « Terminology during the past decade (1994–2004) : An Editorial statement », *Terminology* no. 9/2 (2003), pp. 151–161.

6 Bruno de Bessé, « Le domaine », in *Le sens en terminologie*, éd. Béjoint et Thoiron, p. 184.

7 Cf. Delavigne, *Les mots du nucléaire*.

8 Cf. Gaudin, *Socioterminologie. Une approche sociolinguistique de la terminologie* ; François Rastier, « Le terme : entre ontologie et linguistique », *La banque des mots* no. 7 (1995), pp. 35–65 ; Anne Condamines, « Sémantique et corpus spécialisés : constitution de bases de connaissances terminologiques », *Carnet de Grammaire, Rapports Internes de l'ERSS (Équipe de Recherche en Syntaxe et Sémantique)*, Habilitation à Diriger les Recherches, Toulouse 2 ; John Humbley, « La néologie : interface entre ancien et nouveau », in *Langues et cultures : une histoire d'interface*, éd. Rosalind Greenstein (Paris : Publications de la Sorbonne, 2006), pp. 91–103.

9 Comme le souligne Kocourek (*La langue française de la technique et de la science*, p. 20) : « C'est principalement sur la base de ces textes que l'on cherche à saisir le système de la langue de spécialité, à signaler sa délimitation et sa diversification, son fonctionnement, sa spécificité linguistique lexicale, syntaxique, graphique, la formation, signification et structure de sa terminologie, ses perspectives, son appréciation ».

À partir des principes méthodologiques dégagés et du parallèle souligné notamment par les travaux de Dury et de Picton,[10] existant entre l'évolution dans la langue et l'évolution des connaissances, nous adoptons ici l'hypothèse qu'un rôle fondamental est joué également par le genre textuel à la disposition des experts/savants pour la vulgarisation des idées scientifiques. Lorsqu'on travaille en diachronie et on prend en considération des périodes spécifiques de l'histoire des sciences et de l'histoire de la langue, une attention particulière doit être en effet portée sur le genre textuel qui devient, avec la langue et les connaissances, un des pôles actifs dans la dynamique de l'évolution diachronique.

De ce point de vue, l'implantation et l'adoption d'un genre textuel nouveau, tel que nous l'avons indiqué le Chapitre 2, peut représenter pour les experts/savants un moteur actif sur lequel travailler de manière intentionnelle pour diffuser, implanter ou reformuler des concepts liés à des paradigmes scientifiques et à une vision de la réalité répondant à des structures et schèmes de pensées présents au sein d'une communauté scientifique. Dans cette perspective, les études de terminologie diachronique permettent de prendre en compte à la fois les facteurs linguistiques et textuels étant en jeu lors de l'écriture de la science, de même que les éléments extralinguistiques impliqués dans la construction de la pensée scientifique à une époque donnée. En effet, comme l'indique Zanola, :

> Grâce à des parcours de terminologie diachronique, il est possible de mettre en valeur l'histoire des sens de certains termes et la densité de leurs implications culturelles dans la perspective de l'histoire de la langue et de la culture française. La reconstitution de ces histoires terminologiques suit la filière de toute enquête lexicographique et encyclopédique : si elle se nourrit, d'une part, de cette méthode d'analyse, elle nécessite, d'autre part, de l'approfondissement des connaissances des domaines auxquels appartiennent ces termes, qui conservent leurs secrets et tout leur capital sémantique.[11]

---

10 Dury, *Étude comparative et diachronique de l'évolution de dix dénominations fondamentales du domaine de l'écologie en anglais et en français* ; Picton, *Diachronie en langue de spécialité*.
11 Maria Teresa Zanola, *Arts et métiers au XVIIIe siècle*, p. 31.

Corpus sélectionné

L'adoption d'une démarche de terminologie textuelle implique la constitution, l'exploration et l'exploitation d'un corpus qui doit s'avérer représentatif par rapport à l'hypothèse de départ. En d'autres termes, le corpus créé doit permettre d'observer l'évolution en diachronie à travers le repérage à l'intérieur d'un état de langue[12] des usages qu'on fait des termes et des rapports entre eux et avec les concepts.

En raison de certaines contraintes liées à la disponibilité des textes en ligne,[13] ainsi que du manque de périodicité concernant notamment le *Journal des savants*, le corpus a été organisé autour des articles des domaines de la botanique et de la chimie de 41 numéros des deux publications retenues, à savoir le *Journal des savants* (*JS*) et les *Histoire et Mémoires de l'Académie royale des sciences* (*HMAS*). Ce corpus s'inscrit dans une approche de synchronie dynamique, dont l'importance est soulignée par Gaudin, parce qu'il traite d'un seul état de langue et ne prend pas en considération plusieurs états de langue relevant de périodes historiques différentes. En effet, comme l'indique Guilbert, ce n'est que par la dimension historique que nous parvenons à comprendre les mouvements de la langue et la néologie.[14]

> Pour comprendre le mouvement de la néologie, il ne faut pas la concevoir dans une optique strictement synchronique mais la situer, en dépassant l'opposition classique synchronie/diachronie, dans le cadre d'une synchronie dynamique. C'est là un aspect majeur de la terminologie, dans la mesure où la synchronie qu'elle étudie est

---

12 Selon Saussure (*Cours de linguistique générale* (Paris : Payot, 1995 [1916], p. 142) il s'agit de « un espace de temps plus ou moins long pendant lequel la somme des modifications survenue est minime. Cela peut être dix ans, une génération, un siècle ».

13 Les deux publications composant le corpus utilisé sont disponibles en ligne sur Gallica, <http://gallica.bnf.fr>.

14 Cf. Louis Guilbert, « Théorie du néologisme », *Cahiers de l'Association internationale des études françaises* no. 25 (1973), pp. 9–29.

toujours prise dans le mouvement qui est le « lieu de rencontre entre l'innovation et l'archaïsme ».[15]

C'est à Martinet que remonte cette précision concernant la synchronie dynamique « où l'attention se concentre sur un seul et même état, mais sans qu'on renonce jamais à y relever des variations et à y évaluer le caractère progressif ou récessif de chaque trait ».[16] À ce propos Babiniotis relativement aux travaux du linguiste français affirme :

> Le caractère d'une vision dynamique des faits consiste alors en l'étude de la *variation* en évaluant le rendement fonctionnel, progressif ou récessif, des variétés, ce qui éventuellement permet de formuler des hypothèses de prédiction en ce qui concerne les tendances évolutives de la langue. Ce bouillonnement de vie, d'un système multifactoriel et à des niveaux multiples, conditionne le caractère dynamique de la synchronie. Il s'agit d'un système dans lequel les éléments constitutifs de la langue dans leurs relations interactives, suivant les fluctuations de la vie et du comportement humains (sociales, psychologiques, temporels, communicationnels), se trouvent potentiellement dans une tendance permanente du changement (substitution, renforcement, affaiblissement, suppression). Ainsi, les changements et les variétés non seulement ne doivent pas être exclus d'une vision synchronique, mais constituent l'état naturel de la synchronie.[17]

De même, Guilbert nous invite à situer le concept de néologie dans le dépassement de l'opposition diachronie/synchronie car « un état de langue contemporain est un moment de jonction de l'état antérieur qui s'achève et du suivant qui s'amorce, la fin d'un changement, c'est-à-dire, la formation d'archaïsme et tout à la fois le début d'un autre changement, la naissance du néologisme ».[18]

---

15   François Gaudin, *Pour une socioterminologie. Des problèmes sémantiques aux pratiques institutionnelles* (Rouen : Publications de l'Université de Rouen, 1993), p. 163.
16   André Martinet, *Économie des changements phonétiques. Traité de phonologie diachronique* (Paris : Éd. Maisonneuve & Larose, 2005 [1955]), p. XIII.
17   Cf. Georges Babiniotis, « Diachronie et synchronie dynamique », *La linguistique* no. 1 (2009), édn en ligne <http://www.cairn.info/revue-la-linguistique-2009-1-page-21.htm>.
18   Guilbert, « Théorie du néologisme », p. 12.

Prémisse méthodologique

Toutefois, il ne faut pas écarter *a priori* que la fenêtre temporelle prise en considération puisse entraîner la présence de plusieurs états de langue existant entre les premières et les dernières années du corpus, ce qui peut être démontré à travers différents degrés de variation linguistique.[19]

Le corpus créé se définit en outre en fonction de ce que Helgorsky définit « chronologie externe », car il peut être atteint d'événements externes, qu'ils soient politiques, sociaux ou historiques, susceptibles de se manifester dans la langue.[20] Dans notre cas la professionnalisation et l'institutionnalisation de la pratique savante, ainsi que le choix d'une nouvelle forme de communication unanimement partagée par la communauté scientifique, telle que la presse périodique scientifique, représentent les facteurs externes que nous supposons pouvant se refléter dans le système linguistique. En ce qui concerne les domaines retenus pour l'analyse terminologique nous renvoyons à la réflexion proposée ci-dessous.

Deux dernières remarques concernent l'étendue temporelle du corpus, ainsi que l'aspect quantitatif et le degré de spécialisation des textes retenus. Pour ce qui est du premier élément, le corpus créé se définit comme étant « en continu », car il « contient des documents couvrant, si possible, toutes les années de la fenêtre temporelle étudiée »,[21] celle-ci correspondant dans notre analyse aux années 1699 à 1740. Le choix de cette période est lié, d'une part, à une stabilité majeure atteinte par les deux publications

---

19   Cf. Jean-Claude Boulanger, « Présentation : images et parcours de la socioterminologie », *Meta* no. XL/2 (1995), pp. 194–205 ; Danielle Candel, « Wüster par lui-même », in *Des fondements théoriques de la terminologie*, éd. Colette Cortès, Cahiers du C. I. E. L. (Centre Interlangue d'Études en Lexicologie), Université Paris 7, 2004, pp. 15–31 ; John Humbley, « Quelques aspects de la datation de termes techniques : le cas de l'enregistrement et de la reproduction sonore », *Meta* no. XXXIX/4 (1994), pp. 701–715 ; Marie-Claude L'Homme, *Terminologie : principes et techniques* (Montréal : Presses de l'Université de Montréal, 2004).

20   Cf. Françoise Helgorsky, « Les méthodes en histoire de la langue française. Évolution et stagnation », *Le français moderne* 49/2 (1981), pp. 119–144 ; John Sinclair, *Corpus, Concordance, Collocation* (Oxford : Oxford University Press, 1991).

21   Dury, Picton, « Terminologie et diachronie : vers une réconciliation théorique et méthodologique ? », p. 37.

quant à leur parution en volumes annuels et à la présence d'une équipe fixe de rédacteurs des numéros.[22]

Quant aux données quantitatives du corpus, nous renvoyons à la liste des articles du *JS* et des *HMAS* qui clôt ce travail. En revanche, un aspect important qu'il faut préciser ici concerne le fait que pour garantir une homogénéité du degré de spécialisation des articles, nous n'avons pris en considération pour les *HMAS* que la partie *Histoire* des volumes, étant donné que la section *Mémoires* comprend des textes qui ne s'adressent pas à un grand public, mais plutôt à la communauté scientifique qui peut évaluer les progrès des théories scientifiques grâce à une publication périodique.

Tableau 3. Nombre total des articles composant le corpus

	1699	1700	1701	1702	1703	1704	1705	1706	1707
JS	2	1	1	4	5	1	4	/	5
HMAS	3	13	7	3	6	1	3	5	8
	1708	1709	1710	1711	1712	1713	1714	1715	1716
JS	8	2	3	1	3	4	3	2	4
HMAS	5	7	9	8	6	8	3	2	2
	1717	1718	1719	1720	1721	1722	1723	1724	1725
JS	5	4	5	6	6	3	1	7	4
HMAS	2	5	5	5	2	4	2	7	3
	1726	1727	1728	1729	1730	1731	1732	1733	1734
JS	1	2	3	2	2	2	2	1	3
HMAS	2	5	4	6	/	4	5	2	5
	1735	1736	1737	1738	1739	1740	TOTAL		
JS	2	2	2	2	2	1	123		
HMAS	2	4	4	3	3	2	2	185	

[22] Par exemple, pour ce qui est des *HMAS*, l'année 1699 correspond à la première parution du volume, alors que Fontenelle est le secrétaire perpétuel chargé de la publication du texte, ce qui en quelque sorte garantit de l'homogénéité au corpus créé sur le plan de l'organisation textuelle et de la gestion des contenus du journal.

Extraction et systématisation des données linguistiques

La première étape de notre analyse a consisté en l'extraction des termes à partir du corpus qui malheureusement n'a pas pu être faite que de manière manuelle. Les volumes du *JS* et des *HMAS* sont, en effet, disponibles en ligne en format *.pdf*, mais en tant qu'images, ce qui rend impossible tout type d'exploitation des fichiers par des outils pour l'analyse et le traitement des corpus.

Les termes retenus suite à l'extraction ont été organisés en deux groupes de termes relatifs aux deux domaines analysés.

Une deuxième étape a concerné la sélection des données terminologiques utiles pour notre analyse : les termes pris en considération sont ceux qui sont absents des ressources lexicographiques de l'époque[23] et qui *a priori* pourraient représenter des cas de néologie dans les domaines de la botanique et de la chimie.

Une troisième étape correspondant à la phase qui précède l'analyse terminologique, a été le moment de datation des termes par le biais de ressources lexicographiques[24] disponibles en ligne, telles que, entre autres, le *Trésor de la langue française informatisé*, et sous format papier, comme le *Dictionnaire historique* de Rey[25] et le *Dictionnaire étymologique* de Bloch et von Wartburg.[26]

À ce propos, nous renvoyons à la légende présente en début de notre travail relativement aux abréviations des ressources lexicographiques utilisées pour notre analyse. Il s'agit de tout type d'ouvrages lexicographiques et encyclopédiques qui ont été exploités pour différents types de nécessité à la fois linguistique et ontologique.

---

23 Il s'agit notamment du *DF* et du *Dictionnaire de l'Académie française* de 1694.
24 Un tableau récapitulatif des termes retenus et de leur datation est proposé à la page 80.
25 Alain Rey, *Dictionnaire historique de la langue française* (Paris : Le Robert, 2016).
26 Oscar Bloch et Walther von Wartburg, *Dictionnaire étymologique de la langue française* (Paris : PUF, VIe édn [Ière édn : 1932], 1975).

Nous indiquons dans le Tableau 4 les termes retenus du dépouillage du corpus créé et qui sont absents des sources lexicographiques consultées.

Tableau 4. Liste des termes retenus pour l'analyse terminologique suivis de leur datation

TERME	DH	BW
Alcalin	1691	1691
Analyse	XVIIᵉ s., 1726 (chi.)	XVIᵉ s. (emprunt sémantique en chimie absent)
Androgyne	1555, 1771 (bot.)	XIVᵉ s. (emprunt sémantique en botanique absent)
Angiospermes	1740	/
Balsamique	1516	/
Bâtard	XVIIᵉ s. (d'abord *bastard* 1089), 1690 (bot.)	XIIᵉ s. (emprunt sémantique en botanique absent)
Belladone	1602	1733 (aussi *belladona* 1698 et *belle dame* 1762)
Belle-de-nuit	1676	/
Bolaire	1762	/
Calice	1575	1549
Chaton	1261, 1531 (bot.)	/
Conifère	1523-1789 (bot.)	1523
Convolvulus	/	1545
Corolle	1756 (francisation de *corolla*, Linné 1740)	1749
Cuscute	/	dès 1200
Cytise	1611 (d'abord *cythison* 1516, *cytison* 1557, *citise* 1563)	1563 (d'abord *cythison* 1516)

Prémisse méthodologique 81

TERME	DH	BW
Dégénéré	1361, 1753 (bot.)	XIVᵉ s. (emprunt sémantique en botanique absent)
Dissolubilité	1641	/
Ductilité	1671	1676
Dulcifié	/	/
Dulcifier	1620	1620
Élasticité	1687	1719
Étamine	av. 1690 (*DH*), 1685 (*BW*)	1685
Ferrugineux	av. 1594	1610
Fixité	1603	1603
Fusibilité	1641	/
Gélatineux	/	1743
Ginseng	1663	/
Glutineux	v. 1265, 1787 (chi.)	/
Gratiole	/	1572
Gymnospermes	av. 1776	/
Hépatique	1538 (d'abord *aloes epatic* 1240)	/
Herborisation	1719	/
Hétérogène	XVIIᵉ s. (emprunt sémantique en botanique absent)	1616 (emprunt sémantique en botanique absent)
Ipécacuana	1694 (d'abord *ipecacuanha* 1648, ensuite *ipéca* 1802)	1694 (ensuite *ipéca* 1802)
Laminage	1731	1731
Laminer	/	1743
Lessiver	v. 1300, 1701 (chi.)	1585 (emprunt sémantique en chimie absent)

TERME	DH	BW
Liber	1755 (réfection de *livre*, 1733)	1758
Litchi	1721 (d'abord *lechia* 1541-1585, *li-ci* 1665, *létchi* 1696)	/
Lixiviel	1890	/
Malléabilité	1688	1676
Marbrure	1680	1680
Mercuriel	1626	1626
Mimosa	1602 sous la forme *herbe mimosa*	1619
Molécule	1647	1678
Muscari	1694	/
Nitro-aérien	/	/
Nopal	/	1587
Nourricier	d'abord *noriecier* 1190, *norrecier* 1200, 1703 *suc nourricier*	/
Ombellifère	1701 (d'abord *umbellifère*)	1698
Périanthe	1849	/
Pétale	1718	1718
Pistil	1690 (d'abord *pistille* 1685)	1694 (d'abord *pistille* 1685)
Placenta	1642, 1694 (bot.)	1654, 1694 (bot.)
Plantule	1700	/
Plâtreux	XVe s.	XVIe s.
Revivification	1676	1676
Savonneux	1700	vers 1700
Scrofulaire	XVe s. (d'abord *scrophulare* 1240)	/
Sensitive	1665 (d'abord *herbe sensitive* 1639)	1665 (d'abord *herbe sensitive* 1639)

Prémisse méthodologique 83

TERME	DH	BW
Solanum	1542	/
Sommet	XIVe s., début XVIIIe siècle (bot. – 1711, *anthère*, 1765, « extrémité supérieure d'un organe », 1771, « partie supérieure d'une tige, d'une fleur »)	XIIe s. (emprunt sémantique en botanique absent)
Sophistiqué	1484	/
Sophistiquer	v. 1370	1370, XVe s. sens moderne
Sous-arbrisseau	1701	/
Sulfureux	1549 (d'abord *sulphureux* [v. 1270] et *sulphurieux* [1549])	1549 (d'abord *sulfurieux* XVe s.)
Talqueux	1732 (d'abord *talceux* 1727)	/
Tégument	1294, 1805 (bot.)	1703 (emprunt sémantique en botanique absent)
Tubercule	1541, 1703 (bot.)	XVIe s. (emprunt sémantique en botanique absent)
Tunique	v. 1130, 1552 (bot.)	1156 (emprunt sémantique en botanique absent)
Utricule	1726	1726
Vanille	1664	1664
Verticillé	1694	/
Vitrifiable	1727	1734
Vitriolique	fin XVIe s.	/
Volatiliser	1611	1611
Volatilité	1641	1641

« Chimie », « alchimie », « botanique » et « science des plantes » : quelques remarques sur les domaines scientifiques retenus

> *Chymiste.* Celui qui sait la chymie, qui l'enseigne, ou qui en fait les opérations. Quand on met ce mot tout seul, on dit plutôt *alchymiste* ; et alors il est substantif. Quand on le joint avec quelque autre pour épithète, on dit plutôt *chymiste*. Un médecin chymiste. On a obligation aux Alchymistes de la découverte des plus beaux secrets de la nature, de la fonte et de la préparation des métaux.
> — ANTOINE FURETIÈRE (1690), *Dictionnaire universel*

En règle générale, tous les historiens des sciences s'accordent sur un point : la naissance de la science moderne, dont on a traité dans le Chapitre 1, a impliqué une rupture radicale avec les anciennes pratiques savantes qui date du XVIIe siècle. La Renaissance est en effet considérée comme largement étrangère à l'histoire des sciences parce que, d'une part, elle est tournée avant tout vers les arts et les lettres et ignore les sciences, en se situant aux antipodes de l'esprit scientifique véritable ; d'autre part, quand elle s'est mêlée de science, elle a renouvelé des pratiques multiséculaires comme l'astrologie, la chiromancie, et la présence de démons, sorciers et de leurs maléfices s'est faite de plus en plus envahissante.[27]

La révolution scientifique se produisant le long de cette période est liée à la transformation profonde connue par la pensée scientifique qui se

---

[27] Toutefois on constate que la Renaissance correspond aussi à un moment de découverte dans l'espace parce qu'on assiste au développement d'une activité exploratoire largement inédite auparavant. Ces grandes expéditions entreprises hors des limites de l'Europe ont permis d'effectuer des découvertes géographiques, ainsi que l'exploration plus systématique de continents sommairement ou incomplètement connus, comme l'Afrique, l'Asie occidentale ou l'Amérique. De même pour la zoologie et la botanique, où se multiplient les découvertes concernant la faune et la flore : les deux disciplines s'enrichissent de multiples espèces insoupçonnées du continent européen. Ces explorations poussent également à une réflexion de nature ethnologique et anthropologique parce que la rencontre de peuples inconnus permet de diversifier le catalogue des mœurs humaines.

Prémisse méthodologique 85

traduit par une coupure décisive entre les formes revêtues à la Renaissance et les formes qu'elle prend au XVIIe siècle. L'abandon des principes explicatifs comme la sympathie ou l'antipathie, le discrédit de toute physique qualitative, le refus du commentaire des autorités constituent en fait des signes de cette mutation, accomplie au profit d'une physique quantitative procédant à la mathématisation des phénomènes naturels et adoptant les principes du mécanisme, comme la grandeur, la figure et le mouvement, censés être en mesure de rendre compte de tous les phénomènes observés.

Au niveau de la topologie des disciplines scientifiques, l'émergence de l'idéal de la science moderne, le recours à l'expérience et à la méthode mathématique entraînent en effet la disparition d'anciennes conceptions de scientificité, telles que les sciences liées à l'astrologie et à la chiromancie, et le changement d'anciennes pratiques évoluant vers des nouveaux champs disciplinaires, comme l'alchimie qui se transforme au point de donner naissance à la chimie moderne.

C'est le concept d'innovation qui s'impose progressivement : celle-ci devient incontestable et légitime, ce qui transforme par conséquent le statut des nouvelles découvertes scientifiques. Celles-ci bénéficient en effet d'une nouvelle légitimation qui leur permet de s'afficher ostensiblement dans les titres des ouvrages de science, comme les *Discorsi e dimostrazioni matematiche intorno a due nuove scienze* (1638) de Galilée, le *Novum Organum* (1620) et la *New Atlantis* (1624) de Bacon ou encore les *Expériences nouvelles touchant le vide* (1647) de Pascal. Si, d'une part, cette affirmation de la nouveauté témoigne de l'importance attachée par les savants aux nouvelles applications de leurs recherches, dont les résultats foisonnants relèvent notamment de la méthode expérimentale et du raisonnement mécaniste, d'autre part elle représente le franchissement épistémologique de la barrière existant entre les pseudo-sciences ou les fausses sciences,[28] dont la frontière avec les vraies sciences a été toujours très poreuse.

Nous jugeons bon de rappeler, une fois de plus, que la révolution scientifique qui a eu lieu à l'âge baroque continue à produire des effets tout

---

28 C'est dans cet esprit que les monarques vont donner le rôle de tribunal de la science aux institutions qui apparaissent à la fin du XVIIe siècle et tout au long du siècle suivant.

au long du siècle des Lumières, de sorte qu'on peut lire l'histoire des sciences de cette période comme l'amplification des orientations fondatrices que cette révolution a su impulser.

On remarque par conséquent l'émergence de nouvelles thématiques, la constitution de nouveaux champs disciplinaires, la mise en œuvre de méthodes inédites et, dans bien de domaines, des savants tels qu'Euler, D'Alembert, Laplace et Lagrange, approfondissent, prolongent et développent les recherches de leurs prédécesseurs immédiats – en particulier Newton et Leibniz ou encore Galilée et Descartes. Toutefois, alors que la « révolution lavoisienne » marque la fin du siècle et le détachement complet de l'alchimie, la particularité principale du siècle des Lumières consiste sans aucun doute dans la véritable explosion que connaissent les questions concernant le domaine du vivant,[29] que l'on baptisera par la suite « biologie », ainsi que le champ disciplinaire d'une science de l'homme[30] dont l'émergence est indissociable de l'aspiration majeure animant les hommes de l'époque : le projet politique d'émancipation de l'homme par l'homme.

Les nombreux changements épistémologiques que nous venons de citer témoignent de la transformation que connaît depuis les débuts de l'âge moderne l'exercice de la pratique savante au sein de la société. Ces modifications sont en étroite corrélation avec les transformations affectant les pratiques savantes mêmes. Ces changements se traduisent par une accélération sans précédent du rythme des découvertes, en mathématiques et en physique principalement, ainsi que par un type d'activité théorique largement inédit, qui se démarque tout autant des savoirs traditionnellement tenus pour tels, qui incarnaient exemplairement la culture savante, c'est-à-dire

---

29 La connaissance du vivant s'offre à cette époque comme un champ disciplinaire extrêmement vaste englobant la question des classifications botanique ou zoologique, la question de la génération des animaux, la question de la spécificité du vivant qui intéressent des savants comme Linné, Buffon, les frères Jussieu, Maupertuis, Barthez, ainsi que des philosophes comme Diderot, d'Holbach et Helvétius.

30 L'émergence des sciences sociales remonte aux débuts du XVIIIe siècle, voire selon les disciplines, vers la seconde moitié du XVIIe siècle, mais toutefois c'est avec les travaux de Condorcet sur la mathématique sociale qu'on arrive à la meilleure illustration de la volonté d'appliquer les règles de la méthode scientifique, et plus exactement encore les mathématiques, à l'étude des phénomènes humains et sociaux.

les Lettres, ou mieux, les Belles Lettres. Les élites savantes prennent ainsi de plus en plus conscience de l'originalité de ce qu'on désigne désormais sous le nom de « sciences » et du divorce qui est en train de se produire, tant sur le plan social que sur le plan intellectuel, entre les deux cultures, à savoir les lettres et les sciences.

Le *Journal des savants* et les *Histoire et Mémoires de l'Académie royale des sciences* s'avèrent être à bien des égards un miroir très fidèle de la conceptualisation des champs disciplinaires de la science moderne car de nombreuses disciplines sont recensées, telles que, entre autres, l'anatomie, les mathématiques, la physique, l'astronomie, l'optique, la botanique et la chimie. La présence de nombreuses disciplines[31] et de différentes réflexions scientifiques de nature hétérogène est étroitement liée à la nouvelle configuration des disciplines au sein de la topographie des savoirs qui se constitue au fil du XVIIIe siècle, dont le travail de l'*Encyclopédie* ou *Dictionnaire raisonné des sciences, des arts et métiers* (1751–1772), dirigée par Diderot et d'Alembert, n'est que le témoignage le plus réussi de classement des concepts scientifiques de l'époque. Cet ouvrage marquera un tournant décisif dans l'histoire de l'encyclopédisme : en premier lieu en raison de l'ambition affichée par les co-directeurs qui veulent « exposer, autant qu'il est possible, l'ordre et l'enchaînement des connaissances humaines » (*Discours préliminaire* de l'*Encyclopédie* de Diderot et d'Alembert) par le biais d'un tableau des sujets traités divisés par branches du savoir et par un système important de renvois ; en deuxième lieu, en vertu de la *summa* des progrès de l'esprit humain proposée dans les articles. À ce propos, Le Ru[32] affirme :

> S'ils considèrent que les connaissances sont utiles parce qu'elles développent l'esprit critique, les encyclopédistes ne sont pas pour autant des chantres du progrès. Leur conception sceptique développe une vision lucide des limites et de la perfectibilité de l'esprit humain, et inscrit ses progrès dans une vision plutôt noire

---

31 Cf. Laurent Loty, « Pour l'indisciplinarité », in *The Interdisciplinary Century; Tensions and convergences in 18th-century Art, History and Literature*, éd. Julia Douthwaite et Mary Vidal (Oxford : Studies on Voltaire and the Eighteenth Century, Voltaire Foundation, 2005), pp. 245–259.

32 Véronique Le Ru, cité dans Marielle Mayo, « L'*Encyclopédie*, un monument dédié à la raison », *Les cahiers de Science & Vie* no. 152 (avril 2015), p. 40.

de l'histoire : le progrès est pris au sens cinématique de mouvement et peut aussi aller vers l'arrière ; les lumières de la raison peuvent être à nouveau obscurcies par la corruption et la barbarie.

À partir des articles du corpus créé et des données terminologiques retenues, il est possible de remarquer que, alors qu'au niveau épistémologique certains domaines scientifiques sont bien définis, d'autres domaines sont très mal cernés et, par conséquent, n'ont que peu de matériel linguistique à eux. Si l'on analyse de plus près les définitions données par les encyclopédies et les dictionnaires principaux du XVIIIe siècle, on se rend compte du manque précis de séparation qui existe au sein de certaines sciences et des difficultés linguistiques auxquelles devaient se confronter les savants.[33]

Comme nous venons de l'indiquer, la botanique et la chimie acquièrent leur autonomie disciplinaire grâce aux recherches, découvertes et efforts menés le long du XVIIIe siècle par les savants européens. Dans cette perspective les définitions lexicographiques de ces deux sciences le long de ce siècle nous permettent de saisir leur évolution disciplinaire, ce qui met également en lumière les enjeux linguistiques impliqués dans la création d'une langue scientifique nouvelle pour ces deux branches du savoir.

---

33 Il s'agit notamment du détachement des langues classiques par le biais d'un renouvellement du vocabulaire, celui-ci n'étant plus en mesure de satisfaire des nécessités qui naissent et se développent avec force au sein des communautés savantes. C'est pourquoi, par exemple, Newton forge une terminologie complètement inédite dans laquelle les mots cessent d'être des termes arbitraires et, comme le dit Brunot (*Histoire de la langue française*, p. 556), deviennent une « tachygraphie de l'idée », où on garde la trace des corrections faites sur les termes déjà existants ou des motivations étymologiques, ce qui fait partie des buts généraux de la langue scientifique qui désire donner une définition aussi complète que possible des choses et des idées. L'exemple du vocabulaire newtonien témoigne nettement des nouvelles capacités des savants qui acquièrent maintenant le droit de corriger l'expression des idées anciennes : on a besoin de s'exprimer, loin des idées préconçues sur la science et des termes scientifiques, si présents, employés jusqu'à cette époque-là (Cf. Pierre Guiraud, *Les mots savants* [Paris : PUF, 1968]).

Prémisse méthodologique 89

Pour ce qui est de la botanique,[34] le *Dictionnaire* de Furetière, qui frappe pour la prédominance du vocabulaire médical sur les autres,[35] indique que la botanique « c'est la partie de la Médecine qui s'applique à connaître la figure et la vertu des plantes, pour les distinguer les unes des autres, et se servir de leurs différentes qualités à guérir les maladies »,[36] dont les buts principaux sont donc liés à l'usage qu'on fait des plantes dans le domaine médical, le classement de celles-ci n'étant que subordonné à cet usage.[37] Dans l'édition revue et augmentée par de Beauval et de La Rivière du *Dictionnaire* de Furetière de 1727, la botanique est encore incluse dans la médecine, mais elle traite « des Plantes, tant médicinales, que potagères, et autres », et comprend « l'Agriculture et le Jardinage ».[38]

---

34 L'attestation du terme dans le *Dictionnaire de l'Académie française* ne date que de 1762 (IVe édition de l'ouvrage) où la botanique est indiquée comme la « Science qui traite des Plantes et de leurs propriétés ». Le but classificatoire de cette science est citée en 1835 (« science qui a pour objet la connaissance, la description et la classification des végétaux »), dont la définition reste la même aussi dans la dernière édition du tome I (A-Enz) datant de 1992.

35 Brunot, *Histoire de la langue française*, p. 540.

36 Antoine Furetière, *Dictionnaire universel contenant generalement tous les mots françois, tant vieux que modernes, & les termes de toutes les sciences et des arts*, édn de 1690, version en ligne, s.v. *botanique*.

37 La science de la botanique reflète pendant longtemps un plaisir superficiel stimulé par la pratique courante et ancienne d'utiliser des herbes pour soigner les maladies humaines, ce qui toutefois néglige le sérieux travail qui consiste à donner du sens à la diversité du royaume végétal et à la réduire à un certain ordre. Il a, en effet, fallu beaucoup de temps pour donner aux plantes un intérêt scientifique en quelque sorte désintéressé et spéculatif dépassant les compilations des découvertes pharmaceutiques ou les énumérations des plantes et de leurs propriétés sans souci de compréhension ou de description exacte du mécanisme végétal (Cf. Alain Rey, in *Dictionnaire culturel en langue française*, éd. Alain Rey (Paris : Le Robert, 2005), t. I, encadré « botanique », p. 1009).

38 Antoine Furetière (édn revue et augmentée par Henri Basnage de Beauval et Jean-Baptiste Brutel de La Rivière), *Dictionnaire universel contenant generalement tous les mots françois, tant vieux que modernes, & les termes de toutes les sciences et des arts*, édn de 1727, version en ligne, 1727, s.v. *botanique*.

Ce n'est que dans l'*Encyclopédie* que le terme indique « la science qui traite de tous les végétaux et de tout ce qui a un rapport immédiat avec les végétaux », ce qui souligne le détachement important de la médecine et la consécration de la botanique en tant que partie de l'histoire naturelle « qui a pour objet la connaissance du règne végétal en entier ».[39] Sur le plan épistémologique et linguistique cet article a un intérêt indéniable parce qu'il souligne à plusieurs reprises les développements de la discipline[40] et les enjeux linguistiques impliqués dans la configuration de la botanique en tant que science autonome ayant une utilité pratique pour les hommes lorsqu'on connaît les propriétés des plantes. En effet, le rédacteur de l'article, Louis Jean-Marie Daubenton,[41] partage la première partie de l'entrée encyclopédique en deux sous-parties dans lesquelles aborde la notion de *nomenclature*, en remarquant que « il est certain que la première connaissance que l'on ait eu des plantes, a été celle des usages auxquels on les a employées, et que l'on s'en est servi avant que de

---

39 Denis Diderot et Jean Le Rond d'Alembert (éd.), *L'Encyclopédie ou Dictionnaire raisonné des sciences, des arts et des métiers*, édn en ligne, s.v. botanique. De même, l'édition de 1771 du Trévoux enregistre l'appartenance de cette science à l'histoire naturelle, en précisant que « on la divise en trois parties, la nomenclature des plantes, leur culture et leurs propriétés ».

40 Ce n'est en effet qu'au XVIIIe siècle que plusieurs étapes de la discipline ont été franchies, telles que la classification de Ray ou la première classification, quoique rudimentale, composite et confuse, de Tournefort. C'est à lui et à sa *Méthode pour connaître les plantes* que revient le premier l'honneur d'avoir conçu une nomenclature rationnelle nommant les espèces à travers un qualificatif qui indique leur aspect (par exemple *ombellifères* ou *flosculeuses*). Le besoin de normalisation ressenti par Tournefort marque le chemin parcouru par les recherches de Linné, dont les travaux, qui proposent un système étant en quelque sorte soigneusement fabriqué artificiellement, apportent une contribution indéniable et opportune à une époque où le nombre grandissant de plantes accessibles aux botanistes européens les ont submergés.

41 L'entrée est rédigée par Louis Jean-Marie Daubenton (1716–1751), naturaliste et anatomiste célèbre, intendant du Jardin du Roi, qu'il transforme en un véritable musée d'histoire naturelle, et membre de l'Académie royale des Sciences. Daubenton a été un des collaborateurs de Buffon de 1749 à 1765, en s'occupant des parties anatomiques et descriptives de l'*Histoire naturelle des animaux*.

leur donner des noms ». Le naturaliste insiste sur le fait que « on s'est nourri avec des fruits [...] avant que d'avoir nommé les pommiers ou les poiriers », que « on a recherché leur odeur [des fleurs] sans s'inquiéter du nom de la rose ou du jasmin », et que « il y a tout lieu de croire que les plantes usuelles dans la Médecine et dans les Arts n'ont été nommées qu'après que leur efficacité a été connue ».

La connaissance du règne végétal et son usage ne sont pas allés de pair avec la création d'une nomenclature, et c'est pourquoi l'incertitude sur le nombre des espèces, des genres et des classes, ainsi que sur les noms des plantes reste un enjeu capital pour cette discipline.

> Il s'agissait d'imaginer un moyen de se retracer, sans confusion, l'idée et le nom de chaque plante que l'on aurait vu réellement existante dans la nature, ou décrite et figurée dans les livres. Il y a cent façons différentes de parvenir à ce but : dès qu'on a bien vu un objet et qu'on se l'est rendu familier, on le reconnaît toujours, on le nomme, et on le distingue de tout autre, avec une facilité qui ne doit surprendre que ceux qui ne sont pas dans l'habitude d'exercer leurs yeux ni leur mémoire. Il est vrai que le nombre des plantes étant, pour ainsi dire, excessif, le moyen de les nommer et de les distinguer toutes les unes des autres, en était d'autant plus difficile à trouver ; c'était un art qu'il fallait inventer ; art, qui aurait été d'autant plus ingénieux, qu'il aurait été plus facile à être retenu de mémoire. Par cet art une fois établi, on aurait pu se rappeler le nom d'une plante que l'on voyait, ou se rappeler l'idée de celle dont on savait le nom ; mais toujours en supposant dans l'un et l'autre cas, que la plante même fut bien connue de celui qui aurait employé cet art de nomenclature ; car la nomenclature ne peut être constante que pour les choses dont la connaissance n'est point équivoque. La connaissance en général est absolument indépendante du nom.[42]

La nécessité d'une langue univoque et bien faite pour désigner de manière correcte les plantes et les classer correctement est donc ressentie avec force par Daubenton, qui se rend compte des avantages provenant aussi bien sur

---

42 Diderot et Le Rond d'Alembert (éd.), *L'Encyclopédie ou Dictionnaire raisonné des sciences, des arts et des métiers*, édn en ligne, s.v. *botanique*.

le plan linguistique qu'extralinguistique[43] d'une nomenclature et une langue scientifique correcte pour le règne végétal.[44]

> Il serait à souhaiter qu'on pût effacer à jamais le souvenir de tous ces noms superflus, qui font de la nomenclature des plantes une science vaine et préjudiciable aux avantages réels que nous pouvons espérer de la *Botanique* par la culture et par les propriétés des plantes. Au lieu de nous occuper d'une suite de noms vains et surabondants, appliquons-nous à multiplier un bien réel et nécessaire ; tâchons de l'accroître au point d'en tirer assez de superflu pour en faire un objet de commerce. Tel est le but que nous présente la *Botanique*.

Nous remarquons donc que la nécessité ressentie de manière toujours plus vigoureuse par la communauté savante d'une langue scientifique univoque pour cette science relève aussi d'un tournant épistémologique précis où se développe un intérêt spéculatif, théorique et gratuit pour le règne végétal, « sans que cet intérêt soit motivé par l'usage pratique qui pourra être fait du savoir ainsi obtenu ».[45] En effet, comme l'indique Brunot, « au fur et à mesure que cette langue se constitue, on s'aperçoit que la nomenclature n'est pas seulement une expression de la science, mais qu'elle est une partie

---

43   La grande variété de plantes sur le marché et l'arrivée de nombreuses plantes exotiques qui ne correspondent à rien de ce que connaissent les botanistes européens créaient une certaine confusion dans la nomenclature dont une des conséquences pouvait être l'accusation de fraude envers un marchand de graines de la part d'un acheteur qui utilisait un nom différent. Cf. Maurice Crosland, *Le langage de la science. Du vernaculaire au technique* (Méolans-Revel : Éditions Déslris, 2009), p. 35.

44   À ce propos, il est intéressant de remarquer que l'extension de sens du mot « règne » dans le domaine des sciences naturelles ne date que de 1730 à travers une transposition abstraite suivant le sens déjà implanté de « endroit, quartier ». Une des premières attestations est citée dans l'*Encyclopédie* de Diderot et d'Alembert á l'entrée *métaphore* : « En termes de chimie, *règne* se dit par métaphore de chacune des trois classes sous lesquelles les chimistes ranges les êtres naturels. 1. Sous le *règne* animal ils comprennent les animaux. 2. Sous le *règne* végétal, les végétaux, c'est-à-dire, ce qui croît, ce qui produit ; comme les arbres et les plantes. 3. Enfin, sous le *règne* minéral ils comprennent tout ce qui vient dans les mines ». Cf. Rey, *Dictionnaire historique de la langue française*, t. II, s.v. *règne*.

45   Rey (éd.), *Dictionnaire culturel en langue française*, t. I, p. 1009.

Prémisse méthodologique 93

de la science même et que la clarté, l'exactitude, la commodité de la forme sont des conditions indispensables au progrès ».[46]

Une exigence de normalisation linguistique est aussi présente dans le domaine de la chimie, dont la langue est imprégnée à l'époque d'un grand chaos dont une solution sera proposée par la réforme de Lavoisier à la fin du XVIIIe siècle. Au niveau linguistique plusieurs confusions de dénomination peuvent être, en effet, repérées, surtout relativement à l'indication des substances chimiques qui sont connues sous des noms différents renvoyant à la couleur (« vert d'Espagne », « précipité rouge de mercure »), aux propriétés physiques (« beurre d'antimoine »), au goût (« sel amer », « sucre de plomb ») ou encore à l'association alchimique aux corps célestes (« sel d'Epsom », « sel de Glauber »).[47] C'est en raison de cette confusion que les chimistes ont recours à de longues phrases descriptives censées contenir les informations utiles des substances sans tomber dans la confusion terminologique provenant de l'existence de multiples dénominations.

La création et l'utilisation d'une nomenclature chimique[48] répondent donc à des nécessités concrètes sur le plan pragmatique, dont le précédent de la nomenclature botanique représente à l'époque un témoignage valable de succès au moins au niveau de la communication internationale. Dans cette perspective, au XVIIIe siècle il existe plusieurs points en commun entre la botanique et la chimie parce que, d'une part, au niveau de l'organisation disciplinaire les deux sciences ont été liées pendant longtemps au domaine médical et thérapeutique et connaissent à cette époque-ci leurs mutations les

---

46 Brunot, *Histoire de la langue française*, p. 524. Pour d'autres réflexions récentes concernant le concept de « nomenclature », nous renvoyons à Philippe Selosse, Alessandro Minelli, Bernadette Bensaude Vincent, « Entre Renaissance et Lumières : les nomenclatures des sciences nouvelles », in *Manuel des langues de spécialité*, éd. Forner et Thörle, pp. 413–445 ; Maria Teresa Zanola, « De "nomenclature" à "terminologie" : un parcours diachronique (XVIIe–XVIIIe siècles) entre France et Italie », sous presse.
47 Les exemples sont tirés de Crosland, *Le langage de la science*, pp. 50–51.
48 Un antécédent important de la nomenclature de Lavoisier est l'introduction d'une nomenclature binomiale pour les sels, appliquée par le chimiste suédois Tobern Bergman, ancien élève de Linné, dont la traduction en français a été faite par Guyton de Morveau.

plus importantes ;[49] d'autre part, au niveau linguistique, il se présente l'exigence de pouvoir bien dénommer des réalités ou des phénomènes sans superposer des concepts différents sur le plan ontologique.[50] C'est la prise en compte de cette exigence qui poussera Lavoisier à créer des dénominations nouvelles pour les corps simples chimiques, à savoir « oxygène » pour l'air vital, « hydrogène » pour l'air inflammable et « azote » pour la mofette, à partir desquelles les faits et les actions peuvent être facilement nommés (« oxygéner », « oxygénation », « acidifier », « acidification » et « acidifiable »).

> Quelle était la vérité des faits en matière de composition des corps et comment s'exprimer pour permettre d'exprimer clairement concepts et percepts ? Nos réformateurs comprenaient bien qu'il s'agissait d'un temps indispensable à la communication universelle entre les chimistes.[51]

En tant que science à part entière,[52] ce qui est reconnu également dans le *Dictionnaire de Trévoux* dans l'édition de 1771 et dans l'article consacré à la

---

49   Sur les rapports entre le développement des disciplines scientifiques et les ouvrages lexicographiques, cf. aussi Christine Jacquet-Pfau, « Lexicographie et terminologie au détour du XIXe siècle : la *Grande Encyclopédie* », *Langages* no. 168 (2007/4), pp. 24–38, et Id., « Naissance d'un projet lexicographique à la fin du XIXe siècle : *La Grande Encyclopédie, par une Société de savants et de gens de lettres* », in *Aspects de la métalexicographie du XVIIe au XXIe siècles*, éd. Jean Pruvost, *Cahiers de lexicologie* no. 88 (2006/1), pp. 97–111.

50   Comme le dit Lavoisier dans son Mémoire *Traité élémentaire de chimie* de 1789 à propos de la langue de la chimie, « comme toutes les langues, elle a ses signes représentatifs, sa méthode, sa grammaire, s'il est permis de se servir de cette expression : ainsi une méthode analytique est une langue ; une langue est une méthode analytique, et ces deux expressions sont, dans une certaine mesure, synonymes. Cette vérité a été développée avec infiniment de justesse et de clarté dans la Logique de l'abbé de Condillac, ouvrage que les jeunes gens qui se destinent aux sciences ne sauraient trop lire » ou encore « la perfection de la nomenclature en chimie consiste à rendre les idées et les faits dans leur exacte vérité ».

51   Thérèse Rodolphe et Pierre Delaveau, « Quelques réflexions sur la Méthode de nomenclature chimique de Guyton de Morveau, Lavoisier, Berthollet, Fourcroy (1787) », *Revue d'histoire de la pharmacie* no. 350 (2006), p. 254.

52   Les dictionnaires de Furetière et Trévoux ont recours à une définition de la chimie qui peut être résumée en « art qui enseigne à séparer les différentes substances qui

Prémisse méthodologique

chimie par Venel dans l'*Encyclopédie*,⁵³ cette discipline nécessite désormais d'une nouvelle nomenclature la démarquant de la nomenclature alchimique qui la précède et qui ne peut pas être considérée comme un outil valable de désignation et de classement des substances. Le besoin d'un langage normé s'impose et de nouveaux outils de désignation et de classement des substances sont nécessaires. Comme le dit Jacquet-Pfau, « cette recherche exigeante et rationnelle de la vérité suppose des outils méthodologiques rigoureux et il est admis que seul le langage peut structurer et organiser l'information acquise par les sens. Si le langage est l'instrument du savoir, refaire la langue c'est refaire la science ».⁵⁴

---

    se trouvent dans les mixtes ». Comme le dit Claude Lécaille, « le dernier quart du XVIIIᵉ siècle va voir la chimie prendre toute une autre stature. Antoine Laurent de Lavoisier renverse la théorie du phlogistique, donne l'explication moderne de la combustion et de la respiration, et trouve la composition de l'air et de l'eau. C'en est alors fini des éléments d'Aristote. Lavoisier va jeter les bases de la nomenclature chimique moderne. Il donne à la chimie son plein statut de science expérimentale où l'analyse quantitative joue un rôle décisif » (Claude Lécaille, in *Dictionnaire culturel en langue française*, éd. Rey, t. I, encadré « chimie », p. 1512).

53 « Depuis que la *Chimie* a pris plus particulièrement la forme de science, c'est-à-dire depuis qu'elle a reçu les systèmes de physique régnants, qu'elle est devenue successivement Cartésienne, corpusculaire, Newtonienne, académique ou expérimentale; différents chimistes en ont donné des idées plus claires, plus à portée de la façon de concevoir dirigée par la logique ordinaire des sciences » (Diderot et Le Rond d'Alembert (éd.), *L'Encyclopédie ou Dictionnaire raisonné des sciences, des arts et des métiers*, édn en ligne, s.v. *chimie*).

54 Jacquet-Pfau, « Lexicographie et terminologie au détour du XIXᵉ siècle : la *Grande Encyclopédie* », p. 27.

CHAPITRE 4

La langue scientifique au XVIIIe siècle : la construction des lexiques de la botanique et de la chimie

> Dans ce siècle même, où les sciences paraissent être cultivées avec soin, je crois qu'il est aisé de s'apercevoir que la philosophie est négligée, et peut-être plus que dans aucun autre siècle ; les arts qu'on veut appeler scientifiques ont pris sa place ; les méthodes de calcul et de géométrie, celles de botanique et d'histoire naturelle, les formules, en un mot, et les dictionnaires, occupent presque tout le monde : on s'imagine savoir davantage, parce qu'on a augmenté le nombre des expressions symboliques et des phrases savantes, et on ne fait point attention que tous ces arts ne sont que des échafaudages pour arriver à la science, et non pas la science elle-même ; qu'il ne faut s'en servir que lorsqu'on ne peut s'en passer, et qu'on doit toujours se défier qu'ils ne viennent à nous manquer, lorsque nous voudrons les appliquer à l'édifice.
> — BUFFON (1749-1789), *Histoire naturelle, générale et particulière*

Le XVIIIe siècle est la période de la naissance d'une langue scientifique moderne, qui, loin de se substituer rapidement au latin,[1] naît progressivement

---

[1] De ce point de vue, le latin connaît une seconde vie sur le plan international car la formation commune de la nouvelle terminologie scientifique se base sur le réservoir lexical et grammatical représenté par son fond lexical et par celui grec. Au niveau linguistique l'enjeu de plusieurs savants est, en effet, d'exporter des racines grecques et latines dans les langues modernes afin de réinventer des termes nouveaux dont l'expression scientifique avait besoin et qui n'existaient pas. Comme le dit Siouffi, « l'avantage de ce système est immense : tout le monde se comprend, puisque tout le monde, dans la communauté scientifique, a grandi dans ces [le grec et le latin] langues de base. De l'anglais à l'allemand, et de l'allemand au français, les savants de toute

pour essayer de donner des moyens de communication adéquats à des découvertes et systèmes scientifiques nouveaux. Les savants sont les auteurs de ce travail de création linguistique car ils se rendent compte de la nécessité de nouveaux outils d'expression clairs, exacts et commodes au niveau formel, qui s'avèrent être des conditions indispensables au progrès de la science. Pour le dire avec Brunot, « s'affirme l'idée qu'il faut à la science une langue, ou plutôt une notation verbale spéciale, plus simple, plus abstraite, plus logique, plus mécanique en quelque sorte que la langue usuelle ».[2]

Ce besoin communicatif fait du XVIIIe siècle un siècle de création lexicale,[3] tournée vers les langues vernaculaires, au sein duquel les savants revendiquent leur droit à travailler sur les sens reçus de certains mots pour leur donner une spécialisation scientifique, ainsi que, le cas échéant, à avoir recours au néologisme. De nombreux mots savants sont, en effet, *employés* mais surtout *créés* par les savants, pour lesquels le choix repose sur les impératifs particuliers imposés par la science, à savoir celui de définir les notions et les classer, souvent dans des systèmes de classification ayant aussi une valeur heuristique.[4] Les classifications reflètent avec évidence une nouvelle manière de donner une structure au monde, une manière de « faire de la science » qui se libère progressivement de la tutelle des Anciens à travers de nouvelles notions, de nouvelles hypothèses et de nouvelles catégorisations.

À partir de l'extraction faite sur le corpus créé, ce chapitre propose une analyse terminologique qui dans une perspective diachronique prend

---

l'Europe vont pouvoir se lire, même s'ils ne maîtrisent pas toutes ces langues, puisque ce sont les mêmes termes, à peu de chose près, sous leurs vêtements de surface, qui reviennent. Toute la communication scientifique de l'Europe moderne fonctionnera selon ce principe » (Rey, Siouffi et Duval, *Mille ans de langue française*, p. 713).

2 Brunot, *Histoire de la langue française*, p. 524.

3 Olivier Bertrand, *Histoire du vocabulaire français* (Nantes : Éditions du temps, 2008), p. 123. L'auteur souligne que « c'est avec le XVIIIe siècle que les sciences se démarquent franchement du latin pour exprimer des réalités qui vont de pair avec le progrès desdites sciences » (*Ibid.* pp. 129–130).

4 Il ne faut pas négliger de mentionner parmi les fonctions de la science le moment de la vulgarisation des savoirs car, comme le dit Guiraud, « c'est, en effet, à la science et à la technique, – et aujourd'hui plus que jamais – que s'alimentent notre culture, nos modes de vie et de pensée » (Guiraud, *Les mots savants*, p. 9).

comme point de départ les occurrences des termes retenus dans les articles du *Journal des savants* et des *Histoire et Mémoires de l'Académie des sciences* afin de retracer leurs caractéristiques linguistiques principales et le rapport que ces mêmes termes établissent avec les textes qui les accueillent. L'approche suivie nécessite également de l'utilisation de plusieurs sources lexicographiques de nature différente pour cerner de manière adéquate les informations linguistiques les plus pertinentes relativement aux phénomènes terminologiques analysés.

Les termes retenus sont explorés dans deux sous-sections séparées (langue de la botanique et langue de la chimie) dans lesquelles d'ultérieures catégories d'analyse ont été proposées afin de créer des groupes de termes homogènes quant aux réalités botaniques et chimiques qu'ils désignent.

La langue scientifique de la botanique

> Il faut avouer, dit Micromégas, que la nature est bien variée. – Oui, dit le Saturnien ; la nature est comme un parterre dont les fleurs ... – Ah ! dit l'autre, laissez là votre parterre. – Elle est, reprit le secrétaire, comme une assemblée de blondes et de brunes, dont les parures ... – Eh ! qu'ai-je à faire de vos brunes ? dit l'autre. – Elle est donc comme une galerie de peintures dont les traits ... – Eh non ! dit le voyageur ; encore une fois la nature est comme la nature. Pourquoi lui chercher des comparaisons ? – Pour vous plaire, répondit le secrétaire. – Je ne veux point qu'on me plaise, répondit le voyageur ; je veux qu'on m'instruise.
> — VOLTAIRE (1752), *Micromégas*

Aux yeux des savants, soucieux d'exactitude, un travail de mise au point de la langue et des questions de nomenclature, face à un monde riche en genres végétaux, animaux et minéraux nouveaux, n'est plus un problème secondaire au XVIIIe siècle. La langue est vue comme un outil de communication représentant en même temps une nouvelle approche méthodologique de nature expérimentale et une manière bien précise de structurer la réalité analysée. C'est pourquoi ce travail se configure tout d'abord comme une dépuration de la langue scientifique visant à rejeter les termes et les expressions des théories qui ne correspondent pas assez exactement à la réalité scientifique : le but central est la « vérité, simplement, clairement, précisément dite ».[5]

À la fin du XVIIe siècle et au début du siècle suivant la langue de la botanique n'est pas unanimement partagée par les savants qui pendant longtemps avaient ressenti des besoins de normalisation. Toutefois aucune opération concrète et universelle sur la langue n'avait été conduite. Plusieurs facteurs sont, en effet, à la base de cette condition langagière sur laquelle interviennent notamment les savants du XVIIIe siècle et qui sera résolue en bonne partie par l'introduction de la nomenclature binomiale de Linné[6] en 1753 :

- le facteur géographique : la diffusion sur le globe de différentes typologies de plantes et fleurs est à considérer comme le premier obstacle linguistique, faute d'une terminologie universellement adoptée dans la communication. En outre, à la fin du XVIIe siècle et au début du XVIIIe siècle, un nombre grandissant de plantes sont découvertes et leurs noms deviennent non seulement plus divers, mais aussi plus complexes (par exemple, les noms de nature exotique provenant du portugais ou du chinois). Pour décrire complètement et correctement une espèce, les savants ont donc recours à des phrases longues et peu maniables qui, d'un côté, permettent d'indiquer sans équivoques la

---

5   Brunot, *Histoire de la langue française*, p. 563.
6   La nomenclature créée est présentée dans les deux volumes de l'œuvre maîtresse de Linné *Species Plantarum* (1753) où il nomme plus de 7700 espèces de plantes à fleurs : le système sexuel de Linné se démontre un outil efficace dans l'organisation de la connaissance, en comblant l'attente jusqu'à ce qu'un système moins artificiel pût être formulé quand davantage de plantes furent connues. Linné propose sa normalisation des noms, en supprimant les polynômes à la faveur des binômes formés par le nom du genre auquel l'espèce appartient et une épithète désignant l'espèce à l'intérieur du genre. Pour éviter toute confusion une épithète n'est censée être utilisée qu'une seule fois dans un genre, pour désigner une espèce donnée et nulle autre. Cf. Claudio Grimaldi, « Les classifications botaniques et la fabrication d'un vocabulaire logique » (à paraître).

réalité dénommée, mais, de l'autre, ne contribuent pas à une standardisation linguistique, tout en empêchant également une communication rapide. Le grand legs de Linné est d'avoir attaché son attention sur le problème de la classification, en choisissant le latin comme langue de la nomenclature qui, loin d'être un obstacle, s'avère un avantage grâce à l'utilisation de termes comparativement simples et logiques ;
- le facteur commercial : la grande variété des noms attachés à une quantité toujours plus vaste de plantes disponibles sur le marché crée une certaine confusion dans le commerce,[7] où les interactions au niveau de la communication suivent un registre qui n'est pas soutenu par rapport à celui adopté par les savants dans leurs ouvrages dans lesquels des noms latins sont couramment utilisés, bien qu'il y ait peu d'accord sur leur choix. Par contre, la plupart des herbiers utilisent des noms communs qui se perpétuent principalement dans la tradition orale et dont la formation repose surtout sur des principes évocateurs (par exemple, la plante « bouton-d'or ») et descriptifs (la plante « perce-neige »). La création de ces noms suit aussi les besoins liés à la commercialisation des plantes dont les usages en médecine ont toujours été très appréciés. C'est la présence de plusieurs noms provenant de registres divers de communication et créés par des auteurs suivant des principes de création différents[8] qui contribue en grande partie à la confusion des dénominations botaniques des plantes ;
- le facteur épistémologique : pendant longtemps la botanique n'a été largement étudiée que pour ses éventuelles applications médicales, ce

---

7 L'usage incorrect d'un nom de plante pouvait aller au niveau commercial jusqu'à l'accusation de fraude envers un marchand de graines de la part de quelqu'un qui utilisait un nom différent. Cf. Crosland, *Le langage de la science*, p. 35.

8 « Aussi plusieurs grands Botanistes ont-ils fait différents Systèmes dont aucun ne prétend céder aux autres, et leur multitude est un grand obstacle à l'avancement de cette Science. On est rebuté d'avoir à se charger la mémoire d'un grand nombre de noms différents d'une même Plante, que chaque Auteur a nommée à sa fantaisie, on la prend quelquefois pour différentes Plantes, et quelquefois au contraire on prend différentes Plantes pour la même. [...] Il serait à souhaiter que les Botanistes conviennent enfin d'adopter tous un Système, ne fut-il pas le meilleur, et de s'y tenir ; mais comment espérer cela ? » (*HMAS* 1718_B).

qui a empêché d'analyser le règne végétal comme un système fait de rapports liant les différentes réalités qui existent au sein de ce même règne. Un tournant important est constitué par l'introduction de la pratique expérimentale qui contribue au développement d'un intérêt allant au-delà des herbiers dans lesquels la nomenclature définitive des plantes est moins nécessaire que leur identification par l'illustration. Le passage de la botanique des herbiers à la botanique systématique, se penchant notamment sur la description et la classification des plantes, remonte aux XVIᵉ et XVIIᵉ siècles[9] et c'est dans ces œuvres qu'on retrouve les traces de la naissance d'une langue scientifique de la botanique qui se construira le long du XVIIIᵉ siècle. La standardisation et la normalisation de cette langue de la botanique ne seront apportées avec hardiesse que par la classification linnéenne qui toutefois en France sera contestée dans la seconde moitié du XVIIIᵉ siècle, les savants étant restés pendant longtemps très tournefortiens. Pour le dire avec Brunot :

> La botanique systématique n'avait, elle, à respecter aucune tradition ; aussi les botanistes montrèrent-ils plus de hardiesse que les anatomistes dans la « fabrication » de leur vocabulaire. Cette hardiesse s'accrut encore du fait que les principes furent posés par un étranger peu soucieux de s'incliner devant les préjugés du public français. Aussi l'apparition de la classification linnéenne marque-t-elle dans l'histoire de la langue scientifique une véritable révolution. La classification, non la nomenclature, car, tout étrange que cela semble d'abord, ce qui compte le plus pour l'histoire de la langue est précisément ce qui représente aux yeux du savant la partie morte de l'œuvre. C'était un procédé fort ingénieux, clair, rapide et susceptible

---

[9] C'est au botaniste Tournefort et à sa *Méthode pour connaître les plantes* que revient le premier l'honneur d'avoir conçu une nomenclature rationnelle nommant les espèces à travers un qualificatif qui indique leur aspect (par exemple *ombellifères* ou *flosculeuses*). Toutefois, cette nomenclature reste composite et confuse, un besoin urgent de normalisation se faisant sentir. Il faudra attendre la nomenclature latine de Linné pour parvenir à un degré de satisfaction élevée de la part de la communauté scientifique. En France cette nomenclature est progressivement francisée par Adanson en 1763 et l'*Encyclopédie* emploie tous les termes nouveaux sous leur forme française. Cf. Grimaldi, « Les classifications botaniques et la fabrication d'un vocabulaire logique » ; Crosland, *Le langage de la science*, pp. 37–38.

> d'une extension indéfinie que de nommer les plantes par un nom générique et une épithète spécifique, mais cela n'aboutissait qu'à combiner des termes usuels ; c'était au contraire un « procédé enfantin », un « singulier recul de la science » que de classer les plantes en comptant seulement le nombre d'étamines ; mais cela conduisait à la création de termes nouveaux formés suivant un mécanisme rigoureux, à une espèce d'algèbre verbale que les prédécesseurs de Linné n'avaient pas connue.[10]

Pour résoudre la confusion existant dans le domaine botanique, les classifications fabriquées au cours des XVIIe et XVIIIe siècles proposent des organisations des plantes dans des classes, ordres, genres ou sous-genres selon des critères arrêtés d'avance, comme le choix de la forme des pétales, pour Tournefort, ou le nombre d'étamines, pour Linné. Cette subdivision est censée faciliter à la fois le classement des plantes au niveau épistémologique, en situant les nouvelles plantes découvertes dans les groupes établis sur la base du critère retenu pour la classification, et la communication, parce qu'on pourrait indiquer une plante avec un seul référent. Dans cette perspective les limites de la description sont clairement perçues par les savants, la classification s'impose en tant qu'unique mécanisme valable de standardisation ayant des retombées non négligeables au niveau de la langue :

> Décrire, c'est traduire en termes connus des réalités inconnues ; classer, c'est donner à chaque réalité connue un nom qui lui soit propre et qui cependant l'apparente avec les réalités voisines ; c'est à ce deuxième stade seulement que s'impose la création d'un vocabulaire spécial.[11]

Les catégories de classification des plantes

Une classification efficace nécessite de termes abstraits qui au niveau du classement s'avèrent être des étiquettes englobant les entités qui partagent des caractéristiques communes. Pour la botanique ces termes sont notamment *genre* et *classe*, dont les entrées dans le *DF* et dans le *DT*[12] ne sont absolument

---

10 Brunot, *Histoire de la langue française*, pp. 613–614.
11 *Ibid.* pp. 579–580.
12 « On dit particulièrement le genre humain, pour signifier tous les hommes, quoi qu'il n'y ait sous lui que des individus et point d'espèces différentes » (*DF*, s.v. *genre*) ;

pas exhaustives quant à leur définition dans notre domaine d'intérêt. C'est Tournefort (1694, *Éléments de Botanique*) qui a donné au nom *genre* la définition de catégorie de classement à l'intérieur de laquelle des unités partagent des caractéristiques communes. Dans cette perspective le genre indique une catégorie de classement des plantes indépendante de l'observateur. Dans le corpus créé, des réflexions abordant les questions de la classification botanique et la façon de les ordonner de manière correcte, sont présentées dans différents articles et témoignent de l'attention attachée par les savants aux problèmes de nature linguistique. En 1700, lors de la publication de la traduction latine de l'œuvre de Tournefort, on retrouve, par exemple, la réflexion suivante :

> La distribution des Plantes sous leurs genres donne une plus grande facilité de les nommer. Elles ont d'abord le nom générique et commun, auquel on ajoute ce qui les spécifie, de sorte que leur nom est une définition. Il est vrai que comme les Botanistes précédents n'ont pas eu en vue, ou les genres, ou les mêmes genres, M. de Tournefort est souvent obligé de changer les noms qu'ils avaient imposés ; mais il marque avec soin les anciens noms, même selon les différents Botanistes, pourvu qu'ils soient assez fameux ; et si l'on s'accoutume aux nouveaux noms qu'il propose, on y gagnera de connaître plus promptement les genres et les espèces des Plantes, dans un Système qui semble devoir être fort avantageux, à la Botanique. [...]
>
> Mais comme la mémoire serait extrêmement chargée de 673 genres, dont il faudrait connaître les différents caractères, sans compter que certainement le nombre en augmentera beaucoup, M. de Tournefort a trouvé le secret d'adoucir ce travail en réduisant les Genres à des Classes, et il est le premier Botaniste qui ait eu cette pensée. Pour établir ses Classes, il ne prend que la fleur des Plantes, supposé qu'elles aient une fleur, comme elles en ont presque toutes. Il détermine toutes les figures connues de fleurs de Plantes, et n'en trouve que 14, qui ne lui donneraient par conséquent que 14 Classes, si le nombre n'en était augmenté par les Plantes qui n'ont point de fleur, et par la distinction qu'il a fallu mettre entre les Herbes ou sous-Arbrisseaux, et les Arbrisseaux ou Arbres, que la différence de grandeur n'a pas permis de ranger sous la même Classe, quoique leur fleur fût la même. Cependant avec ces augmentations il

---

«Division du genre, les parties qui le composent. L'animal est une espèce à l'égard du corps. L'homme est une espèce à l'égard de l'animal » (*DF, s.v. espèce*) ; « Genre de plante, en termes de Botanique, est l'amas de plusieurs plantes qui ont un caractère commun établi sur la structure de certaines plantes, qui distingue essentiellement ces plantes de toutes les autres » (*DT, s.v. genre*).

> ne se trouve que 22 Classes, dans lesquelles est partagé tout le Livre des Institutions de Botanique. (*HMAS* 1700_J)

Le « système de botanique » établi par Tournefort semble bien structuré au niveau classificatoire, mais, au fil des années, suite aux nouvelles découvertes du domaine, il semble démontrer ses limites aussi bien sur le plan épistémologique que sur le plan linguistique.

> On a déjà vu en 1700 ce que c'est qu'un Système en Botanique, et quel est celui de M. Tournefort [...]. Il a chargé de certains genres d'un trop grand nombre d'espèces, non que ces espèces ne s'y rapportent légitimement selon ses principes, mais pour les y comprendre on est obligé de les nommer par de longues phrases qui marquent les différences en vertu desquelles elles sont différentes espèces du même genre. La longueur de ces dénominations a le double inconvénient de les rendre difficiles à retenir, et peu praticables dans l'usage de la Médecine, car une Ordonnance en serait trop embarrassée, et il pourrait y avoir telle Plante utile à laquelle on renoncerait à cause de son nom. [...]
> Les Plantes dont les Grecs nous ont vanté les vertus ayant changé de nom, les observations qu'ils en ont laissées sont perdues pour nous, puisque nous ne savons à quelles Plantes les appliquer. Les noms des Plantes sont une tradition qui est précieuse, et qu'il ne faut pas laisser interrompre. D'ailleurs si on donne aux Plantes d'autres noms que les populaires, ceux qui les ramassent à la campagne, les Droguistes à qui ils les portent, et les Médecins qui les ordonnent, ne s'entendront plus les uns les autres, et cette confusion des Langues aura de fâcheuses suites. (*HMAS* 1718_B)

Bien que les critères utilisés et les choix des botanistes ne soient pas toujours partagés par la communauté savante, il est important de remarquer que s'impose l'exigence de pouvoir nommer de manière plus simple les réalités du règne végétal, notamment en raison de leur usage en médecine et dans le commerce. La citation ci-dessus indique également les désavantages découlant d'un classement des réalités végétales qui n'est pas connu par les acteurs du discours.

Dans le corpus créé on remarque la présence de termes de classes, genres ou espèces de plantes, abstraction faite des systèmes botaniques adoptés au niveau épistémologique. Le corpus devient donc le témoignage du développement d'une classification acceptée et reconnue comme valable par les savants et d'un foisonnement de termes botaniques dont la validation ne revient qu'aux savants mêmes qui travaillent artificiellement au niveau linguistique en ayant recours surtout aux langues classiques.

Les termes indiquant les catégories des plantes que nous avons relevés dans le corpus renvoient à un procédé de formation linguistique qui part généralement du nom indiquant une partie de la plante, souvent citée auparavant dans le discours.

> La seconde partie du premier Livre, dans laquelle il est parlé des plantes dont la calice externe n'enveloppe pas ordinairement la fleur, mais lui sert d'appui et comme de soucoupe, et dont les semences sont nues, est partagée en cinq sections. [...] Dans la troisième, subdivisée en plusieurs chapitres, sont les plantes qui ont la fleur à cinq feuilles, et pour l'ordinaire deux semences (on les appelle <u>*Ombellifères*</u>). [...]
>
> Le premier Livre, partagé en 5 sections, comprend, 1° les arbres à chatons, et qui portent leurs semences dans les mêmes chatons ; 2° les arbres à chatons dont le fruit est séparé dans le calice externe ; 3° les arbres <u>*conifères*</u>, qui ont les fleurs à étamines ; 4° les arbres <u>*pilulifères*</u> dont les fleurs sont à étamines ; 5° les arbres à une seule feuille, dont les fleurs sont au dedans du calice. (*JS* 1725_C)

Dans cet extrait tous les termes se composent d'un second élément, *–fère*,[13] tiré du latin *–fer*, « qui porte », qui est lié à certaines parties de la plante. Dans *ombellifères*, dont la datation remonte à la fin du XVIIe siècle sous la forme *umbellifère*, *ombelle* fait, en effet, référence à un caractère anatomique de la plante, « le bout de la tige [qui] se divise en plusieurs autres moindres tiges, lesquelles portent des bouquets ou graines »,[14] alors que *conifère*, datant, selon le *DH*, de 1789, désigne « un arbre qui porte des fruits de forme conique », à partir du mot *cône*, emprunté au latin *conus*, lui-même emprunté au grec *kônos*, « pomme de pin ».[15] Quant à *pilulifère*, la recherche lexicographique et de reconstruction du procédé de composition linguistique s'avère être plus compliquée parce qu'aucun dictionnaire consulté ne propose des entrées pour ce terme. Une seule définition est indiquée par le site *Flora quebeca*[16] selon lequel *pilulifère*[17] est un adjectif, qualifiant un arbre « à fruits réunis en une

---

13 *DH*, s.v. *–fère*.
14 *DF*, s.v. *ombelle*.
15 *DH*, s.v. *cône*.
16 <http://www.floraquebeca.qc.ca>
17 La forme latine *pilulifera* est présente actuellement dans nombreuses dénominations de plantes dont les fleurs sont en forme ronde, telles que *Carex pilulifera* (laîche à

La langue scientifique au XVIIIe siècle

seule masse globuleuse », à partir du sens du terme latin *pilula*, emprunté en français, pour indiquer « un petit corps rond, une boulette, une pelote ».[18]

Pour les trois termes analysés aucune indication n'est faite dans le discours aux parties de la plante ou aux typologies de fruits. L'information donnée par le *Journal des savants* concerne plutôt des renseignements supplémentaires relatifs à la classe des plantes (« qui ont les fleurs à étamines » et « dont les fleurs sont à étamines »), les deux termes *conifères* et *pilulaires* n'étant employés que comme adjectifs accompagnés à *arbre*.

Dans le corpus deux autres termes ont été repérés pour indiquer des familles de plantes, à savoir *gymnospermes* et *angiospermes* :

> Il [M. Volckamer] avertit aussi les Botanistes de se garder de prendre le change sur le fait des Plantes à fruit nu, ou à fruit couvert d'une enveloppe, ce qu'il appelle Plante <u>gymnosperme</u> et Plante <u>angiosperme</u> ; dont la différence consiste en ce que dans les premières le fruit est si intimement couvert de ses deux membranes qu'on ne les en peut séparer facilement, sans endommager ce même fruit ; au lieu que dans les secondes, outre ces deux membranes intérieures, il y a une enveloppe extérieure qui peut en être séparée sans peine, et sans que le fruit en souffre. (*JS* 1720_C)

Les deux termes se composent à partir du mot *sperme*, à savoir « le principe reproducteur des individus dans les trois règnes, animal, végétal (pour *semence*) et minéral »,[19] auquel sont liés les deux éléments de composition *gymno–*, « nu, sans vêtement », pour classifier des plantes « à graines nues »,[20] et *angio–*, venant du grec *angeion*, « récipient », pour indiquer « l'ensemble des plantes dont les graines sont enfermées dans des fruits ».[21] On peut donc affirmer qu'au niveau conceptuel les deux adjectifs impliquent un caractère anatomique de la plante, la semence, pouvant être cachée ou non. Au niveau du discours *gymnospermes* et *angiospermes*, utilisés en tant qu'adjectifs au singulier et non en tant que noms pluriels lexicalisés,

---

    pilules) et *Urtica pilulifera* (ortie à pilules). En français le terme semble être donc évolué sous la forme *à pilules* plutôt que sous la forme francisée *pilulifères*.

18   *DH*, s.v. *pilule*.
19   *DH*, s.v. *sperme*.
20   *DH*, s.v. *gymn(o)–*.
21   *DH*, s.v. *angio–*.

s'accompagnent d'une description et d'une explication de la typologie de plante qualifiée, des parties de celles-ci (fruit, enveloppe, membrane) et de la localisation de la semence. Les rédacteurs de l'article ont donc préféré insérer les deux adjectifs dans une période à la fonction métalinguistique (« ce qu'il appelle [...] ») suivie d'une explication détaillée pouvant servir aux lecteurs pour comprendre les deux typologies de plantes désignées par *gymnospermes* et *angiospermes*, la nouvelle construction lexicale signalant donc une nouvelle conceptualisation dans le domaine en question.

Les derniers termes de familles et classes botaniques rencontrés dans le corpus et absents dans le *DF* sont *monopétales* et *polypétales*, dans lesquels l'élément *–pétale* sert pour qualifier « une corolle ou une plante d'après le nombre ou les caractéristiques de ses pétales ».[22]

> Quant à l'Introduction à la connaissance des Plantes, qui fait la seconde partie de ce Discours ; M. *de Jussieu*, après quelques réflexions générales sur les différentes méthodes d'enseigner la Botanique, donne la préférence à celle qui apprend à connaître les Plantes par leurs fleurs et par leurs fruits, comme à la plus simple et à la plus invariable de toutes. Après avoir déterminé ce qu'il entend par ce mot *fleurs* ; il en fait deux genres, qui sont les fleurs simples, ou à *étamines*, et à *pistiles* ; et les fleurs composées, ou dont les étamines et les pistiles sont environnés de *pétales* ou de feuilles. [...]
> Les fleurs composées sont ou d'une ou de deux pièces, ce qui les a fait nommer <u>*monopétales*</u> et <u>*polypétales*</u> : et les unes et les autres sont ou régulières ou irrégulières. (*JS* 1719_B)

L'introduction dans le discours des termes des typologies de fleurs est ici accompagnée d'une description précise sur les raisons et critères utilisés par de Jussieu pour former les deux mots, à savoir un caractère anatomique spécifique de la plante (*pétale*) et le nombre de ce même caractère (*une/deux*), exprimé par un élément emprunté au grec (*mono–*, *poly–*). Dans ce cas nous remarquons qu'une définition précise des expressions *fleurs simples* et *fleurs composées* précède l'indication des termes mêmes, ce qui aide le lecteur à saisir encore mieux la signification des deux adjectifs.

La formation des termes nous semble donc liée à la nécessité de créer un vocabulaire rationnel qui formule l'idée avec une extrême précision et

---

22   *DH*, s.v. *pétale*.

dans lequel on peut désigner un être vivant par un seul mot. Dans cette perspective, la tendance à employer des termes construits, tels que *monopétale*, n'a aucune fonction descriptive, mais sert plutôt à conceptualiser des classes d'entités végétales, la formulation du type « n'ayant qu'un seul pétale » étant en elle-même suffisant pour créer des classes conceptuelles.

Ce type de vocabulaire est fabriqué, entre autres, par de Jussieu qui a recours aux procédés indiqués de formation aussi pour d'autres termes de classification, comme *monocotylédone* pour caractériser les végétaux d'après le nombre de cotylédons. L'attention attachée par ce savant à la création d'une terminologie capable de représenter les progrès de la botanique est soulignée à juste raison par Brunot selon lequel :

> Jussieu, en remaniant de fond en comble la classification linnéenne, concevra selon les règles linnéennes un vocabulaire nouveau, non linnéen : tous les noms d'un même genre seront formés sur une même racine, tous les noms spécifiques seront formés sur cette racine au moyen d'un préfixe exprimant le nombre et la position des organes. Sur un seul point Jussieu assouplissait un peu la rigidité du système : il admettait quelques racine latines (*stamina*, *corolla*) et ne se faisait point scrupule de les accoupler à des préfixes grecs (*épistaminées*, *hypocorollées*, etc ...) ; même il donnait systématiquement une terminaison latine à des mots composés d'éléments grecs ; mais, à cette différence près, la méthode était la même et pourtant la nomenclature de Jussieu était plus complexe que celle de Linné ; mais cela tenait au perfectionnement des connaissances botaniques mêmes et prouvait indirectement l'excellence de ses principes : ils permettaient d'adapter instantanément la langue au nouvel état de la science et d'en suivre presque pas à pas les progrès.[23]

Les noms des plantes

La confusion de dénomination entourant la langue de la botanique concerne non seulement les catégories de classification des plantes, mais aussi les dénominations des réalités du règne végétal. En effet, il est important de remarquer que les années retenues pour l'analyse terminologique menée correspondent à la période prélinnéenne, à savoir au moment où une méthode univoque

---

23 Brunot, *Histoire de la langue française*, pp. 615–616.

d'identification des plantes n'a pas encore été introduite. C'est pourquoi dans le corpus nous remarquons la présence de noms de plantes vernaculaires, de noms latins et, encore, de noms francisés, mais qui en réalité, après la réforme binomiale linnéenne, correspondent à des noms de genres de plantes ou de taxons, dont nous analyserons certains exemples par la suite.

Pour ce qui est des noms vernaculaires et de la nomenclature populaire, plusieurs exemples tirés du corpus représentent des cas intéressants d'un point de vue linguistique. Certains de ces noms communs possèdent une histoire étymologique ancienne et, bien qu'ils soient absents dans le *DF*, ils sont attestés avant 1700. D'autres ont une datation plus récente car il s'agit d'emprunts aux langues exotiques ou aux autres langues non classiques.

En ce qui concerne *nopal*, par exemple, les sources lexicographiques consultées font remonter la datation de cet emprunt à l'espagnol, emprunt lui-même à l'aztèque[24] *nopalli*, à la seconde moitié du XVIe siècle.[25] Il s'agit d'un nom vernaculaire d'une plante, connue plus communément sous un autre nom vernaculaire, à savoir *figuier de Barbarie* ou *figuier d'Inde*. Relativement à son indication binomiale, il s'agit de la plante *Opuntia ficus-indica* (L.) Mill., 1768, dont le nom a été créé par Linné, mais reformé en 1768 par le botaniste anglais, Philip Miller, responsable du jardin de botanique de Chelsea et auteur de l'ouvrage *The Gardeners Dictionary*, dont la huitième édition de 1768 adopte finalement les noms binomiaux linnéens.

> À l'égard de la manière d'élever la *fine Cochenille*, on y trouve : [...]
> 2. Que ces *Pastels*, ou petits nids sont alors mis avec leurs Bestioles sur des plantes de <u>Nopal</u> qu'on a eu soin de semer et de bien cultiver. Le <u>Nopal</u> est une espèce de Figuier des Indes dont les feuilles sont épaisses, pleines de suc et un peu épineuses. (*JS* 1729_A)

---

24   D'après le *Diccionario de la lengua española* de la Real Academia, cette langue serait le nahuatl, un groupe de langues apparentées de la famille uto-aztèque, parlé au Mexique. *DRAE* : s.v. *nopal*.
25   D'après le *TLFi* la première attestation date de 1584 à partir d'une traduction de l'espagnol de l'œuvre de Lopez de Gómara *La historia de las Indias*, alors que d'après le *BW* le terme date de 1587. Cf. *TLFi* et *BW* : s.v. *nopal*.

Il est intéressant de souligner que dans l'extrait retenu qui fait partie d'un article sur la cochenille, à savoir un insecte dont la dénomination est déjà lexicalisée dans le *DF*, *nopal* est accompagné de son synonyme vernaculaire *figuier des Indes* et des informations concernant les caractéristiques de ses feuilles. De ce point de vue, l'emploi de l'italique représente l'indice d'un usage rare et non fréquent dans les textes scientifiques. La présence du synonyme est peut-être liée au fait de vouloir éviter la confusion ou le manque de compréhension découlant de l'emploi de *nopal*, emprunt dont la lexicalisation ne date que de 1835.[26]

Dans d'autres cas retenus, les noms vernaculaires renvoient à un ensemble de plantes plutôt qu'à une seule plante. C'est le cas, par exemple de *cytise*, qui désigne aussi bien un « arbrisseau vivace au bois très dur, très apprécié des chèvres comme nourriture, et cultivé pour la beauté et le parfum de ses fleurs »,[27] qu'un genre établi par René Desfontaines en 1798.

> Il est donc important, conclut notre Auteur, de distinguer certains genres par les feuilles, puisque c'est par le moyen des feuilles que l'on connaît la plupart des Plantes qui pendant une bonne partie de l'année sont sans fleur et sans graine, tels que les Genêts, les Cytises, et quelques autres. (*JS* 1734_A)

Dans cet extrait *cytise* renvoie clairement à un ensemble de plantes, ainsi de même que *genêt*, déjà lexicalisé dans le *DF* et dans le *DT* : la confusion découlant de l'emploi du terme *cytise* ne peut pas être perçue dans le morceau textuel retenu parce qu'elle remonte au moment de la création des classifications linnéenne et postlinnéenne, alors que nous nous rendons compte que *cytise* et *genêt* sont des noms vernaculaires ambigus car ils renvoient à plusieurs taxons[28] différents. *Cytise* et *genêt* sont, en effet, utilisés en tant que synonymes dans plusieurs noms communs de plantes, tels que, entre autres, les *genêts/cytises à balais*, les *cytises/genêts à fleurs blanches*, les *cytises*

---

26   *DA* 1835 : s.v. *nopal* (« nom qu'on donne, en Amérique, à tous les cactiers qui ont les tiges aplaties et articulées, principalement à celui sur lequel se trouve la cochenille »).
27   *DH* : s.v. *cytise*.
28   Il s'agit d'une entité d'êtres vivants regroupés en raison des caractéristiques communes qu'ils possèdent du fait de leur parenté.

à feuilles sessiles/genêts d'Italie,[29] les deux genres *Cytisus* et *Ginista* faisant partie de nos jours de la famille des *Fabaceae*. Il s'agit donc d'un emploi hyperonymique du terme servant pour regrouper toute sorte de plantes qui partagent des caractéristiques communes, en particulier, l'absence de fleurs et de graines (« qui en bonne partie de l'année sont sans fleur et sans graine »).

Parmi les noms de plantes appartenant à la nomenclature botanique populaire, l'un des plus fréquents dans le corpus est sans aucun doute *belle-de-nuit*, dont la première attestation date de 1676[30] et dont le nom commun est *jalap*, recensé aussi bien dans le *DF* pour se référer à un terme de pharmacie d'où provenait l'ancienne drogue purgative nommée *jalap*[31] que dans le *DT* pour indiquer la plante qui croît naturellement aux îles de Madère. Le nom de *belle-de-nuit* renvoie à la caractéristique de la plante de porter des fleurs rouges ou jaunes, qui s'ouvre et fleurit la nuit et se ferme le jour.[32] Lors des occurrences du terme dans le corpus, les extraits indiquent aussi bien la synonymie avec le nom *jalap* que la caractéristique de la plante, ce qui est souligné de manière très claire dans la définition du terme proposée par le *DT*.[33]

> Le P. Gouye a fait voir un grand nombre de Graines qui lui ont été envoyées de la Martinique, par le P. Breton, Missionnaire jésuite, avec les descriptions de quelques-unes des Plantes, telles que sont le Myrabolanier à Fruit en Clochettes, l'Oseille à grandes feuilles à oreillons, le Châtaignier, la Saponaria arbor, l'Herbe

---

29 Les exemples sont tirés de *TB*.
30 *DH* : s.v. *beau, bel*.
31 Le nom scientifique est *Mirabilis jalapa* – L., 1753, formé sur la base du latin scientifique *mirabilis*, à savoir « admirable » par allusion aux couleurs de ses fleurs, et du nom spécifique *jalapa* qui pourrrait renvoyer à son origine géographique (le Jalapa au Guatemala ou la ville de Xalapa au Mexique).
32 *TLFi* : s.v. *belle-de-nuit*.
33 D'après le *DT* : « plante qu'on met ordinairement entre les espèces de morelle. Mr. Tournefort en fait un genre particulier, auquel il donne le nom de jalap, parce que le jalap, dont on nous apporte la racine d'Amérique, est une plante assez semblable à la *belle de nuit* commune. Elle porte des fleurs rouges ou jaunes ; et s'appelle *belle de nuit*, parce que ses fleurs s'ouvrent la nuit, et se ferment le jour » (s.v. *belle de nuit*).

au musc, ou Abel mosch, la Sensitive épineuse, l'Arbrisseau de Baume, Toulala, ou l'Herbe aux Flèches, le Pimentier à Fruit ovale, l'Apocyn ou Liane laiteuse, la <u>Belle de nuit</u> ou Jalap, le Pommier d'Acajou, la Savariaba, et la Liane appelée Griffe de Chat. (*HMAS* 1703_E)

Ce raisonnement a lieu pour une cause telle que le Soleil, qui agit plus d'un côté de la Plante que de l'autre, mais non pas pour une cause dont l'action embrasserait également toute la Plante ; telle est l'humidité de la nuit, qui fait que de certaines fleurs, comme celles de tous les Convolvulus, d'une espèce d'Ornithogale, etc., se ferment, et qu'au contraire celles des <u>Belles de nuit</u>, et de l'Arbre triste s'épanouissent. (*HMAS* 1710_E)

Pour expliquer la mécanique par laquelle certaines fleurs, comme celles de toutes les espèces de *convolvulus*, d'une espèce d'*ornithogale*, etc., se ferment pendant la nuit, et qu'au contraire celles des *belles-de-nuit* et de l'*arbre triste* s'épanouissent, M. *Parent* a recours à l'inégalité des parties de la plante, plus ou moins extensibles d'un côté que de l'autre par l'humidité, et il imagine pour cela une structure d'autant plus commode, que l'invisibilité des parties organiques qu'il fait jouer, lui permet de hasarder telle supposition qu'il lui plait. (*JS* 1714_B)

Il est important de remarquer que dans le premier extrait cité, l'auteur a recours à l'indication de la nomenclature populaire de *belle-de-nuit* ainsi qu'à tout un éventail de noms de plantes indiquées soit par des noms latins (*saponaria arbor*), soit par des noms communs (*arbrisseau de Baume*, *herbe aux flèches*, *pimentier à fruit ovale*), soit par des appellations plutôt populaires (*griffe de chat* ou la même *belle-de-nuit*). Nous soulignons également qu'en raison de la confusion des noms de plantes, ceux-ci sont souvent utilisés par couple de synonymes, liés par la conjonction *ou*.

En revanche, dans les extraits *HMAS* 1710_E et *JS* 1714_B l'attention est posée principalement sur les caractéristiques de ces plantes, dont une explication du nom est fournie à travers l'indication de l'action du soleil (« telle est l'humidité de la nuit, qui fait que de certaines fleurs, comme celles de tous les Convolvulus, d'une espèce d'Ornithogale, etc., se ferment, et qu'au contraire celles des Belles de nuit, et de l'Arbre triste s'épanouissent »). Ce qui est intéressant est qu'en effet la citation du nom populaire *belle-de-nuit* n'est pas indépendante de l'indication d'une information linguistique – la synonymie avec *jalap* – ou extralinguistique – la référence à l'action de la lumière – qui peut aider le lecteur dans la compréhension de la réalité végétale dénotée par un nom populaire introduit très récemment (1676) en botanique.

Un autre nom de plante intéressant au niveau de la désignation est *sensitive*, abréviation attestée en 1665 de *herbe sensitive*, datant de 1639.[34] Les occurrences du terme dans le corpus enregistrent toujours la présence d'une explication métalinguistique du nom, liée en effet à la caractéristique des feuilles de la plante qui se rétractent lorsqu'on les touche.

> Les mouvements des Sensitives mériteraient presque un Traité à part. Dès qu'elles sont touchées ou par un vent un peu fort, ou par la pluie, ou par la grêle, ou par le bout d'un bâton, etc., elles plient leurs feuilles en dessus, et en appliquent exactement les deux moitiés l'une contre l'autre. (*HMAS* 1710_E)
>
> Il termine cet article par l'explication du mouvement des plantes appelées sensitives, mouvement qu'il compare aux mouvements convulsifs des animaux, et qu'il attribue à un fluide très subtil et très spiritueux, que l'impression reçue de dehors agite plus qu'à l'ordinaire, et détermine à couler plus abondamment dans certains canaux. (*JS* 1714_B)
>
> La Sensitive est une Plante fort connue par la propriété qu'elle a de donner des signes de sensibilité et presque de vie, quand on la touche. Mais on s'en tient assez à cette connaissance générale, on n'a pas trop la curiosité d'aller voir cette merveille dans les Jardins où elle se trouve, et les Philosophes mêmes, si on excepte M. Hook, savant anglais, l'ont communément négligée. (*HMAS* 1736_A)

Nous remarquons que, alors que dans les deux premiers extraits le terme *sensitives* au pluriel renvoie à toute une catégorie de plantes, à savoir le genre actuel des *Mimosaceae* ou, d'après la classification phylogénétique, à la famille des *Fabaceae*, dans le dernier extrait le terme *sensitive* se réfère à une seule espèce, celle qui selon la classification linnéenne s'appelle *Mimosa pudica* – L., 1753. Cette superposition dénotative du nom de *sensitive*, qui indique aussi bien un genre qu'une espèce de plantes, est confirmée par un autre extrait du corpus dans lequel la référence à l'espèce désignée par le nom commun *sensitive* est claire :

> La grande ressemblance de ces mouvements à ceux d'un Animal, qui a fait donner à la sensitive le nom de *Mimosa* ou *d'Imitatrice*, autorise l'idée de M. Parent, qui croit que ce sont des mouvements convulsifs. (*HMAS* 1710_E)
>
> Ce n'est pas ce mouvement périodique qui fait le merveilleux de la Sensitive, il lui serait commun avec d'autres Plantes, c'est ce même mouvement en tant qu'il n'est

---

34 *DH* : s.v. *sensitif, ive*.

point périodique et naturel, mais accidentel en quelque sorte, parce que l'on n'a qu'à toucher la Sensitive pour lui faire fermer ses feuilles, qu'elle rouvre ensuite naturellement. C'est ce qui lui est particulier, et lui a fait donner le nom de <u>Mimosa</u>, *imitatrice* d'un Animal qu'on aurait incommodé ou effrayé en le touchant. (*HMAS* 1736_B)

Dans cet extrait, *mimosa* est en effet indiqué comme parasynonyme de *herbe sensitive*, le nom *mimosa* étant tiré du latin *mimus*, « imitateur », pour indiquer la caractéristique du mouvement des fleurs de la plante.[35] Il est intéressant de souligner que la dénomination *mimosa* est plus ancienne par rapport à *herbe sensitive*, abrégée ensuite en *sensitive*, et que ce n'est qu'après avoir découvert que la sensibilité des fleurs au toucher n'était pas exclusivement une caractéristique du *mimosa* que l'appellation populaire *sensitive* a été étendue à tout un groupe de plantes, les *sensitives*.

Le terme *mimosa* semble donc faire l'objet d'une confusion au niveau dénotatif qui n'a pas pu être résolue que grâce à l'introduction de la classification linnéenne. L'appellation *mimosa* a, en effet, concurrencé pendant longtemps à *acacia* et une ambiguïté encore plus remarquable entre les dénotations des deux termes commence lorsqu'apparaît le *faux acacia*, du nom d'un arbre d'Amérique du Nord acclimaté en France par Robin en 1601 et dénommé par Linné, en l'honneur de ce botaniste français, *Robinia pseudoacacia* – L., 1753.[36] La classification linnéenne permet donc une désambiguation entre les différents noms de plantes communs, en créant une distinction entre la *Mimosa pudica* – L., 1753 (la *sensitive*), la *Robinia pseudoacacia* – L., 1753 (le *faux acacia*) et la *Acacia dealbata* – Link, 1822 (*mimosa d'hiver* ou *mimosa des fleuristes*, la plante que nous indiquons communément comme *mimosa*, celle aux fleurs jaunes en forme de petites boules duveteuses qui en réalité ne fait pas partie du genre *Mimosa*), cette distinction scientifique n'étant pas perceptible au niveau de l'usage où l'extension des trois noms n'est pas très bien définie et l'effet de télescopage entre les trois espèces est évident.

L'ambiguïté et la confusion découlant du manque d'une nomenclature botanique univoque peuvent se résoudre dans le discours à travers

---

35 *DH* : s.v. *mimosa*.
36 *DH* : s.v. *acacia*.

l'introduction de certaines informations extralinguistiques dont le but est de préciser l'espèce et les genres des plantes auxquels les auteurs font référence, les deux catégories du classement n'étant pas toujours séparées de manière nette.

> Après les réflexions de M. Dodart, l'Historien rapporte la découverte heureuse que M. Marchand a faite d'une excellente propriété de la <u>scrophulaire</u> <u>aquatique</u>, à l'occasion d'une plante étrangère nommée Iquetaya. L'Iquetaya est une plante du Brésil peu connue encore, et dont les vertus ont été fort vantées par un Chirurgien français établi en Portugal, et qui l'avait trouvée dans le Brésil. M. Marchand, aidé de M. Homberg, a reconnu que cette plante étrangère et rare, est tous les jours foulée sous nos pieds, et n'est que la grande <u>scrophulaire</u> <u>aquatique</u>. (*JS* 1704_A)
>
> Les Remèdes qui nous viennent de loin sont peut-être en une trop grande estime, et ceux de ce pays-ci trop négligés. Ce qui est éloigné, de quelque manière qu'il le soit, nous impose presque toujours. Cette réflexion a fait suspendre à M. Boulduc le travail qu'il avait commencé sur les Purgatifs étrangers, et dont on a vu de grands morceaux dans les Histoires de 1700 et 1702. Il a passé aux Purgatifs de nos climats, et pour suivre toujours le même dessein dans ce changement, il a étudié les plus violents, ou ceux qu'on craint le plus d'employer.
>
> Il s'est d'abord attaché à la <u>Gratiole</u>. C'est une Plante, dont les Médecins n'osent pas faire beaucoup d'usage, mais M. Boulduc s'est guéri de cette crainte par une longue expérience. Outre les vertus qu'on lui connaissait de faire vider les eaux par haut et par bas, prise en substance, ou en infusion, et de nettoyer les plaies, auxquelles on l'applique, il a trouvé qu'infusé dans le lait, elle réussissait très bien pour l'Hidropisie ascite, et chassait les Vers, et faisait ces deux effets sans aucune violence [...]. (*HMAS* 1705_A)

Les termes soulignés sont utilisés dans des articles du domaine traitant des caractéristiques médicales ou pharmaceutiques des espèces ou des genres de plantes. Dans ces deux extraits descriptifs aucune ambiguïté n'est présente aussi bien au niveau de la catégorie de la classification botanique – il s'agit de réflexions portant sur une seule espèce de plantes, non sur un genre de plantes –, que sur le plan du référent. La présence des informations médicales concernant l'usage de la gratiole et de l'adjectif *aquatique* pour la scrofulaire, permet d'identifier l'espèce décrite dans l'article, à savoir la *Gratiola officinalis* – L., 1753 et la *Scrophularia auriculata* – L., 1753. Il est important de remarquer aussi que, alors que pour *gratiole* la nécessité d'introduire un adjectif précisant l'espèce n'est pas nécessaire, ce qui est indiqué aussi par le *TLFi*,³⁷ dans le cas de *scrofulaire* l'indication de l'espèce est obligatoire, étant donné que cette plante peut être confondue avec l'espèce très voisine *Scrophularia nodosa* – L., 1753.³⁸

En revanche, d'autres espèces de plantes sont indiquées dans le corpus sans aucun adjectif pouvant spécifier la typologie de plantes analysée, mais à travers d'autres produits qui sont extraits de ces mêmes plantes. Dans ces cas, il s'agit d'espèces de plantes très célèbres dont les caractéristiques sont fort connues et les propriétés ont été utilisées depuis l'Antiquité.

> Les poisons narcotiques sont presque tous du règne végétal. M. Linder compte parmi ces poisons la Mandragore, le Stramonium, le Solanum, le Bella dona, le Cynoglosse, le Tabac, l'Esprit de vin. (*JS_S* 1708_B)

Nous remarquons que, de même que pour *mandragore*, les savants utilisent les dénominations des plantes pour nommer par métonymie les poisons tirés de la racine et du suc de la plante même.³⁹ *Stramonium*, *solanum* et

---

37 « Plante (Scrofulariacées), principalement représentée par la variété *gratiole officinale* ou *herbe à/au pauvre homme* à fleurs tubuleuses, jaunâtres et blanc rosé, poussant en terrain humide, et aux propriétés émétiques et purgatives ». Le *TLFi* fournit des informations intéressantes relatives à la datation et à l'étymon du terme : « 1572 *gratiole*, probablement francisation de l'italien *graziola*, XVIᵉ s., dénomination toscane, également d'aire piémontaise, lombarde et sporadiquement émilienne, apparaissant sous la graphie latinisée *gratiola* en 1544, graphie reprise par les traductions latines de ce traité ; l'italien *graziola* est emprunté au bas latin *gratiola*, diminutif de *gratia*, *grâce*, la plante étant ainsi nommée à cause de ses vertus bénéfiques ; *gratiole* a supplanté *grace Dieu* » (*TLFi* : s.v. *gratiole*).

38 Cette confusion entre les deux genres est en effet présente aussi dans les sources lexicographiques consultées. Le *TLFi*, s.v. *scrofulaire*, donne la définition suivante de la plante : « plante dicotylédone, vivace, aux feuilles entières et aux fleurs brunâtres placées à l'aisselle des feuilles en forme de petites cloches à deux lèvres », en indiquant également les deux espèces de scrofulaires que nous venons d'analyser comme des synonymes dans la nomenclature vernaculaire de la plante (« scrofulaire aquatique, noueuse »). En revanche, dans le *DH* aucune référence n'est faite à la *scrofulaire aquatique*, la seule indication relative à la scrofulaire portant sur la « herbe aux écrouelles », nom populaire de la *Scrophularia nodosa* auquel remonte l'étymon de *scrofulaire* (*DH* : s.v. *scrofule*).

39 *DH* : s.v. *mandragore*.

bella dona renvoient donc à trois espèces de plantes différentes contenant des substances toxiques utilisées dans les médicaments ou en pharmaceutique, à savoir la *Datura stramonium*, la *Solanum dulcamara* et la *Atropa belladonna*, les trois espèces ayant été classées par Linné en 1753 (L., 1753). Au niveau discursif, il est intéressant de souligner que les trois racines des plantes sont indiquées par leur nom latin, ce qui témoigne du manque de francisation des termes au niveau de l'usage.[40] Quant à *belladone*[41] il faut citer une autre occurrence dans le corpus qui démontre une certaine confusion qui entoure non seulement le signifiant, mais aussi le référent :

> La Botanique nous donne ici deux petits articles, l'un sur la vertu de l'herbe nommée *Camphorata*, et l'autre sur les effets du *Solanum Belladonna*, qui est un poison des plus dangereux, ainsi qu'on le va voir par l'exemple suivant. (*JS* 1705_D)

Nous nous rendons compte ici d'une attribution erronée de l'espèce au genre, étant donné qu'aussi bien le genre des *Solanum* que celui des *Atropa* (auquel appartient la *belledone*), décrits par Linné en 1753, font partie de la famille des *Solanaceae* établie par de Jussieu en 1789. Une confusion épistémologique peut donc avoir des retombées importantes au niveau terminologique, et dans ce cas le résultat est la création d'un nom binomial inexistant et d'une série de noms populaires, tels que *morelle furieuse* et *morelle marine* pour *belledonne*, qui se concurrencent dans l'usage.

Dans d'autres extraits du corpus les espèces végétales ne sont pas spécifiées et aucune information supplémentaire fournie par le contexte ne permet de saisir à quelle plante les savants font référence.

> Quant à la disposition du corps de ce livre, l'Auteur a préféré l'ordre alphabétique des plantes, au méthodique ; pour mieux s'accommoder à la portée de toutes sortes de personnes de la province, pour lesquelles ce dernier ordre aurait été trop embarrassant.

40 En particulier la forme *stramonium* suit un parcours très long de stabilisation au niveau du signifiant, d'après le *TLFi*, s.v. *stramonium/stramoine*, les formes suivantes se succédant au fil des siècles : 1572, *strammonia* ; 1602, *stramonium* ; 1686, *stramonie* ; 1776, *stramoine*.

41 *DH* : s.v. *belladone* (francisation de *belladonna* (1602), emprunt à l'italien *belladonna*, attesté en botanique chez Mattioli). La forme *bella dona* répertoriée dans le corpus représente encore une forme non définitive du terme.

La langue scientifique au XVIIIe siècle

Ses descriptions sont accompagnées de cent planches, où il a fait gravé plusieurs plantes choisies, soit parce qu'elles ont un port plus agréable que les autres, comme l'*Ancholie*, le *Calceolus Marianus*, dit *Sabot de Notre-Dame*, etc. soit à cause de leur utilité, qui intéresse à les mieux connaître, comme le Calament de montagne, le Pied de chat, la Fraxinelle, l'*Herba Paris*, les Hellebores, les deux espèces de Myrthe, la petite Centaurée, la Pervanche, la Pivoine, l'Hépatique, la Tormentille, la petite Valériane, le Persil de montagne, l'*Agnus Castus*, etc. soit pour leur rareté dans le reste du Royaume, comme le petit Aconit, l'Aloës vulgaire, les espèces de Fer à cheval, le Bec de grue à aiguilles fort longues, le lys Asphodèle à fleur ponceau, l'arbre de Storax à feuilles de Coignassier [...]. (*JS* 1718_B)

M. du Hamel a observé qu'elle n'attaque pas seulement le safran, mais encore les racines de l'hyeble, du *coronilla flore vario*, de l'arrête-bœuf, les oignons du muscari ; et elle les attaque, tandis qu'elle ne touche point au bled, à l'orga etc. (*HMAS* 1728_B)

Il expose comment certaines Plantes vivent de la vie des autres, et il remarque que les pointes de leurs racines entrant dans les petits pores de l'écorce qu'elles embrassent, s'imbibent du suc qui y est contenu, et s'en nourrissent, sans empêcher le cours de ce suc ; de même qu'un chien boit sur le bord d'une rivière, sans empêcher la rivière de couler. Il cite là-dessus, par exemple, la Cuscute et le Lierre commun. (*JS* 1734_A)

Dans les extraits retenus, les noms de plante sont accompagnés d'autres noms de plantes et il est difficile d'en indiquer l'espèce précise sans avoir recours à des sources externes aussi bien lexicographiques qu'encyclopédiques. On réussit donc à identifier sous le nom de genre *hépatique* l'espèce *Hepatica nobilis* – Schreb., 1771, et sous celui de *cuscute* l'espèce *Cuscuta campestris* – Yunck., 1932, grâce aux indications fournies par le *DH* et le *TLFi*.[42] Pour ce qui est de *muscari*, nous supposons qu'il s'agit de l'espèce *Muscari neglectum* – Guss. Ex Ten., 1842, en raison de la présence du mot *oignons* pouvant renvoyer aux bulbes du nom populaire de l'espèce *muscari à grappe*. Dans ces cas le discours de la botanique s'appuie donc sur un ensemble de

---

42 Pour *hépatique* le *DH* (s.v. : *hépatique*) propose les informations suivantes : « Le mot désigne d'abord une plante dont une variété (*anémone hépatique* ou *herbe de la Trinité*) était employée pour soigner les affections du foie. [...] Comme nom féminin, *hépatique* (1314 au singulier) désigne une classe de plantes cryptogames ». Quant à *cuscute*, le *TLFi* (s.v. : *cuscute*) fournit les informations encyclopédiques suivantes : « plante parasite à la tige grêle et rougeâtre, à petites fleurs blanches ou rosées, réunies en petites grappes et ayant pour fruit une capsule à deux loges », qui renvoient aux noms populaires parasynonymiques *arbe de moine* et *cuscute d'Europe*.

connaissances disciplinaires partagées que les savants possèdent et qui ne nécessitent pas d'une spécification au niveau linguistique, la référence aux espèces traitées étant considérée comme implicite dans le discours même.

Outre les noms des espèces de plantes analysés jusqu'ici, le corpus créé s'avère être aussi une source importante quant à l'utilisation des termes renvoyant aux genres végétaux qui sont souvent cités dans des articles traitant de façon générale des caractéristiques de certaines réalités du règne végétal. C'est le cas, entre autres, des genres *convolvulus* et *ornithogale*,[43] rencontrés lorsque nous avons analysé l'espèce *belle-de-nuit* et qui sont cités relativement au mouvement de ses feuilles lorsqu'elles sont exposées à la lumière du soleil.

Un autre genre de plantes faisant l'objet de plusieurs occurrences est *lithophytes* dont le corpus permet de recenser les différentes étapes de normalisation terminologique en botanique. Selon le *TLFi*,[44] la première attestation du terme date de 1711 et est présente dans un *Mémoire* des *HMAS*.[45] Cependant dans le corpus d'autres attestations du terme datant des années 1703, 1707 et 1710 ont été retrouvées.

> Le Litophyton est une plante, et, comme telle, elle appartient aux Végétaux ; mais elle est si pierreuse par une croute blanche et tartareuse qui en couvre la tige, qu'on la pourrait mettre au rang des Végétaux. Depuis que M. Lignon le Jeune est revenu de la Guadeloupe, on se saurait ignorer à Paris ce que c'est que le Litophiton. Il en

---

43   Cf. les extraits *HMAS* 1710_E et *JS* 1714_B à la page 113 du présent travail.
44   *TLFi* : s.v. *lithophyte*.
45   « Après avoir, dis-je, rendu compte à l'Académie de ma commission, l'idée pleine des nouvelles découvertes que cet habile Physicien a faites par l'anatomie de plusieurs Plantes marines, où il a observé des fleurs en plusieurs, par exemple, dans le Lithophyton et dans le Corail, ainsi qu'il les décrit, et qu'il en donne des figures. Je reconnus enfin que la Plante en question avait beaucoup d'anologie avec les Lithophytons et avec le Corail en plusieurs de ses parties, et même à l'égard de la manière dont les fleurs de ces deux Plantes naissent, et qui suivant les observations et les propres termes dont se sert M. L. C. M. leurs fleurs sont renfermées dans des tubercules ou mamelons, qui sont sur l'écorce de ces mêmes Plantes, et dont les graines invisibles, dit-il, à cause de leur extrême finesse, pourraient être contenues sous les écorces coriaces de ces Plantes » (M. Marchant, *Observations touchant la nature des Plantes, et de quelques-unes de leurs parties cachées ou inconnues*, in *HMAS* 1711).

a apporté une si grande quantité et en a donné à tant de curieux, qu'il n'y a presque point de Cabinet où il ne s'en trouve. (*JS* 1703_A)

Je tenterai aussi sur le <u>Lithophyton</u>, plusieurs expériences que je n'ai pas faites, l'été dernier, et que je ferai d'autant plus volontiers, que l'écorce de cette plante marine a beaucoup de ressemblance avec celle des Coraux. (*JS_S* 1707 _B)

Ces Plantes [plantes marines] ont beaucoup de Sel volatil, et même, ce qui est remarquable, les *pierreuses*. Les <u>Lithophitons</u> en ont une 5me partie plus que la Corne de Cerf, quoiqu'ordinairement cet Esprit abonde davantage dans les Animaux. (*HMAS* 1710_B)

Quant à ce qu'on appelle Corail noir, ce n'est point du tout du Corail, c'est une espèce de <u>Lithophiton</u>. (*HMAS* 1711_A)

Les extraits cités permettent de souligner, d'un côté, qu'au niveau de la discipline, ce genre de plante est en train d'être étudié par des savants, qui les rapprochent au corail, peut-être en raison du rapport que les deux réalités ont avec la pierre[46] (les lithophytes sont aussi appelés « coraux mous »); de l'autre côté, au niveau linguistique, le terme fait l'objet de graphies différentes qui témoignent d'une stabilisation lente dans le lexique de la botanique. Celle-ci est peut-être liée à l'emploi technique du terme en anglais,[47] qui, d'après le *TLFi*, ne passe en français qu'en 1752. De ce point de vue, le corpus créé représente une source importante d'informations linguistiques car il enregistre une première occurrence de la forme *lithophyte*, avant la date de lexicalisation indiquée par les sources lexicographiques consultées.

---

46   Au niveau étymologique la base du terme *lithophyte* est, en effet, l'élément *litho–*, tiré du grec *lithos* « pierre », servant à former des termes des sciences naturelles. Pour ce qui est du corail, la référence étymologique à la pierre pourrait être présente dans l'emprunt sémitique fait sur la base du mot hébreu *gōrāl* qui représenterait l'élément de dérivation *korallion* dont proviendrait le mot français *corail* (*DH* : s.v. *lith–* et *corail*). Il n'est pas sans intérêt de remarquer que dans certains articles du corpus concernant le corail et les coquillages nous retrouvons *plante-pierre* (« C'est au temps et à l'expérience à mûrir cette idée ; mais enfin, quand la Nature a pris une route, elle a coutume de la suivre, et puisqu'il y a des Plantes-pierres, c'est un préjugé recevable en Physique, que les Pierres pourraient être des Plantes » (*HMAS* 1700_I)), qui pourrait correspondre à une traduction des deux éléments grecs composant *lithophyte*, à savoir *lith(o)–* (« pierre ») et *–phyte* (« végétal », « plante »).

47   Selon le *TLFi*, le terme apparaît en anglais en 1646.

> M. de Marsilly divise en trois classes toutes les plantes maritimes dont il parle. La première est des plantes molles, la seconde de celles qu'on appelle communément <u>litophytes</u>, mais que notre Auteur nomme *plantes presque de bois*, parce qu'il les regarde en quelque sorte comme les arbres de la Mer, la troisième des plantes pierreuses. (*JS* 1727_A)

Bien que le terme ne soit pas encore présent dans sa graphie actuelle, à savoir *lithophyte*, il est important de signaler que la francisation du terme latin est indiquée comme une expression faisant déjà partie du lexique des botanistes, ce qui nous est confirmé par la formule métalinguistique « qu'on appelle communément ».

Le manque d'instabilité graphique lié à un usage rapide des termes botaniques créés par les savants est présent aussi dans les articles du corpus dans lesquels on traite des noms de plantes qui sont des emprunts à des langues européennes ou extraeuropéennes. Pour ce qui est du premier cas, les exemples les plus intéressants sont *ginseng* et *litchi*.

> Le <u>Gin-seng</u> est une Plante merveilleusement estimée à la Chine. Les premiers qui en ont parlé, et par qui l'Europe en ait eu quelque connaissance, sont les anciens Missionnaires jésuites. Depuis quelques Vaisseaux en ont apporté, mais peu, et seulement comme des échantillons curieux, car la Plante est rare et fort chère.
>
> Ce n'est que sa racine qui est recherchée. Elle est ordinairement fourchue en deux assez grosses branches, comme les deux Cuisses ou les deux Jambes de l'Homme, et de-là vient le nom de <u>Gin-seng</u>, qui veut dire en chinois *Homme-plante*, ou *Ressemblance d'homme*, ou *Cuisses d'homme*, ou quelque chose d'approchant. À cet égard elle tient des Mandragores. (*HMAS* 1718_A)
>
> On met de l'eau dans une tasse, on la fait bouillir à gros bouillons, on y jette les racines de <u>Ginseng</u> coupées par petits morceaux, puis on retire la tasse que l'on couvre bien, et quand l'eau est devenue tiède, on la boit seule le matin avant d'avoir mangé ; on garde le même <u>Ginseng</u>, et le soit on fait bouillir de l'eau encore une fois ; mais on n'en met que la moitié de la tasse, on y jette le même <u>Ginseng</u>, on couvre la tasse ; et quand l'eau est d'une chaleur modérée, on la boit. (*JS* 1735_B)
>
> Le <u>Gin-Seng</u>, autrement dit en chinois, *Pe-tsi*, est ainsi appelé par ces Peuples, premièrement à cause de la ressemblance qu'ils supposent qu'il a avec le corps de l'homme, secondement à cause de ses grandes vertus. Notre Auteur cite là-dessus les termes mêmes chinois, savoir (*Gin*) qui signifie l'homme, et (*Seng*) qui signifie un remède universel et excellent. (*JS* 1736_A)
>
> Le <u>Let-chi</u> est un des plus beaux fruits et des plus délicieux de la Chine. Il est de la grosseur d'une noix de galle commune. Sa chair échauffe extrêmement, et on doit

éviter d'en beaucoup manger. Les Chinois laissent sécher ce fruit et en mettent dans le thé au lieu du sucre, pour y donner un petit goût aigret qui est fort agréable. En 1700, le Père Fontaney jésuite et missionnaire à la Chine, en a apporté à Paris, où l'on n'en avait point encore vu. (*JS* 1703_A)

Ginseng et *litchi* sont accompagnés dans les extraits d'une description précise des réalités végétales désignées, ce qui s'avère nécessaire lorsqu'on considère que celles-ci n'appartiennent pas à la culture européenne. C'est pourquoi une réflexion métalinguistique est également présente dans les articles à travers laquelle les rédacteurs des deux journaux indiquent l'étymologie des termes (« [...] *Gin-seng*, qui veut dire en chinois *Homme-plante*, ou *Rassemblance d'homme*, ou *Cuisses d'homme*, ou quelque chose d'approchant ») ; « [...] Notre auteur cite là-dessus les termes mêmes chinois, savoir (*Gin*) qui signifie l'homme, et (*Seng*) qui signifie un remède universel et excellent »).

Sur le plan du signifiant, nous remarquons que les deux termes, empruntés au chinois,[48] sont encore en cours de normalisation graphique, notamment *ginseng* qui au fil d'une quinzaine d'années, est encore employé, outre l'usage courant, soit avec un tiret soit dans une forme terminologique suivant la forme chinoise (deux mots séparés). Quant à *litchi*, la graphie présente dans le corpus n'est pas citée parmi celles qui sont considérées par le *DH* comme des étapes de standardisation du signifiant du terme et, de même que pour *ginseng*, nous supposons que l'usage avec le tiret soit en français un calque du chinois qui a recours aux sinogrammes (*let* et *chi*). Au niveau de la désignation, il est intéressant de souligner que les attestations démontrent une lexicalisation très réussie des termes dans le lexique français, étant donné que dans les cas attestés on ne se réfère pas uniquement à la plante, mais on s'en sert au niveau métonymique pour désigner la racine du ginseng et le fruit du litchi.

---

48   *DH* : s.v. *ginseng* (« Ginseng est une translittération du chinois *jên shên*, mot composé de *jên* "homme" et de *shên* "plante" en raison d'une certaine ressemblance entre la racine de cette plante d'Extrême-Orient et le corps humain, évoquée aussi pour la mandragore ») et s.v. *litchi* (« Litchi est un emprunt au chinois *li-chi* par l'intermédiaire de récits de voyages portugais et espagnols où il est attesté sous la forme *lechia*. On le relève d'abord en 1588 sous la forme *lechia* dans une traduction de l'espagnol, puis en 1665 sous la forme *li-ci*, en 1696 sous la forme *létchi* et enfin *litchi* (1721) »).

En suivant la perspective adoptée pour l'analyse conduite sur ces deux mots chinois, nous citons *ipécacuana* et *vanille*, qui sont absents dans le *DF* et présents dans la nomenclature du *DT*,[49] et qui sous certains points de vue ressemblent dans l'usage à *ginseng* et *litchi*, bien qu'ils relèvent de langues plus proches du français au niveau de la typologie des langues.

> L'Ipecacuanha est une racine qui vient du Brésil, et qui est souveraine pour les dysenteries. Il y a de trois sortes d'Ipecacuanha, le blanc qui est le plus faible, le brun qui est le plus violent, et le gris qui tient le milieu entre les deux. (*HMAS* 1700_A)
>
> L'*Ipecacuanha* est une petite racine du Brésil, qui étant prise en poudre, au poids de dix-huit grains ou d'un demi-gros, guérit la dysenterie, en purgeant ordinairement par haut, quelquefois par bas, et souvent par l'un et par l'autre. (*JS* 1702_C)
>
> Voici un nouveau Remède, végétal aussi bien que le Quinquina et l'Ipecacuana, venu comme eux d'Amérique, et aussi spécifique qu'eux. (*HMAS* 1729_A)
>
> La qualité que M. Volcamer attribue au Cacao, est d'être froid et sec. Cependant, dit-il, comme il est mêlé dans le Chocolat avec des drogues chaudes, telles que sont la Vanille, le Fénouil, le Cinamome, le Cardamome, il perd beaucoup de sa froideur. (*JS* 1710_B)
>
> La Vanille est du nombre des Drogues dont on use beaucoup, et que l'on ne connaît qu'imparfaitement. On ne peut pas douter que ce ne soit une Gousse ou *Silique*, qui renferme la graine d'une Plante, et de-là lui vient le nom espagnol de *Vaynilla*, *petite Graine*, mais on ne sait point encore quelles sont les espèces les plus estimables de ce Genre de Plante, en quel terroir elles viennent, comment on les cultive, de quelle manière on les multiplie, etc. (*HMAS* 1722_A)

Bien qu'empruntés récemment dans le lexique français (fin du XVIIe siècle),[50] les deux termes sont utilisés couramment dans le corpus, notamment en ce qui concerne *ipécacuana* qui fait l'objet de plusieurs réflexions dans les articles de chimie et de botanique. Comme nous l'avons déjà constaté pour *ginseng* et *litchi*, le terme est employé de manière métonymique pour désigner la racine qui est utilisée pour ces propriétés vomitives.

---

49 *DT* : s.v. *ipecacuanha* (« Petite racine grosse comme le chalumeau d'une plume médiocre, qui nous est apportée sèche de plusieurs endroits de l'Amérique ») et s.v. *vanille* (« Espèce de gousse longue d'environ un demi-pied, grosse comme le petit doigt d'un enfant, presque ronde, pointue par les deux bouts, de couleur obscure, d'une odeur balsamique et agréable, et d'un goût un peu âcre [...] »).

50 *DH* : s.v. *ipéca* et *vanille*.

Toutefois, alors qu'au niveau du signifié aucun problème ne semble être présent, sur le plan du signifiant le terme ne se stabilise que dans les années 1720, la graphie utilisée dans les années précédentes étant encore celle du portugais. En outre, de même que pour *ginseng*, toute une série d'informations extralinguistiques sont fournies aux lecteurs, ce qui témoigne de l'intérêt reposé sur cette réalité végétale et de la volonté de mettre à jour les informations fournies au cours des années de publication des numéros des journaux.

Pour ce qui est de *vanille*, dans les extraits retenus la graphie du terme est stable et au niveau du discours des informations métalinguistiques relatives à l'étymon du terme (« *Vaynilla, petite Graine* ») sont présentes. Il est intéressant de remarquer que, par rapport aux autres noms de plantes analysés, dans le cas de *vanille* c'est à partir du nom du fruit qu'on désigne l'arbre, *vanillier*, de ce point de vue, le terme étant également un des plus productifs sur le plan de la dérivation (*vanillier*, *vanillé*, *vanillon*, *vanilline*, *vanillerie* et *vanillisme*).

Les typologies des plantes

Les considérations faites pour les noms de plantes conduisent à une réflexion terminologique pouvant être menée sur les termes utilisés pour indiquer des typologies de réalités du règne végétal. Celles-ci, faute d'une nomenclature univoque partagée et internationalisée servant de moyen de communication efficace pour les savants, peuvent être aussi nommées à travers des adjectifs relevant toujours de certains aspects spécifiques et des caractéristiques générales des plantes.

> Il [l'Auteur] remarque ici qu'en fait de noms de Plantes, il n'y a rien de mieux pour éviter les noms composés de plusieurs mots, que de multiplier les genres autant qu'il se peut, parce qu'alors on a moins d'espèces à renfermer sous un même genre, et qu'on exprime leurs différences en moins de paroles, c'est à ce qu'il déclare, ce qui lui a persuadé qu'il fallait avoir égard à chaque partie des Plantes pour en former des genres et des espèces. En effet il est beaucoup plus commode d'étendre à un certain nombre de genre, la plupart des Plantes connues, que de les réduire sous un plus petit nombre, parce que ce petit nombre se trouverait chargé de tant d'espèces que pour

> exprimer leurs différences, on serait obligé de recourir à des noms fort composés, au lieu qu'en multipliant les genres, on n'introduit qu'un nom dans chaque genre ; ce qui est bien plus court, et épargne bien de l'embarras. (*JS* 1734_A)

Dans cet extrait on souligne les difficultés épistémologiques liées à la création d'un système de botanique utilisé comme encadrement pour toute sorte de classification du règne végétal, ce que nous avons déjà remarqué auparavant. En raison du manque de dénominations partagées par tous les savants et face au nombre grandissant d'espèces du règne végétal, les rédacteurs du *JS* remarquent l'emploi nécessaire d'adjectifs tels que *hétérogène*, *bâtard* et *dégénéré*, censés pouvoir indiquer des plantes qui n'ont pas les traits communs à d'autres genres déjà créés.

> Notre Auteur conseille pour ce sujet, de ne pas beaucoup s'attacher à la méthode de quelques Botanistes et Démonstrateurs d'aujourd'hui, qui croient devoir multiplier les espèces tant à cause de la différence des lieux, qu'à cause de quelques changements accidentels, et qui pour cette raison font de la même Plante plusieurs Plantes différentes et grossissent ainsi certains genres par des Plantes de divers caractères, qu'ils sont obligés d'appeler Plantes <u>hétérogènes</u>, Plantes <u>bâtardes</u>, Plantes <u>dégénérées</u>, parce qu'elles n'ont pas les marques essentielles des genres auxquels il leur a plu de les rapporter. (*JS* 1734_A)

Dans cet extrait la réflexion linguistique découle d'une difficulté ou de la résolution d'un problème qui n'est que disciplinaire et qui a ses retombées sur le plan lexical, comme nous le remarquons dans la phrase tirée de l'extrait ci-dessus : « multiplier les espèces tant à cause de la différence des lieux, qu'à cause de quelques changements accidentels, et qui pour cette raison font de la même Plante plusieurs Plantes différentes et grossissent ainsi certains genres par des Plantes de divers caractères, qu'ils sont obligés d'appeler ». Les adjectifs soulignés n'appartiennent pas au domaine des sciences naturelles. Il s'agit plutôt d'adjectifs utilisés en botanique soit au sens figuré soit par analogie avec la signification partagée dans d'autres domaines. En effet, alors que *hétérogène* peut renvoyer au sens propre du terme grec *heterogenês*, à la base de l'emprunt latin *heterogeneus*, pour indiquer une plante qui est « composé[e] d'éléments de nature différente, dissemblables », emploi que nous retrouvons déjà dans l'expression chimique *corps hétérogène* datant

La langue scientifique au XVIIIe siècle 127

de 1690,[51] *dégénéré* semble suivre le sens figuré signalé par le *DH* (« qui a perdu ses caractères premiers »).[52] Par contre, pour ce qui est de *bâtard*, les sources lexicographiques utilisées[53] attestent déjà l'acquisition par analogie (1690) d'un sens spécifique en botanique et en zoologie, où il est utilisé pour désigner « un animal ou un végétal qui tient de deux espèces ».[54] Nous remarquons donc que relativement à ce dernier sens *bâtard* et *dégénéré* sont en quelque sorte proches, étant donné que le sens étymologique du verbe *dégénérer* signifie, de fait, « perdre les qualités de sa race, s'abâtardir ».[55]

Quant à un terme employé en botanique pour indiquer une typologie de plantes aux caractéristiques à mi-chemin entre des espèces ou des genres donnés, *androgyne* représente un cas intéressant au niveau de l'usage parce que cet adjectif est, en effet, déjà utilisé au sens figuré en alchimie (XIVe siècle) pour un métal de nature double et ensuite au XVIe siècle avec le signifié de « être humain réunissant les organes des deux sexes ».[56] Au niveau sémantique l'adjectif est emprunté en botanique au XVIIe siècle, mais les attestations provenant du corpus sont bien antérieures à celles indiquées par le *DH* (1771) et le *TLFi* (1845) :

> La plupart des plantes portent sur la même fleur les deux sexes. On peut nommer celles-là plantes <u>androgynes</u> : il y en a d'autres où les deux sexes sont séparés en différents endroits du même pied ; et d'autres où ils se trouvent sur des pieds différents, et tout-à-fait détachés. (*JS* 1705_B)
>
> M. Geoffroy ajoute, comme ceux qu'il a copiés, que la plupart des Plantes portent sur la même fleur, les deux sexes, qu'on peut nommer celles-là Plantes <u>Androgynes</u> ; Qu'il y en a d'autres où les deux sexes sont séparés en différents endroits du même

---

51   *DH* : s.v. *hétérogène*.
52   *DH* : s.v. *dégénérer*.
53   *DH* et *TLFi* : s.v. *bâtard, arde*.
54   Le sens de *bâtard* est lié à celui de *hybride*, qui sous sa forme *Hybrida* en latin scientifique est utilisé en tant qu'épithète des classifications zoologiques et botaniques. Le corpus en enregistre un usage dans l'extrait suivant pour désigner une espèce de Vanille : « Il y a trois sortes de Vanille. La *pompona* ou *bova*, c'est-à-dire enflée ou bouffie, celle de *ley*, la marchande, ou de bon assoi, la *simarona*, bâtarde » (*HMAS* 1722_A).
55   *DH* : s.v. *dégénérer*.
56   *DH* : s.v. *andro–*.

pied, et d'autres où ils se trouvent sur des pieds différents, et tout-à-fait détachés [...].
(*JS* 1735_A)

Bien que dans les deux extraits la définition de *plante androgyne* soit reprise de la définition donnée par Geoffroy dans un de ses ouvrages commentés dans les articles du *JS*, nous signalons que le corpus répertorie le sens du mot bien avant sa lexicalisation, en fournissant aux lecteurs la définition complète du concept (« plantes qui portent sur la même fleur les deux sexes ») et en accompagnant à celle-ci des réflexions concernant le système sexuel des plantes qui à l'époque fait l'objet de plusieurs études.

Au-delà des nomenclatures et des taxinomies, les réalités végétales peuvent être aussi indiquées par des adjectifs ou des termes dont la fonction est de former des regroupements de catégories sur la base des caractéristiques extérieures des plantes, telles que, entre autres, la localisation de leurs parties ou leur taille. De ce point de vue, le corpus créé enregistre l'occurrence de certains termes qui viennent d'être créés par les savants et qui se lexicalisent au fil des décennies suivantes.

Verticillé est, par exemple, un adjectif, dérivé de *verticille*,[57] dont la première attestation date de 1694 et la définition est donnée par Tournefort :

> FLEURS <u>VERTICILLÉES</u>. Ce sont des fleurs qui sont rangées par étage, et comme par anneaux ou rayon le long des tiges : telles sont les fleurs du Marrube, de l'Ormin, de la *Sideritis*, etc.[58]

C'est toujours au botaniste français que remonte la définition de cet adjectif en botanique, ainsi que son explication étymologique :

> [...] Quoi qu'il en soit ces sortes de plantes s'appellent verticillées du mot latin *verticillus*, qui est un petit poids percé d'un trou où l'on engage le bas d'un fuseau à filer, afin de le faire tourner avec plus de facilité. Les tiges des plantes verticillées ressemblent assez à des fuseaux qui seraient garnis dans leur longueur de plusieurs de ces poids.[59]

---

57 *DH* : s.v. *vertical, ale, aux*.
58 Joseph Pitton de Tournefort, *Éléments de botanique, ou Méthode pour connaître les plantes* (Paris : Imprimerie royale, 1694), p. 540.
59 *Ibid.* p. 541.

Quant au corpus nous en retrouvons une utilisation dans l'expression *plantes verticillées* :

> Le premier Chapitre renferme donc les Plantes marines, c'est-à-dire, les espèces de Corail, de Coralline, d'*Astroïtes*, de lentille de mer, de *Fucus*, d'*Alga*, d'Éponge, etc. Le II est destiné aux champignons, aux mousses, aux mousserons, etc. Le III aux fougères et aux capillaires. Le IV aux herbes à feuilles de *Gramen*. Le V aux herbes dont les fleurs sont à étamines. Le VI traite des herbes à fleurs d'une seule feuille. Le VII des plantes verticillées. Le VIII des herbes à fleurs légumineuses [...]. (*JS* 1708_C)
> La Scorsonaire a le calice écailleux et celui de la Barbe de bouc est tout simple. Le faux Dictame a le calice évasé en entonnoir, au lieu que celui de la plupart des autres Plantes verticilées, est un cornet denté dans son ouverture. (*JS* 1734_A)

Dans ces deux extraits le manque de définition de l'adjectif pourrait témoigner d'un bon degré de stabilité du concept associé à *verticille*, peut-être en raison du fait que le terme n'est désormais employé qu'en botanique avec un sens univoque. Cette stabilité est également confirmée par la lexicalisation de *verticillé* qui est tout à fait rapide par rapport à d'autres termes de botanique et à la date de sa création (*DA* 1762 : « qui forme des anneaux. Il se dit des fleurs et des feuilles des plantes, lorsqu'elles viennent en anneaux autour des tiges »).[60]

Enfin, la taille des plantes représente un des paramètres parmi les plus anciens qui est employé par les botanistes pour ressembler les réalités du règne végétal. De ce point de vue, *arbrisseau* représente un concept stable en botanique dont le terme remonte au XIIIe siècle pour désigner un « végétal ligneux plus petit que l'arbre et ramifié depuis la base ».[61] En revanche le mot composé *sous-arbrisseau* est plus récent (1701) et est introduit pour se référer à une « plante de taille peu élevée, ligneuse à la base, ne donnant pas de bourgeons et dont l'extrémité herbacée est caduque ».[62]

> Il [l'Auteur] détermine toutes les figures connues de fleurs de Plantes, et n'en trouve que 14, qui ne lui donneraient par conséquent 14 Classes, si le nombre n'en était augmenté par les Plantes qui n'ont point de fleur, et par la distinction qu'il a fallu

---

60   *DA* 1762 : s.v. *verticillé*.
61   *DH* : s.v. *arbre*.
62   *TLFi* : s.v. *sous*.

mettre entre les Herbes ou sous-Arbrisseaux, et les Arbrisseaux ou Arbres, que la différence de grandeur n'a pas permis de ranger sous la même Classe, quoique leur fleur fût la même. (*HMAS* 1700_J)

Il [l'Auteur] parle ensuite de la durée des Arbres, des Arbrisseaux, des Sous-Arbrisseaux, et des Herbes : puis il explique au long, tous les termes de Botanique, tant ceux qui sont propres à cette Science, que ceux qu'elle emprunte de plusieurs Arts. Il finit par diverses remarques sur la manière de cultiver les Plantes, et de les perpétuer. (*JS* 1734_A)

Il est important de signaler que dans l'extrait datant de 1700, l'article est un commentaire à l'ouvrage *Éléments de botanique* de Tournefort auquel revient l'honneur d'avoir réfléchi sur la dénomination des plantes sur la base de leur taille afin de créer des classes et des genres botaniques homogènes.

> On appelle arbre, une plante d'une grandeur très considérable, qui n'a qu'un seul et principal tronc, divisé en maîtresses branches. [...]
> On nomme arbrisseau, une plante ligneuse de moindre taille que l'arbre, laquelle, outre la principale tige et les branches, produit très souvent de la même racine plusieurs pieds considérables [...].
> On donne le nom de sous-arbrisseaux aux plantes ligneuses, ou petits buissons moindres que les arbrisseaux, mais qui ne poussent point en automne des boutons à fleur ou à fruit [...].
> Le nom d'herbe, à proprement parler, convient à toutes les plantes dont les tiges périssent tous les ans, après que leurs semences sont mûres.[63]

Dans le corpus le terme *sous-arbrisseau* est présent dans des articles portant toujours sur des réflexions relatives à la classification des plantes faite sur la base de leur grandeur et il est accompagné de manière comparative d'autres termes du même champ sémantique, tel que *arbre*, *arbrisseau* et *herbe*. Toutefois la lexicalisation du terme ne se réalise qu'au fil du siècle suivant,[64] le corpus représentant donc un répertoire valable de terme de la botanique en cours de normalisation au niveau de l'usage.

---

63   Tournefort, *Éléments de botanique*, p. 125.
64   *DA* 1835 : s.v. *sous-arbrisseau* (« toute plante ligneuse dont les branches ne naissent jamais de boutons formés l'année précédente, comme celles des arbres et des arbrisseaux »).

La langue scientifique au XVIIIe siècle

Pour conclure, une dernière réflexion, conduite dans le sillage de ce que nous venons de remarquer pour *sous-arbrisseau*, concerne le terme *plantule* dont le corpus créé enregistre la première attestation :[65]

> Chaque graine contient une petite Plante toute formée, et qui n'a qu'à se développer. La petite Plante a sa petite racine, et la pulpe ou la chair de la graine, séparée ordinairement en deux lobes, est le fonds de la première nourriture, que la Plantule tire par sa racine, dès qu'elle commence à germer. [...]
> Il est donc nécessaire dans tous ces cas-là, où la tige de la Plantule est tournée en bas, qu'elle se redresse pour aller gagner la surface supérieure de la terre. Mais quelle force fait ce redressement, qui certainement est une action violente ? (*HMAS* 1700_G)

Le terme, un emprunt au latin *plantula*, diminutif de *planta*, indique une plante du début de sa germination jusqu'à la phase dans laquelle elle vit par ses propres moyens, et c'est ce sens qui semble être attesté dans l'extrait retenu (cf. notamment, les termes *graine*, *se développer*, *nourriture* et *germer* qui accompagnent *plantule*). Toutefois, nous remarquons qu'en 1707 le terme fait l'objet d'une autre attestation dans laquelle le sens est différent :

> Il [l'Auteur] examine ensuite les semences des Plantes, dans lesquelles il trouve le chorion, l'amnios, la liqueur contenue dans ces membranes, et les vaisseaux ombilicaux, par lesquels le suc nourricier est porté dans la Plantule, et en est rapporté, et il fait voir que les linéaments de la Plantule sont tracés dans la graine, comme l'animal l'est dans son œuf. (*JS_S* 1707_A)

Dans cet extrait le terme *plantule* se réfère plutôt à l'embryon contenu dans la graine (sens acquis, d'après les sources lexicographiques consultées, en 1770),[66] ce qui semble être également confirmé par la présence d'autres termes, tels que *chorion*, *amnios* et *suc nourricier*, qui font partie de la terminologie typique du fœtus. De même que pour *placenta*, *suc nourricier* et *utricule*, que nous analyserons par la suite, le sens de *plantule* s'insère, donc, dans une réflexion botanique plus ample portant sur le fonctionnement physiologique des plantes à partir des recherches conduites au début du XVIIIe siècle par les botanistes dont les résultats seront validés au fil

---

65   *DH* et *TLFi* : s.v. *plante* et *plantule*.
66   *DH* : s.v. *plante*.

des décennies successives. La présence de ces termes dans le lexique de la botanique s'avère être le résultat progressif et lent d'une migration lexicale d'un domaine scientifique à un autre.

Les parties extérieures des plantes

D'un point de vue disciplinaire la classification botanique entraîne une réflexion des savants sur les parties des plantes dont le nombre et l'aspect, comme nous venons de le voir, sont retenus par certains d'entre eux comme des critères valables à partir desquels ils proposent la division en genre, classe et famille. Il s'agit de termes utilisés pour établir de véritables classes et genres (tels que *monopétales, apétales, polypétales* ou, dans le système linnéen, *dynamie, andrie, adelphie* à partir du nombre et des caractéristiques des étamines) ou de termes qui sont en quelque sorte impliqués dans la définition des catégories de classification.

Dans le corpus nous retrouvons des termes qui apparaissent dans le *DF*, comme *étamine, pistil, calice*, et d'autres qui ne sont pas présents, comme *pétale, chaton, tunique, sommet, tégument* et *tubercule*. Dans le premier cas les termes concernés subissent au fil des années retenues pour cette analyse terminologique une spécification et une spécialisation de sens suite aux découvertes faites par les savants ; dans le deuxième groupe, nous retrouvons soit des termes qui d'après les sources lexicographiques consultées sont déjà indiqués comme des néologismes de sens dans le domaine de la botanique (*tunique* et *chaton*) soit des termes qui n'ont pas subi encore ce procédé (*sommet, tégument* et *tubercule*) et qui ne sont pas perçus comme des termes de la botanique. Nous remarquons également la présence de termes créés au fil XVIIIe siècle (*pétale*).

Pour ce qui est d'*étamine* et *pistil* plusieurs occurrences sont présentes dans le corpus et dans la plupart des cas celles-ci sont accompagnées d'une définition du terme :[67]

---

67 Dans d'autres occurrences, notamment dans les articles où l'on traite d'une typologie spécifique de plante ou de la découverte d'une nouvelle plante, les termes ne sont indiqués que comme partie de la fleur sans la présence d'aucune définition : « Les

La langue scientifique au XVIIIe siècle

Les plantes ont leurs sexes aussi bien que les animaux. Les parties mâles des plantes sont les *étamines* garnies de leurs *sommets* ; et les parties femelles sont les *pistiles*. On entend par *étamines*, ces petits filets placés ordinairement au milieu de la fleur ; par *sommets*, ce qui termine le haut des *filets*, et par *pistiles* une petite tige verte qui s'élève entre les filets dont nous parlons. (*JS* 1705_B)

Sa [de la tulipe] fleur est composée de six feuilles. Il part de son fond et de son milieu une espèce de tuyau que les Botanistes appellent *Pistille*, parce qu'il ressemble au pilon d'un mortier, et autour de ce *Pistille* sont disposés en rond des filets assez déliés, qu'on nomme *Étamines*, et qui naissent pareillement du fond de la fleur. Ils finissent par une extrémité plus grosse que le reste, et on la nomme *Sommet*. (*HMAS* 1711_C)

Les fleurs en général sont composées de ces différentes parties ; de feuilles ; d'une espèce de tuyau, appelé *pistille*, qui s'élève du fond et du milieu de la fleur ; de filets asse déliés, qu'on nomme *étamines*, qui partent aussi du fond de la fleur, et qui environnent le pistille ; de *sommets*, qui terminent l'extrémité supérieure des *étamines*, et qui sont autant de bourses ou capsules chargées d'une poussière très fine qu'elles répandent, lorsque la maturité les fait entrouvrir. (*JS* 1714_C)

[...] La plupart des Plantes portent sur la même fleur, les deux sexes, qu'on peut nommer celles-là Plantes Androgynes ; qu'il y en a d'autres où les deux sexes sont séparés en différents endroits du même pied, et d'autres où ils se trouvent sur des pieds différents, et tout-à-fait détachés ; qu'entre les dernières, on peut appeler mâles celles qui portent les *étamines* garnies de leurs sommets ; et femelles, celles qui portent les *pistils* [...]. (*JS* 1735_A)

Alors que dans certains extraits (*HMAS* 1711_C et *JS* 1714_C) une définition accompagne les deux termes, aucune référence n'étant faite à leur nature d'organe de la reproduction des plantes, dans les autres extraits cette référence est bien explicite. Ces références aux organes de la reproduction sont liées au fait que plusieurs recherches sont en cours de développement pendant les années dont datent les extraits retenus et les savants ne sont pas unanimement d'accord sur le système reproductif végétal. Par conséquent les concepts n'ont pas encore été validés au niveau disciplinaire, ce qui se reflète dans le discours de la science où le même terme, par exemple *étamine*,

---

composées ou dissimilaires sont celles où l'on observe d'autres parties de différente nature, comme les racines, le tronc, les branches, les feuilles, les fleurs, les étamines, les pistilles, les fleurs, les fruits [...] » (*JS* 1713_C) ; « Nous nous contenterons seulement d'observer que les fleurs naissent sur le fruit, qu'elles sont à trois feuilles d'un bleu foncé, garnies d'étamines et d'un pistile [...] » (*JS* 1717_B).

peut être présenté en tant que simple filet de la fleur ou en tant qu'organe mâle en association à l'organe femelle. Il est intéressant de remarquer que les recours aux verbes *nommer* et *appeler* ayant une fonction métalinguistique servent à souligner la nécessité de préciser qu'un procédé de catégorisation et donc de dénomination est en cours de réalisation.

Si nous suivons en diachronie les définitions de ces termes, nous nous rendons clairement compte de l'évolution conceptuelle qui est à la base de ces mêmes termes.

Tableau 5. Évolution dénominative des termes *étamine* et *pistil*

Étamine	Pistil
Chez les Fleuristes, se dit de ces petites parties qui sont dans les tulipes, les lis et autres fleurs autour de la graine, suspendues sur de petits filets. […] (*DF* 1690–*DT* 1704)	Terme de Botanique, est la partie de la fleur, qui est au milieu de son calice, où est enfermée la graine. Le pistil de la tulipe est accompagné de plusieurs petits filets qui portent des étamines. (*DF* 1690–*DT* 1704)
Terme de Fleuristes et de Botanistes. Ce qu'on appelle *étamines*, *stamen*, *capullamentum* sont les parties mâles des plantes. Elles sont composées d'un filet, *filamentum*, et d'un sommet, *anthera*. […] Selon la définition d'*étamine* donnée par M. Tournefort, il est essentiel aux *étamines* d'être chargées de sommets […]. (*DT* 1771)	Terme de Botanique. C'est la partie de la fleur qui est au milieu de son calice, où est enfermé sa graine. Le pistil est proprement l'organe femelle de la fructification, qui est presque toujours au centre de la fleur. (*DT* 1771)
Sont les filets simples qui sortent du cœur fleuri d'une fleur, et autour du pistil. Ces *étamines* ont leurs sommets ou leurs extrémités un peu plus grosses que le reste, renfermant une poussière qui s'épanouit, tombe, et féconde les embryons des graines contenues dans le pistil. (*DR* 1751–1772)	Les Botanistes nomment *pistil* la partie de certaines fleurs qui en occupe ordinairement le centre, et qui par conséquent est toujours renfermé dans la fleur, ainsi qu'on peut le voir dans la couronne impériale, dans le lis, dans le pavot. (*DR* 1751–1772)
Organe mâle producteur du pollen chez les plantes phanérogames, situé à l'intérieur des enveloppes florales et formé d'une partie allongée (→ **Filet**), supportant une partie renflée (→ **Anthère**) qui renferme le pollen. (*GR* 2016)	Organe femelle des plantes phanérogames, appelé aussi *gynécée* (et, parfois, *dard*, en horticulture). (*GR* 2016)

Lorsque nous analysons les sources lexicographiques consultées quant à la datation historique des termes traités, nous remarquons que la lexicalisation des termes *étamine* et *pistil* dans le *DF* se réalise de manière presque simultanée à leur attestation dans la langue qui date de la fin du XVIIe siècle (1685-1690), ce qui témoigne de l'intérêt scientifique et des avancées épistémologiques qui sont à la base de ces termes et qui conduisent à une lexicalisation se produisant en parallèle à l'usage des termes dans la langue.

Parmi les termes rencontrés dans le *DF*, dont le concept n'est pas stable sur le plan disciplinaire, nous signalons que *calice* n'apparaît pas très souvent dans le corpus :

> On voit par ce début qu'il exclut du nombre de vraies fleurs, les *fleurs à étamines*, et on comprend que si celui de tous les Auteurs qui a le plus donné dans le Fleurisme s'y était pris de la force, il n'aurait pas avancé comme il a fait, qu'en plusieurs rencontres il est bien difficile de déterminer ce qu'il faut appeler les tuniques, autrement dit les pétales ou les feuilles de la fleur, et ce qu'il faut nommer le calice de la même fleur, et il n'aurait pas si souvent confondu l'un avec l'autre. (*JS* 1718_A)
>
> Le calice de la fleur, le suc de la Plante, la couleur de certaines parties qui la composent, le goût même de la Plante, le port qu'elle a, tout cela considéré séparément, met de la différence entre quelques genres du second ordre. (*JS* 1734_A)

Le terme *calice* n'est accompagné dans les extraits d'aucune définition et dans le premier il est évident qu'une grande confusion entoure le concept (« il n'aurait pas si souvent confondu l'un avec l'autre »), ce qui s'explique par le fait que le référent de calice est lié à celui de corolle, dont le concept ne sera introduit par Linné qu'en 1740.[68] La forme linnéenne latine *corolla*, empruntée au latin classique *corolla* « petite couronne, feston de fleurs, guirlande », sera francisée en 1756, mais, bien que remontant à cette période-là, la référence à la corolle dans l'entrée *calice* de l'*Encyclopédie* de Diderot et d'Alembert n'est pas encore faite. Il faudra attendre le *Dictionnaire de l'Académie royale* de 1835 pour en retrouver une référence explicite dans la définition de *calice*.

---

68 *DH*, s.v. *corolle*.

Tableau 6. Évolution dénominative du terme *calice*

Calice
Se dit aussi chez les Jardiniers, de la partie de la fleur formée en coupe ou calice [...]. On le dit aussi de cette partie extérieure qui environne le feuillage et le cœur de la fleur, soit qu'il soit tout d'une pièce, comme aux œuillets, soit que cette enveloppe soit partagée, comme dans les roses. (*DF* 1690–*DT* 1704)
Calice se prend en Botanique pour cette partie extérieure qui enveloppe la fleur lorsqu'elle est en bouton, et qui est différente du pédicule. On emploie encore le mot *Calice* pour exprimer la partie qui soutient et enveloppe tout à a fois quelques autres fleurs, comme dans la rose [...]. (*DT* 1771)
Se dit de la partie qui enveloppe les feuilles ou pétales d'une fleur, laquelle est formée en coupe ou *calice*. (*DR* 1751–1772)
En termes de Botanique, signifie, l'évasement en forme de coupe et ordinairement de couleur verte, qui, dans beaucoup de plantes, forme l'enveloppe extérieure de la corolle. (*DA* 1835)
Enveloppe extérieure de la fleur qui, le plus souvent, recouvre la base de la corolle et est formée de petites feuilles. (*GR* 2016)

Il est donc évident que, faute du concept de corolle en tant que « ensemble des pétales d'une fleur »,[69] la définition de *calice* est construite principalement à partir de l'indication de la forme (« la partie de la fleur formée en coupe ou calice » (*DF*), « partie qui enveloppe les feuilles ou pétales d'une fleur, laquelle est formée en coupe ou *calice* » (*DR*)). Dans les dictionnaires actuels nous remarquons que cette référence à la corolle est tout à fait absente, les informations principales portant plutôt sur la localisation du calice dans la fleur et sur sa composition naturelle. Au XVIIIe siècle nous remarquons donc que les savants n'arrivent pas à définir aisément ce que le calice est en raison du fait qu'ils n'ont pas une idée précise de sa structuration, celle-ci étant longtemps fluctuante.

Comme nous l'avons dit auparavant, les parties des plantes s'avèrent être un sujet d'étude fréquent dans les articles composant le corpus créé. Ces éléments végétaux sont analysés par les savants de l'époque notamment en termes de leur localisation dans les plantes qui acquiert un rôle important

---

[69] *GR*, s.v. *corolle*.

dans le discours de la botanique. En effet, à la différence des herbiers des siècles précédents ou des œuvres de vulgarisation où la description de la réalité naturelle s'accompagne d'une image guidant le lecteur dans l'observation, dans le corpus créé il est rare de trouver des illustrations ou des gravures schématisées indiquant les informations principales quant à la plante qui fait l'objet de l'analyse botanique. C'est pourquoi les savants présentent leurs réflexions botaniques, soit d'une plante soit d'un phénomène concernant le règne végétal par le biais de longues descriptions visant à rendre les concepts plus clairs pour les lecteurs.

Il est intéressant de remarquer que dans ces longues descriptions botaniques plusieurs termes du domaine occurrent dans le même paragraphe.

> Dans les fleurs à feuilles, les parties mâles prennent leur origine des feuilles de la fleur ; dans celles qui sont sans feuilles, et qu'on nomme <u>chatons</u>, comme par exemple, dans les fleurs du noyer, elles partent du <u>pédicule</u>, c'est-à-dire de la queue des fleurs ; les parties mâles portent une poussière dont les grains sont autant de germes de plantes. La partie femelle que l'on nomme le <u>pistile</u>, et qui est ouverte en haut, reçoit ces germes, qui en murissant se détachent et vont s'introduire dans les graines renfermées au fond du <u>pistile</u>. À l'égard des plantes qui dans la même fleur portent les deux sexes réunis, la partie femelle est placée entre les parties mâles : cette situation fait qu'elle reçoit aisément leur poussière féconde ; mais lorsque les parties mâles et les parties femelles au lieu de se trouver ensemble, sont séparées en différents endroits du même pied, ou sur différents pieds d'une même espèce, c'est par l'entremise du vent que les plantes conçoivent. Les plantes femelles où cette poussière ne peut parvenir, demeurent stériles : toutes celles dont les fleurs n'ont point de <u>sommets</u>, c'est-à-dire de parties mâles, sont stériles aussi, et portent des graines qui sont semblables à ces œufs que font les poules sans le secours du coq, dans lesquels il n'y a point de germe. Si on ôte à une plante ses parties mâles, c'est-à-dire les <u>sommets</u> de ses fleurs, on lui ôte en même temps tout moyen de multiplier. (*JS* 1705_B)

Dans ce long extrait, l'auteur met en place la conceptualisation du système de fécondation et pour le faire il a besoin d'une terminologie complète, qu'il ajuste aux besoins de cette systématisation. Plusieurs reformulations à travers l'élément à la fonction métalinguistique *c'est-à-dire* sont présentes, des termes déjà analysés apparaissent (*pistil*), entourés d'autres termes du domaine, tels que *chaton*, *pédicule*, *sommet*, alors que nous remarquons l'absence du terme *étamine*, qui dans le même article est indiqué comme la partie mâle de la plante.[70] L'utilisation de ce dernier terme aurait pu augmenter la précision de la description et éviter la confusion qui peut s'engendrer entre *étamine* et *sommet*, la conceptualisation de ce dernier étant encore incomplète. En effet, si nous prenons en considération le terme *sommet*, celui fait l'objet d'un procédé néologique au niveau du sens qui, à partir des données du *DH*,[71] peut être indiqué de la manière suivante : 1. naissance du terme (XIVᵉ siècle) ; 2. procédé néologique de sens en botanique (début XVIIIᵉ siècle) pour *anthère* (1711) « partie terminale des étamines » ; 3. expansion du sens pour « extrémité supérieure d'un organe » (1765) ; 4. nouveau sens en botanique, « partie supérieure d'une tige, d'une fleur » (1771). Dans l'extrait ci-dessus et dans les autres occurrences du terme qui précèdent la lexicalisation du concept datant de 1765,[72] nous nous rendons donc compte que le concept de sommet fait l'objet d'une étude spécifique de la part des savants et que les années retenues pour l'analyse terminologique représentent un moment au niveau conceptuel flou. Le sens qui d'après les extraits semble être retenu par le savant est celui qui sera donné au terme *anthère* à la fin du siècle, suite aux travaux de Schwan (1787),[73] pour désigner la partie terminale de l'organe mâle de la reproduction des plantes.

Il est intéressant de remarquer que, outre *anthère*, un autre terme composé de l'élément grec *anth(o)*- est présent dans le corpus, à savoir *périanthe*, composé du préfixe *péri-*,[74] indiquant une localisation (« tout autour de », « dans l'entourage de », « au-dessus de »), et de *anthe*, « herbe, plante ». *Périanthe* est associé dans le corpus au terme déjà analysé *calice*.

> Il [l'auteur] ne prend pas le calice dans sa signification ordinaire ; mais l'accommodant à sa méthode, il le distingue avant que le définir, en calice externe, et en calice interne. Cette distinction n'est pas nouvelle ; les anciens Botanistes ont appelé le calice externe <u>Perianthe</u>, ce qu'il environne la fleur ; et l'interne *Pericarpe*, parce qu'il contient le fruit. (*JS* 1725_C)

---

70 Cf. l'extrait *JS* 1705_B cité auparavant.
71 *DH*, s.v. *sommet*.
72 Cf. les extraits *JS* 1705_B, *JS* 1714_C et *HMAS* 1711_C cités auparavant.
73 *DH* : s.v. *anth(o)*-.
74 *DH* : s.v. *péri*-.

La langue scientifique au XVIIIe siècle

Le terme, servant pour indiquer de nos jours « l'ensemble des enveloppes protectrices des organes reproducteurs d'une fleur comprenant le calice et la corolle »,[75] est présent dans le corpus en 1725, bien avant l'attestation en français proposé par le *TLFi* (1749-1778) ou par le *DH* (1849), et est accompagné par *péricarpe*, déjà attesté dans le *DF*, comme « pellicule ou membrane qui enveloppe le fruit ou la graine d'une plante ».[76] Toutefois, il faut remarquer que le concept associé au terme n'a pas encore été établi par les savants, étant donné que son signifié est lié à celui fourni par Ray en 1686 en latin « *perianthum* est quod florem tegit, & dicitur etiam calix »,[77] la référence aux organes reproducteurs étant absente aussi bien dans la définition de Ray que dans l'extrait cité de 1725. Au niveau textuel les termes *périanthe* et *péricarpe* sont suivis de la motivation qui est à la base de l'acte de dénomination sans qu'aucune référence aux mots composants le terme ne soit donnée aux lecteurs.

Pour ce qui est de *chaton*, dans l'extrait *JS* 1705_B le terme est absent du *DF*, bien que les sources lexicographiques fassent remonter son attestation dans le domaine de la botanique à la première partie du XVIe siècle.[78] En revanche, il est intéressant de remarquer que *chaton* est présent dans le *DT* sous la graphie *chatton* dont la définition est la suivante : « *chatton*, se dit aussi, en termes de Botanique, de certaines fleurs qui ne laissent aucune graine après elles. Telles sont les fleurs de noyer, de saule ».[79]

> Dans les plantes, dont les fleurs sont séparées du fruit ; ces fleurs, appelées *chatons*, ont des étamines et des sommets, dont les poussières peuvent sans peine être portées aux fruits que n'en sont pas éloignés. (*JS* 1714_C)

De même que pour *sommet*, nous remarquons ici un vide conceptuel qui se reflète au niveau de la désignation de la réalité naturelle parce que, alors qu'en 1705 le chaton est indiqué en tant que « fleur sans feuilles », en 1714

---

75   *TLFi* : s.v. *périanthe*.
76   *DF* : s.v. *péricarpe*.
77   Le terme français est un emprunt au latin des botanistes *perianthium*, introduit par John Ray en 1686 dans son *Historia plantarum*, t. I, p. 22.
78   *DH* et *BW*, s.v. *chat*.
79   *DT*, s.v. *chaton*.

il indique « une fleur séparée du fruit », les deux définitions témoignant de l'association du concept de chaton à l'idée du manque d'une partie de la plante, ce qui est également évident dans la définition proposée par le *DT*. Ce n'est que successivement que le concept, existant déjà pour indiquer « l'inflorescence formée de fleurs unisexuées en forme d'épi duveteux »,[80] sert pour « enveloppe verte des noisettes ; partie du gland qui s'y trouve enchâssée ». Ce sens est aussi à la base de l'emploi métaphorique du mot qui peut indiquer dans le domaine de l'orfèvrerie la « tête d'une bague où s'enchâsse une pierre précieuse ».

Les deux termes *pétale* et *tunique* (absents dans le *DF*) sont eux aussi concernés dans cette confusion de concepts de la botanique et dans le corpus créé nous retrouvons un cas intéressant de superposition conceptuelle à partir de laquelle les deux concepts partagent la même désignation.

> […] Il n'aurait pas avancé comme il a fait, qu'en plusieurs rencontres il est bien difficile de déterminer ce qu'il faut appeler les tuniques, autrement dit les pétales, ou les feuilles de la fleur, et ce qu'il faut nommer le calice de la même fleur, et il n'aurait pas si souvent confondu l'un avec l'autre. (*JS* 1718_A)

Cet effet de superposition conceptuelle, indiquée dans l'extrait par la reformulation avec *autrement dit*, provoque un chevauchement de concepts et de parties des plantes désignées par différents termes (tuniques = pétales = feuilles de la fleur). Toutefois, alors que le concept de pétale n'a pas encore été établi[81] en 1718, le terme *tunique* a été déjà introduit en botanique, son utilisation remontant à la moitié du XVIe siècle.[82] Il est probable donc que, lors de la définition du concept de pétale, *tunique* ait été employé dans le sens de « enveloppe des bulbes »,[83] cette enveloppe étant pour les fleurs

---

80   *GR*, s.v. *chaton*.
81   Les premières attestations du terme datent des années 1720 (*DH*, s.v. *pétale*). De même la définition suivante remonte à cette période : « les arbres et les arbrisseaux portent des fleurs ou parfaites ou imparfaites. Les fleurs parfaites sont composées d'une ou de plusieurs feuilles ou *pétales* ; les imparfaits au défaut de *pétales* n'ont que des filets ; ce qui forme les fleurs à étamines et à chatons » (*JS* 1720_D).
82   *DH*, s.v. *tunique*.
83   *GR*, s.v. *tunique* « enveloppe adhérente ».

les pétales. Or, nous remarquons donc que la validation de pétale en tant que « chacun des organes foliacés qui composent la corolle d'une fleur »,[84] n'avait pas encore été faite par les savants qui associaient les deux termes, comme dans l'extrait que nous avons retenu, pour indiquer peut-être ce qui entourait la partie centrale de la fleur. Ce n'est que lorsque se réalise la validation du concept de pétale de la part des savants mêmes que les deux termes prennent un sens différent, le seul sème linguistique les rapprochant n'étant que l'idée de protection extérieure d'une réalité végétale, à savoir le bulbe pour *tunique* et la corolle pour *pétale*.

Quant aux deux derniers termes retenus, à savoir *tégument* et *tubercule*, il n'est pas sans intérêt de remarquer que leur absence dans le DF est liée à un procédé de néologisation sémantique qui se produit au cours du XVIIIe siècle. Les deux termes acquièrent un nouveau sens en botanique à partir du signifié que ceux-ci possèdent en anatomie. Toutefois, alors que les occurrences dans le corpus de *tubercule* témoignent d'une acquisition complète du sens en botanique, pour *tégument*, dont la néologisation sémantique en botanique date du début du XIXe siècle,[85] le signifié n'est pas tout à fait stabilisé dans le domaine.

> On trouve souvent dans les prés et dans les terres sabloneuses, après les pluies du Printemps et de l'Été, une espèce de gelée, quelquefois claire, quelquefois verdâtre, tremblante lorsqu'elle est fraîche, et qui se dessechent très vite au soleil, ne laisse que des membranes de couleur brune. Il a plu aux Alchimistes d'appeler *Nostoche, coeli folium, coeli flos*, cette production, que M. Magnol, dans son *Botanicum Monspeliense*, nomme avec plus de raison, *Muscus fugax membranaceus pinguis*. En effet, c'est une véritable Plante qui tient à la terre par une ou plusieurs racines fort déliées, et dont l'embrion, qui n'est d'abord qu'un petit <u>tubercule</u> d'un vert brun, charnu, mollasse, et garni de petites inégalités, prend dans la suite une couleur moins foncée, et s'épanouit en forme de membrane, qui se développe entièrement sur la terre, où elle imprime quelquefois sa figure. (*JS* 1709(S)_A)
>
> Une plante parasite, qui ne sort jamais de terre, et ne s'y tient guère à moins de demi-pied de profondeur, se nourrit aux dépens de l'oignon du safran, qu'elle fait périr en tirant toute sa substance. Cette plante est un corps glanduleux, ou <u>tubercule</u>, dont il sort des filaments violets, menus comme des fils, et velus, qui sont ses racines, et

---

84 *GR* : s.v. *pétale*.
85 *DH* : s.v. *tégument*.

ces racines produisent encore d'autres tubercules, et puisque les plantes, qui *tracent*, tracent en tous sens, et que celle-ci ne peut que tracer, on voit évidemment pourquoi la maladie du safran s'étend toujours à la ronde. (*JS* 1728_B)

Venons maintenant à l'examen des vaisseaux, bien établis pour vaisseaux. Il faut les prendre à leur origine commune, qui est la queue de la poire, où ils sont rassemblés en un faisceau long et étroit, posés parallèlement les uns contre les autres. Pris avec les téguments de cette queue, ils en formeraient toute la substance, s'ils ne laissaient pas vers le milieu, à l'endroit où l'on en peut concevoir l'axe longitudinal, une espèce de vide rempli par une substance plus molle et plus fine qui ne leur appartient point. (*HMAS* 1731_A)

Bien qu'aucune définition complète indiquant la fonction de *tubercule*[86] ne soit donnée dans les extraits, la compréhension du terme est facilitée par la présence de certaines indications concernant sa nature de « corps glanduleux », sa couleur (« vert brun ») et notamment sa localisation (« racine »), ce qui témoigne de l'acquisition d'un sens bien implanté entre 1709 et 1728. Quant à *tégument*, on se rend compte que le signifié n'est pas transparent dans l'extrait, le terme gardant le sens général du latin *tegumentum*, « ce qui couvre, enveloppe »,[87] plutôt que celui acquis en 1805 de « enveloppe renfermant l'embryon d'une nouvelle plante ».[88] Dans ce cas, on peut donc constater que c'est l'usage qu'on fait du terme en anatomie qui pousse le savant à l'employer aussi en botanique, bien avant que le terme soit introduit officiellement dans ce dernier domaine par un savant qui en formalise la définition.

Les parties intérieures des plantes

La partie intérieure des plantes fait l'objet d'un grand intérêt de la part des savants qui au fil de la période retenue pour cette analyse ont recours à des termes qui s'avèrent être très intéressants au niveau sémantique. Il s'agit en

---

86   *DH* : s.v. *tubercule*, « excroissance arrondie d'une racine, constituant une réserve nutritive pour la plante ».
87   *DH* : s.v. *tégument*.
88   M. Lunier, *Dictionnaire des sciences et des arts* (Paris : Étienne Gide & H. Nicolle et Cie, 1805), p. 303.

particulier de plusieurs termes que nous ne retrouvons que rarement dans le corpus en raison du fait qu'ils sont soit en cours d'implantation dans l'usage disciplinaire soit parce qu'il s'agit de termes récents en botanique. Le terme *utricule* n'est en effet attesté, d'après le *DH*, qu'en 1726,[89] pour désigner « la vésicule du tissu cellulaire des plantes ». De ce point de vue, son apparition en botanique est plus récente par rapport à d'autres termes du domaine qui au niveau terminologique sont déjà attestés et stables dans l'usage. Dans le corpus, l'attestation du terme la plus intéressante remonte à 1710 parce que le savant indique de manière précise la définition des utricules et en fournit une description longue :

> On peut imaginer dans les Plantes des tuyaux fléxibles, creux, et comme cilindriques, qui étant remplis d'un fluide, quel qu'il soit, se gonflent, et s'accourcissent nécessairement. Si quelques-uns de ces tuyaux sont noués et resserrés d'espace en espace, ils s'accourciront beaucoup plus que ceux dont toute la cavité serait également libre, parce qu'ils seront subdivisés en autant de petis tuyaux plus courts, dont chacun s'accourcira autant qu'aurait fait le tuyau entier. Outre les tuyaux creux, qui sont ou des fibres ligneuses, ou les interstices de ces fibres, on est persuadé qu'il y a dans les Plantes des *Utricules*, ou petits sacs disposés et arrangés le long des fibres ligneuses, auxquelles ils sont attachés. Il faut les concevoir comme faisant une colonne. Quand un fluide les gonfles, la colonne s'allonge, et elle s'accourcit quand ils sont vides. (*HMAS* 1710_E)
>
> Voilà en gros la mécanique de la végétation des Plantes, selon le système de M. Reneaume. Si on entrait dans un plus grand détail, on y mettrait aussi plus de conjectures et plus d'incertitude. On irait jusqu'aux *Utricules*, aux *Insertions* et aux *Trachées*, parties des Plantes que de grands Auteurs, à la vérité, ont voulu établir, et qui pourraient exister, mais qu'il faut avouer qu'on ne voit guère avec les meilleurs Microscopes, qu'autant qu'on a envie de les voir. (*HMAS* 1711_E)

Dans le premier extrait il est intéressant de souligner qu'au niveau discursif le terme est introduit à travers une image associée au concept (« petits sacs »), suivie de la localisation des utricules dans la plante (« le long des fibres ligneuses ») à l'intérieur d'une reformulation à la valeur définitionnelle créée par *ou*. L'introduction du terme *utricule* est étroitement liée aussi

---

89   *DH* : s.v. *utricule*. La datation proposée par le *DH* est confirmée par *BW*, alors que celle proposée par le *TLFi* est plus récente, le terme datant, d'après cette source, de 1752.

à l'explication de la nature de ces vésicules et du phénomène se produisant suite à l'action d'un liquide. Si nous reprenons la définition actuelle de *utricule* en tant que « vésicule du tissu cellulaire des plantes », nous remarquons qu'au XVIIIe siècle le concept qui est à la base du terme est encore en cours d'implantation et de validation en botanique, car la notion de *utricule* est liée à celle de *vésicule*[90] qui, selon les sources lexicographiques consultées, n'est qu'un emprunt sémantique dans le domaine de la botanique datant de la seconde moitié du XVIIIe siècle. Au niveau disciplinaire, nous constatons *a posteriori* une floraison de significations du terme à l'intérieur de la botanique, le terme indiquant de nos jours plusieurs réalités du domaine, ainsi qu'à l'expansion de son usage en anatomie.[91]

Le cas de *utricule* permet de dégager la considération suivante : lorsque les savants découvrent les ressemblances existant au niveau du fonctionnement des systèmes internes du règne animal et végétal, certains concepts s'installent et se stabilisent en botanique suite à une migration conceptuelle de l'anatomie. De ce point de vue, *placenta*, *pédicule* et *suc nourricier* représentent des exemples intéressants de cette interdisciplinarité qui concerne certains termes scientifiques de l'époque.

> Par ces termes de la définition du calice externe, *Qu'il enveloppe* ou *soutient la fleur*, on connaît d'abord qu'il y a deux sortes de calice externe. Celui qui enveloppe la fleur est visible : celui qui la soutient se distingue du pédicule, en ce que le pédicule s'élargit au dessous de la fleur pour laisser monter plus librement le suc qui doit nourrir la fleur et la semence. C'est une espèce de <u>placenta</u> qui leur sert de soucoupe ; et quiqu'on puisse dire la même chose des plantes qui ont le calice interne, aussi bien que l'externe, la distinction en est plus facile à faire en ce que dans le calice externe et interne la cavité du <u>pédicule</u> élargi et censée partie du calice soit externe, soit interne. (*JS* 1725_C)

Si nous lisons attentivement cet extrait en laissant de côté l'aspect dénotatif des termes, nous remarquons que *placenta* est employé au fil du XVIIIe

---

90   *DH* et *TLFi* : s.v. *vésicule*.
91   Le terme désignera la petite outre pleine d'air qui soutient dans l'eau les feuilles et les racines de certaines plantes, alors qu'en anatomie il acquiert progressivement le sens de « vésicule qui occupe la partie supérieure du vestibule de l'oreille interne ». En outre, au XIXe siècle, *utricule* désigne en botanique aussi la bractée qui entoure presque entièrement l'ovaire de la fleur (*DH* : s.v. *utricule*).

siècle[92] en botanique pour indiquer un « corps qui se trouve placé entre les semences et leurs enveloppes, et qui sert à préparer leur nourriture ».[93] En revanche, en anatomie le terme fait déjà l'objet d'une utilisation plus courante et dans le corpus, bien qu'il soit absent du *DF*, il se retrouve facilement dans les articles de ce domaine. Quant à *pédicule*, l'attestation dans les deux domaines est tout à fait différente parce que le terme est utilisé en botanique[94] dès la première partie du XVIe siècle et ce n'est qu'au XVIIIe siècle qu'il est attesté en anatomie pour désigner l'artère principale qui sert à nourrir un organe ou un tissu.[95]

Au niveau dénotatif il est important de souligner que l'implantation de *placenta* en botanique remonte à 1694, quand Tournefort emprunte ce terme et en fournit une définition très exhaustive dans le dictionnaire qui achève son œuvre *Éléments de botanique*.[96] Le savant indique les raisons et les choix qui sont à la base de l'utilisation du terme pour se référer aux plantes :

> PLACENTA. Je me sers de ce terme pour exprimer un corps qui se trouve placé entre les semences et leurs enveloppes, et qui sert à préparer leur nourriture. Ce corps est différent du cordon qui porte la nourriture à ces mêmes semences, et je n'ai pas trouvé de terme plus propre pour le signifier que celui de <u>Placenta</u> : car dans le système des œufs on peut comparer le corps du fruit au corps de l'*Uterus*. La graine enveloppée de ses membranes doit être comparée au *Fœtus*, et le corps spongieux ou de quelque nature qu'il soit se trouve entre ce *fœtus* et le corps de l'*Uterus* doit être comparé au <u>Placenta</u> ; ainsi l'on trouve une analogie assez parfaite entre les œufs des animaux et ceux des plantes.[97]

Cet exemple permet de confirmer que, lorsque le concept est introduit par un savant célèbre dans la communauté scientifique, l'implantation terminologique se réalise de manière rapide dans la langue scientifique qui l'accueille

---

92 *DH* : s.v. *placenta*.
93 *DA 1762* : s.v. *placenta*.
94 Le *DT* propose la définition suivante du terme : « Terme de Botanique, qui se dit proprement du petit brin qui soutient la fleur d'une plante » (*DT* : s.v. *pédicule*).
95 *DH* : s.v. *pédicule*.
96 Tournefort, *Éléments de botanique*.
97 *Ibid.* t. I, p. 553.

et en garde le signifié au fil des années, au moins jusqu'au moment où une nouvelle théorie scientifique peut mettre en doute la théorie précédente.

Le rapport existant au niveau terminologique entre l'anatomie et la botanique est encore plus évident lorsque nous analysons l'unité terminologique *suc nourricier*, datant d'après le *DH* de 1703 et ayant le sens de « suc qui contribue à la nutrition ».[98] Le dictionnaire indique que *nourricier* est employé notamment en anatomie (*artère nourricière*) et, à ce propos, il est important de signaler que dans le corpus *suc nourricier* est, en effet, plus présent dans les articles de cette discipline que dans les articles de botanique. Toutefois, nous remarquons qu'au fil des années l'adjectif *nourricier* est présent de manière toujours plus fréquente pour se référer au système interne de nutrition des réalités végétales et il est utilisé pour la première fois lorsque les rédacteurs du *Journal des savants* citent une réflexion sur les ressemblances entre les animaux et les plantes :

> M. Chicoyneau ne s'arrête pas à des rapports extérieurs et allégoriques, comme a fait Lauremberge, et quelques autres ; et quoi qu'il y ait quelque convenance entre les racines et les pieds, les branches et les bras, les feuilles, et les cheveux ou les poils des animaux, M. Chicoyneau regarde ces sortes de comparaisons, comme de curieuses inutilités, propres à égayer l'imagination ; mais où la raison ne trouve pas son compte ; il juge plus à propos d'établir cette ressemblance sur la conformité qui se remarque entre les semences des plantes, et les œufs des animaux ; sur ce que la respiration et la circulation des sucs sont à peu près les mêmes ; sur ce qu'on y trouve un même appareil de vaisseaux et de glandes, pour la distribution des liqueurs, et leurs différentes secrétions, suivant l'idée de quelques Physiciens, qui n'ont fait qu'ébaucher cette matière.
>
> Il [l'Auteur] examine ensuite les semences des Plantes, dans lesquelles il trouve le chorion, l'amnios, la liqueur contenue dans ces membranes, et les vaisseaux ombilicaux, par lesquels le <u>suc nourricier</u> est porté dans la Plantule, et en est rapporté, et il fait voir que les linéaments de la Plantule sont tracés dans la graine, comme l'animal l'est dans son œuf. (*JS_S* 1707_A)

Au fil des années *suc nourricier* est employé dans d'autres articles de botanique sans aucune définition, le sens étant perçu par les savants comme transparent, peut-être en raison du fait qu'il existe déjà d'autres unités terminologiques plus anciennes dans lesquelles *nourricier* est utilisé avec un

---

98   *DH* : s.v. *nourrice*.

sens proche (*eaux nourricières, père nourricier, nourricier* indique ce « qui fournit la nourriture »).

> Et ce n'est pas seulement à leurs <u>sucs nourriciers</u> que M. Parent donne ce pouvoir, mais encore à d'autres corpuscules tout à fait étrangers, qui cependant pénètrent dans les Plantes. Ce sont ceux de la matière magnétique. (*HMAS* 1710_E)
> Il s'inscrit en faux, par exemple, contre ce que M. *Perrault* avait avancé, [...] que les arbres dépouillés entièrement de leurs feuilles, portent des fruits qui profitent beaucoup moins, faute du <u>suc nourricier</u> que les feuilles leur devraient envoyer [...]. (*JS* 1712_B)

Enfin, il est important de remarquer qu'en 1731 *nourricier* n'est plus utilisé en botanique seulement avec le substantif *suc*, mais il s'accompagne du terme *faisceau*, ce qui témoigne d'un usage désormais stable de l'adjectif dans ce domaine car les savants s'approprient ce terme pour d'autres expressions indiquant le système interne de nutrition des plantes, tels que *vaisseaux* ou *artères*.

> Les faisceaux qui sont la 3me classe se prolongent suivant l'axe du fruit, et vont se terminer aux pépins et à leurs enveloppes, et M. du Hamel les appelle <u>nourriciers</u> par excellence, parce qu'ils nourrissent la semence, qui est le grand objet de tout le mécanisme de la nature des plantes. (*HMAS* 1731_A)

Pour ce qui est de *liber*, le terme retenu pour indiquer le système interne des plantes, celui-ci représente une réfection de *livre*, à savoir une reformation du terme à partir d'un modèle préexistant (modification d'une forme populaire et transformation pour la rapprocher de son étymon). Le terme est, en effet, un emprunt au latin *liber* (« pellicule située entre le bois et l'écorce extérieure sur laquelle on écrivait avant la découverte du papyrus »)[99] et, d'après les sources lexicographiques consultées, ce n'est qu'en 1755 que la forme *livre* subit le processus de réfection pour indiquer « la peau fine qui est adhérente à l'écorce de l'arbre »,[100] en reprenant ainsi le sens premier du terme.

---

99 DH : s.v. *liber*.
100 Henri-Louis Duhamel du Monceau, *Traité des arbres et arbustes qui se cultivent en France en pleine terre* (Paris : H.-L. Guérin et L.-F. Delatour éditeurs, 1755, t. II), p. 294.

Dans le corpus *liber* apparaît en 1711, bien avant sa première attestation en botanique (1733), et nous avons remarqué que plusieurs termes de l'extrait ci-dessous sont aussi présents dans la définition actuelle du terme (« tissu conducteur de la sève élaborée dans diverses parties d'une plante vasculaire (racine, tige, feuille) et composé de tubes criblés, de parenchyme et parfois de fibres ») :[101]

> Il a examiné par lui-même les Ormes du Luxembourg allegués par M. Parent. Il a trouvé que dans celui qui paraissait n'avoir point d'écorce vers le haut du tronc, il était resté des fibres de l'écorce intérieure, ou parchemin, ou <u>*Liber*</u>, et qu'elles communiquaient avec l'écorce qui allait aux branches. Ces fibres, où avait coulé tout le suc destiné à l'écorce qui n'était plus, avaient apparemment nourri et fait végéter les branches de l'Arbre, et de plus par l'abondance de la nourriture qu'elles recevaient elles s'étaient fortifiées au point qu'elles commençaient à faire une nouvelle substance ligneuse. (*HMAS* 1711_E)

En effet, alors que l'idée de la sève est indiquée dans l'extrait par le participe passé *nourri* et par le verbe *végéter*, la présence d'autres termes, tels que *fibres* et *parchemin*, qui se retrouvent dans la définition de *liber*, qui sont cités dans cet extrait et qui apparaissent dans la définition actuelle proposée dans les dictionnaires, nous permettent de remarquer que le concept associé au terme *liber* n'a point évolué au fil des siècles. Le terme semble donc se stabiliser rapidement au niveau de la désignation, sa lexicalisation se produisant tôt dans les dictionnaires.

La langue scientifique de la chimie

> La nature est continuellement occupée à composer et décomposer ; elle dissout ; elle rassemble ; elle change la forme, et souvent l'essence des choses ; suivons-la dans sa marche ; que le microscope la multiplie à nos yeux, admirons ses productions ; arrachons-lui, s'il est possible, les secrets

---

101   *TLFi* : s.v. *liber*.

La langue scientifique au XVIIIe siècle   149

> qu'elle enferme en son sein ; dérobons-lui ceux qu'elle nous a repris ; combinons quelques rapports, recueillons les effets ; mais gardons-nous de remonter aux causes ; chercher à conclure, c'est chercher une erreur.
> — *Discours de réception à la Société royale des sciences et belles-lettres de Nancy*

Au niveau disciplinaire la période retenue pour notre analyse (1699–1740) correspond au moment de configuration de la chimie en tant que science à part entière, séparée de l'alchimie, grâce au recours à une nouvelle méthode expérimentale établie à la fin du XVIIe siècle et au début du siècle suivant.[102] Les expériences se dépouillent des valeurs symboliques et magiques associées à l'alchimie, la nouvelle science de la transformation de la matière offrant des résultats accessibles aussi aux non-initiés grâce à la nouvelle conception de l'analyse chimique.

Sur le plan terminologique, il est important de souligner que les années retenues pour la création du corpus correspondent à la période qui précède l'introduction de la nomenclature chimique proposée par Lavoisier, Guyton de Morveau, Berthollet et Fourcroy dans leur *Méthode de nomenclature chimique* en 1787. C'est pourquoi le long de cette analyse nous ne retrouvons pas les nouveaux noms proposés par ceux-ci, tels que *oxygène* et *hydrogène*, en remarquant plutôt la présence de longues gloses descriptives (*sel ammoniac préparé*), de noms de substances indiquées à travers leur couleur (*précipité rouge, vert-de-gris*), des patronymes et des toponymes (*sel d'Espom, sel de Glauber*) ou des noms d'applications médicales (*émétique de ...*). Les termes de ces substances et de ces composés chimiques, qui sont complètement lexicalisés en français, font partie de la langue ancienne de l'alchimie, remontant au moins au XIIIe siècle, et au début du XVIIIe siècle.

Avant d'aborder de plus près l'étude des termes de chimie repérés, il nous semble intéressant d'analyser deux termes qui sont à la base de l'évolution connue par la chimie au fil des XVIIIe et XIXe siècles, à savoir *analyse* et *molécule*. En voici des attestations dans le corpus :

---

102   Cf. Zanola, *Arts et métiers au XVIIIe siècle*, pp. 87–130.

> Ce Sujet qui n'a été qu'effleuré en 1719, va être traité beaucoup plus à fond. L'examen de ce grand nombre d'<u>Analises</u> Chimiques que l'Académie a entre les mains, et qui avaient été faites à la manière ordinaire par M. Bourdelin, a fourni à M. Lémery une grande quantité de réflexions sur les fausses conséquences qu'on en pouvait tirer, sur la défectuosité des opérations, et sur les moyens d'y remédier.
> Voici les principes généraux nécessaires pour le sujet présent, ou admis par tous les Chimistes, ou résultants des vues et des observations de M. Lémery. (*JS* 1720_A)
> La peau de cette plante vue avec le microscope, paraît toute pleine de trous d'une figure approchante de celle des étoiles, elle est couverte de petits globes en façon de chagrain. L'Auteur fait l'<u>analyse</u> chymique de cette plante, comme de toutes les autres plantes maritimes dont il parle ; il faut la voir dans le livre même. (*JS* 1727_A)

Nous remarquons que le syntagme *analyse chimique*, datant d'après le *DH* de 1726,[103] est présent dans le corpus avant cette date et il semble s'attester dans le sens proposé par le *TLFi* de « ensemble des procédés physiques, chimiques, biologiques, destinés à trouver les noms des corps simples ou composés formant un mélange ou une combinaison, puis à trouver suivant quel poids, quel volume, quels pourcentages ils sont unis ».[104] Dans les extraits, le syntagme semble, en effet, désigner des opérations chimiques (1720) et des expériences conduites sur une plante (1727), en vue d'obtenir des résultats qui seront proposés de manière précise dans les articles retenus. Au début du XVIIIe siècle le sens de *analyse* semble donc fixé en chimie, où le terme se stabilise grâce aussi à l'emploi qu'en fait Condillac en logique et dans ses traités de chimie à partir des années 1740.

En revanche, quant à *molécule*, le terme est présent dans plusieurs articles du corpus relatifs à des disciplines différentes, comme l'anatomie, la chimie et la botanique.

> Le soleil, les étoiles ne sont autre chose que les atomes dont la subtilité et la figure les dégage de toute autre matière. Une matière moins subtile fait le corps diaphane de l'air. Les <u>molecules</u> pesantes ont formé la terre, et les autres planètes. Des parties plus grossières que celles de l'air, et d'une figure trop égale pour s'accrocher ont formé les eaux. Quant aux animaux et aux plantes, on ne peut rapporter leur production

---

103   *DH* : s.v. *analyse*.
104   *TLFi* : s.v. *analyse*.

qu'au mouvement en général. On peut trouver la cause de la végétation des plantes dans la communication du mouvement. (*JS* 1701_A)

Ces parties détachent et divisent d'abord les <u>molécules</u> des aliments, et continuant leur action, détachent ensuite et dissolvent les principes même qui composent ces <u>molécules</u> ; les soufres sont divisés, les sels dégages, et mis en liberté ; en un mot tous les principes des unis et dérangés. (*JS* 1711_A)

Or le sel du sang ne saurait recevoir de l'altération, ou excéder en quantité, que le sang ne dégénère de sa qualité naturelle, et que par conséquent les fonctions du corps ne soient altérées. Il reçoit de l'altération lorsque les <u>molécules</u> qui le composent deviennent ou trop piquantes ou trop grossières, ou sont trop destituées de la sérosité qui les doit adoucir [...]. (*JS* 1713_A)

Le mouvement qu'il s'agit ici d'augmenter ou de diminuer, est celui de la liquidité, celui par lequel toutes les petites parties intégrantes d'un liquide détachées les unes des autres sont mues en tout sens. On suppose que c'est une matière subtile, qui coule entre elles, et les agite, et que par elle-même elle a toujours la même vitesse. Le mouvement de ces <u>molécules</u> du liquide sera augmenté, si elles deviennent plus mobiles, elles ne le peuvent devenir que par être plus fines et plus déliées, et si au contraire elles deviennent plus grossières et plus massives, le même mouvement sera diminué. (*HMAS* 1727_B)

Emprunté au latin moderne *molecula* en 1674, *molécule* garde ici le sens, désormais vieilli, de « minuscule partie d'un corps »,[105] qui va être remanié en chimie au début du XIXe siècle, suite aux travaux d'Avogadro et d'Ampère. Toutefois, au niveau discursif, il est quand même intéressant de remarquer que *molécule* est accompagné d'autres termes chimiques ou physiques, tels que *mouvement*, *matière*, *liquide* et notamment *atome*, qui correspondent à des concepts qui eux-aussi seront mis en question et remaniés au fil des siècles, en particulier suite aux études sur la théorie atomique, sur les propriétés électriques de la matière et sur la radioactivité.

Les deux exemples proposés témoignent, donc, d'une langue de la chimie vivante qui suit les études en cours dans le domaine afin d'être en mesure d'exprimer les propriétés et les principes des corps, au fur et à mesure que de nouvelles expériences scientifiques sont conduites.

---

105 *DH* : s.v. *molécule*.

La composition des corps chimiques

Une des catégories les plus intéressantes du domaine de la chimie relativement au travail fait sur la langue par les savants est celle des propriétés des corps qui s'indiquent souvent à travers des adjectifs dérivés des noms des substances chimiques simples ou composées (entre autres, de *salin*, « qui contient du sel », ou de *nitreux*, « qui contient de l'azote »).

Plusieurs adjectifs désignant des substances ou des propriétés des corps chimiques sont présents dans le corpus, aussi bien dans des collocations plus ou moins fixes, telles que *sels lixivieux* ou *sels vitrioliques*, que dans des syntagmes qui ne sont pas très fréquents. Ces adjectifs sont souvent présentés ensemble dans le discours pour indiquer les différentes substances qui composent un corps.

> Le Morceau de M. Geoffroy n'est pas long, mais il est curieux : il roule tout entier sur un Problème que l'Auteur propose aux Chymistes, et qui doit les surprendre : *Trouver des cendres qui ne contiennent aucunes parcelles de Fer*. Voilà une nouvelle découverte en matière de difficultés. Ce qui a donné lieu à celle-ci, c'est que M. Geoffroy cherchant une terre parfaitement dépouillée de sels <u>vitrioliques</u> et de parties <u>ferrugineuses</u>, pour la mêler avec de l'huile de lin, et repérer ainsi l'expérience de sa production artificielle du Fer, rapportée dans notre premier Extrait de l'Histoire de 1704 [...]. (*JS* 1707_B)
>
> Si toutes ces maladies ne cèdent point entièrement aux bains d'eau simple pris avec toutes les préparations et tous les ménagements que doit prescrire un sage Médecin, M. Burlet ne voit point d'autres ressources pour une guérison parfaite que les eaux minérales employées en bains et en boisson. Elles ne manquent point en Espagne ; il y en a de chaudes, de froides, de sulphurées, de nitreuses, de salines, de savoneuses, de <u>vitrioliques</u>, d'alumineuses, de <u>ferrugineuses</u>, de purgatives, de diurétiques, etc. (*JS* 1713_B)
>
> Le cuivre (suivant la description qu'il en donne ici) est un corps ductile et fusible, d'une tissure médiocrement ferrée, et plus pliante que cassante [...] ; de couleur rouge, de saveur désagréable et astringente ; composé de parties branchues, d'une flexibilité accompagnée de quelque roideur, <u>sulphureuses</u>, <u>vitrioliques</u>, et terrestres [...]. (*JS* 1717_C)
>
> Il les a vu couler au dessus du niveau de la Seine, mais dans les plus grandes élévations de cette rivière, et couler très profondément en terre, au travers de lits d'une marcassite évidemment <u>ferrugineuse</u>, au dessus d'une couche bitumineuse, remplie de pyrites, ou pierres à fusil, dans un lieu où le nitre commun se montre de toute part, et il a conclu de là que les eaux dont il s'agit ne pouvaient manquer d'entraîner avec elles des particules nitreuses, <u>ferrugineuses</u>, <u>vitrioliques</u>, <u>sulphureuses</u>. (*JS* 1725_B)

Les différents adjectifs servent ici pour indiquer de manière immédiate la composition des eaux, du cuivre ou de la terre et le fait qu'ils sont utilisés simultanément rend l'indication des caractéristiques des corps encore plus précise. Au niveau discursif ces adjectifs sont présentés dans des listes abordant les traits différents des corps, chaque adjectif renvoyant à une caractéristique bien définie. Cependant, alors que certains de ces adjectifs, tels que *alumineux*, *nitreux* et *bitumineux*, sont déjà lexicalisés dans le *DF* et dans le *DT*, d'autres sont encore absents, bien que dans plusieurs cas ils renvoient à des concepts très connus en chimie, comme *fer*, *alcali*, *sufre* ou *vitriol*. Les adjectifs dérivés n'apparaissent donc que relativement tard par rapport à la base de dérivation.

Pour ce qui de *alcalin*, il s'agit d'un adjectif très récent, datant, selon les sources lexicographiques consultées, de 1691,[106] qui est utilisé dans le corpus pour indiquer notamment une substance qui contient des alcalis.

> Le Cresson qui est d'une nature alcaline, a donné tous ses principes fort alcalins, même celui qui avait été arrosé de nitre, où il y a constamment beaucoup d'acide. (*HMAS* 1700_H)
>
> La matière terrestre des Eaux de Passy, a cela de singulier, que tandis qu'elle est chargée de sels acides, elle fermente avec les acides, quoiqu'elle dût alors fermenter avec les alcali ; et que lorsqu'elle est dépouillée de ses sels acides par la calcination, qui doit l'avoir rendue de nature alcaline, elle cesse de fermenter avec les acides. (*HMAS* 1701_B)
>
> Les acides n'ont pas seulement la propriété de piquer la langue, de ronger les corps durs, de conserver leur fluidité dans le plus grand froid ; mais ils ont encore celle de fermenter avec les matières alkalines, et de les briser, ce qui ne se peut faire que par des parties fort taillées en forme de coins, lesquelles s'insinuent dans les pores des alkalis. (*JS* 1713_D)
>
> Ce remède qui nous a réussi plus d'une fois, est excellent contre la pierre, quoi qu'en disent certains Modernes, qui trop prévenus pour les nouveaux systèmes, désapprouvent tout ce qui vient des Anciens, et ne peuvent croire que les acides puissent être bons dans les maladies néphrétiques : mais si ces bonnes gens considéraient que l'esprit de sel est de tous les esprits acides minéraux les plus doux et les plus tempéré, et qu'il renferme un acide volatil, chargé d'une substance alcaline et balsamique, ils jugeraient plus favorablement qu'ils ne font d'une remède si excellent, surtout quand il est donné avec les précautions qu'observaient les Anciens, et qu'ils avaient tant de soin de cacher. (*JS* 1708_D)

---

106 *DH* : s.v. *alcali*.

L'adjectif est ici associé à plusieurs termes généraux, tels que *nature*, *principe*, *matière* ou *substance*, et dans tous les extraits cités il est accompagné d'une explication ultérieure de la composition des parties ou des matières renfermant des propriétés propres de l'alcali, ainsi que de termes de chimie comme *acide*, *sel* ou *alkali* même. La présence de ces informations linguistiques souligne qu'il s'agit en effet des premières attestations de *alcalin* et que celles-ci nécessitent encore d'un contexte d'occurrence bien précis et bien délimité au niveau conceptuel pour faciliter la compréhension de l'adjectif. Tout un réseau lexical de termes de la conceptualisation de *alcalin* est donc ici proposé.

Quant à *ferrugineux*, les noms composant les syntagmes nominaux dans lesquels l'adjectif est présent sont nombreux, ainsi que le sont les contextes d'occurrence.

> On célèbre fort la vertu de ces eaux, pour guérir les maladies qui viennent d'obstructions ; et l'Auteur attribue cette propriété au mélange des particules d'une terre <u>*ferrugineuse*</u>, ouverte et exaltée dans les lieux souterrains par l'action d'un sel très pénétrant ; en quoi il suit le sentiment de *Rhumelius* et de *Sculiet*, qui ont écrit sur cette matière. (*JS* 1709_A)
>
> À ces Réflexions qui regardent généralement toutes les Eaux Minérales, de quelque espèce qu'elles puissent être, M. Pacquotte fait succéder quelques considérations particulières sur la nature et l'origine des Eaux Minérales froides et <u>*ferrugineuses*</u>, appelées en Latin *Acidule*, telles que sont les eaux de Forges, celles de Pont-à-Mousson, et quantité d'autres. (*JS* 1719_A)
>
> La seconde a une odeur pareille, mais plus sensible ; quoiqu'elle sente davantage le Fer, elle est moins aigrette au goût, et ne laisse presque point d'âpreté sur la langue, ce qui doit venir d'une plus grande quantité de Soufre, qui adoucit ses particules soit <u>ferrugineueses</u>, soit terreuses, et en effet son goût a quelque chose de sulfureux. (*HMAS* 1720_A)
>
> La Noix de Galle soit en teinture, soit en poudre fine, altère la couleur des Eaux <u>ferrugineuses</u>, parce que les particules de la Galle s'unissant à celles du Fer, et les enlevant à l'Eau qui les tenait dissoutes, leur donne lieu de se rassembler en plus grosses masses, et de reparaître sous leur couleur naturelle qui altère celle de l'Eau. (*HMAS* 1724_A)

Dans les premiers extraits, le terme est indiqué en italique, ce qui témoigne d'un usage encore peu fréquent de l'adjectif et constitue une occurrence ressentie comme nouvelle de la part des savants, le terme n'entrant dans le

La langue scientifique au XVIIIe siècle

DA qu'en 1762. Dans les autres extraits, *ferrugineux* est accompagné du nom *eau*, qui, d'après le *DH*, représente la co-occurrence la plus fréquente de l'adjectif avec laquelle celui-ci a gardé le sens de « qui contient du fer ».[107] De même que pour *alcalin*, *ferrugineux* est souvent précédé ou suivi du terme dont il dérive, ce qui pourrait valider notre hypothèse d'un usage encore non diffusé du terme dans le domaine de la chimie qui requiert la présence de la base de dérivation de l'adjectif.

Un autre adjectif très intéressant au niveau de l'usage est *nitro-aérien* qui fait l'objet de deux occurrences dans le corpus :

> La matière Magnétique, qui circule autour du globe terrestre en général, et autour de chaque pierre d'Aimant en particulier, n'est (à son avis) que son principe <u>Nitro-aérien</u>, qui se dérobant sans cesse aux attaques de la Matière Éthérée son ennemie, se fraye des chemins et des courants au travers des substances, qui lui sont le plus analogues. (*JS* 1708_E)
>
> M. Schelhamer s'attache dans le chapitre suivant à réfuter les hypothèses de divers Physiciens, touchant la nature et l'origine du Nitre. Il attaque d'abord celle de *Mayow*, qui reconnaît un esprit Nitreux répandu dans l'air, pour le principe de la génération de ce Mixte [...], l'Auteur ne l'en respecte pas davantage ; et montre par plusieurs raisonnements, et par quelques expériences, entre autres par celle de *Mariotte* qui semble décisive, que le prétendu esprit <u>*nitro-aérien*</u> de *Mayow* est une pure chimère. (*JS* 1710_C)

Il s'agit du seul adjectif composé retrouvé dans le corpus, qui est absent dans le *DF* et qui ne figure dans aucune source lexicographique consultée. La présence du terme *nitre*, dont provient le premier élément *nitro–* de l'adjectif composé, permet de comprendre que le sens fourni par cet élément est « ce qui contient de l'azote »,[108] qui est présent dans d'autres termes de chimie utilisés aujourd'hui, tels que *nitrocellulose* ou *nitroglycérine*. Le manque de lexicalisation de *nitro–aérien*, n'apparaissant que dans quelques textes des XVIIIe et XIXe siècles, semble plutôt lié à *aérien*, dont le sens « ce qui contient tout fluide élastique invisible »,[109] est désormais

---

107 *DH* : s.v. *fer*. Le sens « d'une couleur qui rappelle celle du fer » n'est pas présent dans le corpus.
108 *DH* : s.v. *nitre*.
109 *DH* : s.v. *air*.

attribué à *gazeux*, le terme *air* ayant perdu désormais le sens de fluide qu'il a eu jusqu'au XVIIIᵉ siècle. En effet, comme l'indique le *DH*, le mot *air* était utilisé pour désigner en sciences tout fluide élastique invisible, sens où il a été remplacé par *gaz* ; ainsi, *air inflammable* et *air vital* se sont dits pour *hydrogène* et *oxygène*.

Alors que pour certains adjectifs, tels que *nitro-aérien*, le corpus enregistre un usage transitoire – les adjectifs ne sont utilisés que de manière provisoire par les savants –, pour d'autres termes relevant des substances chimiques il s'avère être plutôt une source fiable dans laquelle il est possible de repérer les étapes de normalisation au niveau des signifiants de certains adjectifs lexicalisés dans les sources lexicographiques consultées. C'est le cas, entre autres, de *mercuriel, lexiviel/lixivieux, sulfureux* et *vitriolique*, qui représentent des adjectifs renvoyant à des procédés ou des substances très importants en chimie qui sont déjà lexicalisés au moment de l'attestation des adjectifs.

Mercuriel est un dérivé de *mercure*, qui, suite à la réforme introduite par la nouvelle nomenclature, donne en chimie moderne d'autres dérivés encore utilisés, comme, par exemple, *mercurique* (1787) et *mercureux* (1840).[110] Il est intéressant de remarquer que dans le corpus l'usage de *mercure* est concurrentiel avec l'usage de *vif-argent*, appellation ancienne du métal qui disparaît suite à la nouvelle conceptualisation de *mercure* en tant que métal simple ou élément chimique. De même que pour *mercure* et *vif-argent*, l'adjectif *mercuriel* est lié à l'implantation en chimie du concept du mercure, étant donné que, comme l'indique le *DH*, « mercurial est refait en *mercuriel* qui a suivi l'évolution du concept ».[111]

De ce point de vue, l'attestation constante de *mercuriel* dans le corpus est parallèle à l'implantation et à la stabilisation du concept de *mercure* en chimie.

> 2. Après ce dénombrement des divers phénomènes du Phosphore <u>mercuriel</u>, l'Auteur s'applique à nous en donner les raisons physiques. Il pose d'abord comme un fait constant, que le mercure est divisible en globules au-delà de ce qu'on pourrait s'imaginer, puisqu'une goute de ce liquide métallique, grosse comme un grain de coriandre,

---

110 *DH* : s.v. *mercure*.
111 *Ibid.*

peut, par la seule compression du doigt, sans le secours d'aucun autre instrument, se partager en vingt-sept millions dix cents quatre-vingt dix-sept mille cent cinquante-deux globules, lesquels vus au travers du microscope de *Leevvenhoeck*, conservent tous leur brillant. (*JS* 1717_A)

L'Auteur finit ce Traité par quelques remèdes singuliers, dont le sucre est la base, ou dans lesquels il entre avec succès. Tels sont, 1°, un *baume de sucre* excellent pour les vieux ulcères, surtout de la bouche ou des gencives, et décrit par *Rivière* ; 2°, l'*huile de sucre*, fort estimée pour les rhumes de poitrine, 3°, le *sucre mercuriel*, très propre à tuer les vers, et composé de deux onces de mercure revivifié du cinabre, passé à travers une peau de chamois et broyé dans un mortier de verre avec deux onces de sucre racinés [...]. (*JS* 1719_C)

Mais comme si nos Docteurs (poursuit-il) avaient honte de traiter un corps infecté de cette espèce de lèpre, ou qu'ils crussent que des frictions d'onguent mercuriel pratiquées selon la méthode générale, sans avoir égard aux forces et aux dispositions particulières d'un malade, fussent suffisants pour le tirer d'affaire, ils en abandonnent tout le soin à des Chirurgiens et à des Apothicaires [...]. (*JS* 1720_B)

En outre, il est intéressant de souligner que le *TLFi* indique qu'en 1718 *mercuriel* est attesté dans les *HMAS* dans une des célèbres *Tables des différents rapports observés en Chimie entre différentes substances*, élaborées par le chimiste Étienne-François Geoffroy, dit Geoffroy l'Aîné, dont les listes d'affinités chimiques obtenues à travers l'observation des réactions des substances représentent des travaux novateurs dans le domaine de la chimie. Nous proposons ci-dessous un des extraits de cette *Table* :

En même temps qu'une portion de l'acide du Sel marin s'attache au Mercure, une autre partie et la plus considérable s'attache au Fer, et elle y resterait engagée, si ce n'est que la force du feu qu'on augmente et qu'on rend assez vif pendant la sublimation, oblige cette même portion d'acide à se détacher de la substance ferrugineuse trop fixe pour pouvoir être élevée avec ce Sel : ce même acide mis de nouveau en liberté par le feu, rencontrant les parties mercurielles qui n'étaient pas encore tout-à-fait détachées de l'acide nitreux, se joint à elles et en détache totalement l'acide nitreux qui se dissipe en vapeurs jaunâtres, pendant que de la jonction de l'acide du Sel marin et des parties mercurielles il se forme une concrétion saline mercurielle, assez volatile pour s'élever, ou (comme parlent les Chimistes) pour se sublimer au haut du vaisseau ; c'est pourquoi on le nomme Mercure sublimé.[112]

[112] M. Geoffroy l'Aîné, *Table des différents rapports observés en Chimie entre différentes substances*, in *HMAS* 1718.

Alors que pour *mercuriel/mercurial* l'usage concurrentiel des deux formes semble être lié à un concept remanié qui est introduit dans le domaine, pour *lixivieux/lixiviels* l'alternance des deux signifiants est associée plutôt à une dérivation linguistique concurrentielle à partir de *lixiviation* qui a été créé d'ici peu dans le lexique scientifique (*lixiviation* date de 1699).[113] Lorsque nous analysons les contextes d'occurrence des deux adjectifs dans le corpus, nous remarquons, en effet, qu'ils renvoient au même signifié de « sels lavés à travers une lixiviation » et qu'il ne s'agit que de deux formes concurrentielles au pluriel du même adjectif singulier (*lixiviel*).

> Dans la troisième Dissertation, l'Auteur s'applique à nous faire voir que pour expliquer un effet certain, il ne faut jamais recourir à des causes incertaines. Je ne puis souffrir, dit-il, ceux qui pour rendre raison de l'action du mercure dans les maladies où on l'emploie, ne font nulle difficulté d'attribuer à ce minéral une vertu semblable à celle des sels <u>lixiviels</u> qui se tirent des plantes. (*JS* 1702_A)
>
> Voici quelques expériences par lesquelles M. Baglivi finit son Traité de la Salive, et d'où il prétend qu'on peut tirer plusieurs conséquences nécessaires en Médecine. La salive mêlée avec une dissolution d'estaim et de mercure sublimé, devient d'un bleu pâle : mise dans de l'eau forte elle prend la même couleur ; délayée avec le sel d'Absynthe, de Tamaris, ou quelques autres sels <u>Lixiviels</u> de cette nature, elle décharge au fond du vaisseau un sédiment blanc, au dessus duquel nage une liqueur très claire. (*JS* 1702_D)
>
> Les poumons, par exemple, le dégagent de ses parties fuligineuses ; les reins le purgent de ce qu'il contient de <u>lixivieux</u>, les glandes subcutanées lui ôtent ses particules salines ; le foye, les particules huileuses ; la rate, les particules acides. (*JS* 1708_A)
>
> Les Antidotes les plus souverains en cette occasion, sont les acides et les sels <u>lixivieux</u> ; parce (dit l'Auteur) qu'en poussant par les urines, ils contribuent à désemplir les vaisseaux. (*JS* 1710_A)
>
> C'est donc sur ce fondement que *Borrichius* loue *Paracelse* d'avoir introduit l'usage des sels <u>*lixivieux*</u> dans le traitement des fièvres ; et que quelques autres font cas de la méthode de *Barbette* par la même raison. (*JS* 1712_C)
>
> De plus, entre les alkalis fixes il y en a qui se fondent facilement à l'air, comme sont les alkalis <u>lixivieux</u> ; et d'autres qui conservent plus longtemps leur solidité, comme le sel d'absynthe. (*JS* 1713_D)
>
> On les appelle sels <u>*lixiviels*</u>, parce que pour les séparer de la terre avec laquelle ils sont mêlés, on emploie les lessives ou lotions d'eau, qu'on fait ensuite évaporer. Ces

---

113   *DH* : s.v. *lisser*.

La langue scientifique au XVIIIe siècle

sels sont alkali, spongieux, dépouillés de tout principe volatil, mais très disposés à reprendre ce qu'ils ont perdu. (*JS* 1718_C)

La variabilité de la forme plurielle de *lixiviel* est ici un phénomène passager au niveau de la langue, ce qui est témoigné, d'une part, par l'absence de la collocation *sels lixivieux* dans tout dictionnaire de langue tant ancien que récent, et, de l'autre part, par la présence de ce syntagme uniquement dans des œuvres chimiques du XVIIIe siècle et du début du siècle suivant. Or, le corpus s'avère être dans ce cas une source d'informations importantes relativement aux étapes de stabilisation de termes et collocations du domaine de notre intérêt.

En revanche, d'autres adjectifs relevés dans le corpus font l'objet d'un usage fréquent de la part des savants, qui pendant la période 1699-1740 s'interrogent sur leur emploi à lumière notamment des réflexions linguistiques constantes portant sur la méthode de nomenclature chimique. *Sulfureux* et *vitriolique* sont, par exemple, des adjectifs qui font l'objet d'une réforme au niveau de l'usage, étant donné qu'ils sont concurrentiels à deux autres adjectifs de la même famille dérivationnelle, à savoir *sulfuré* et *vitriolé*, dont l'emploi était fréquent dans l'ancienne alchimie,[114] mais dont la fréquence dans le corpus est presque nulle.

> Il trouva qu'elles contenaient peu de sel vitriolique, peu de particules de fer, et beaucoup de matière plâtreuse ; et jugea delà avec raison qu'elles devaient avoir peu de vertu [...].
>
> Ces Eaux délivrées de ce plâtre qui y dominait, sont composées de deux sortes de parties, d'un esprit vitriolique, et d'une matière terrestre, qui renferme encore un sel acide, et est jointe à une poudre très fine de rouillure de fer [...].
>
> Il peut paraître étonnant que le Vitriol étant capable par lui-même de faire vomir, des eaux vitrioliques guérissent un vomissement. Mais M. Lémery répond que deux causes concouraient apparemment à former cette maladie [...].
>
> En cas que les recherches et le témoignage de M. Lémery en rétablissent l'usage, du moins pour quelques personnes, il ne sera pas inutile d'avertir, 1°. Qu'à cause que leur esprit vitriolique se dissipe fort aisément et fort vite, il les faut prendre sur le lieu [...]. (*HMAS* 1701_B)

---

114 *DH* : s.v. *sulf–/sulfo–*, *vitriol* et *soufre*.

> Il faut remarquer que tous les Sels acides enveloppés dans une terre, ne se sont pas trouvés propres à faire du soufre. M. Geoffroy excepte le Sel marin décrépité, et le Nitre Fixé. Peut-être leur acide est-il différent de celui du Soufre ou du Vitriol, ou de l'Alun, qui ne sont que le même. L'acide qui entre dans le soufre, devra donc être d'une nature particulière, et on peut l'appeler <u>vitriolique</u>. (*HMAS* 1704_A)

À partir notamment du dernier extrait retenu, il n'est pas sans intérêt de remarquer qu'au niveau conceptuel un rapport étroit existe entre les concepts de *soufre* et de *vitriol*, étant donné que *vitriolique* désigne un « acide qui entre dans les soufres ». À ce propos, nous signalons qu'en 1787 Guyton de Morveau introduit dans la *Méthode* les syntagmes d'*acide sulfureux* et d'*acide sulfurique*, celui-ci étant auparavant appelé *acide vitriolique*. Sur le plan conceptuel, une différence importante est donc établie entre les termes *vitriolique/sulfurique* et *sulfureux* qui, de fait, dénotent deux acides opposés. Alors que pour *vitriolique* ce changement conceptuel peut être clairement perçu dans l'extrait des *HMAS* de 1704 grâce à la présence du terme *soufre* et à la définition d'*acide vitriolique*, les contextes d'occurrence de *sulfureux*, qui est encore en cours de stabilisation au niveau du signifiant, ne font aucune mention du terme *vitriol*.

> M. Boulduc a d'abord travaillé sur le gris. La distillation ne lui a pas donné de grandes lumières ; mais par l'Analyse qu'il appelle d'Extraction, il a vu que ce Mixte contenait des parties salines, et <u>sulphureuses</u> ou résineuses, les salines en plus grande quantité. Il a tiré ces deux espèces différentes de principes, chacune avec le dissolvant qui lui convenait, les parties salines avec de l'eau de pluie distillée, les <u>sulphureuses</u> ou résineuses avec de l'Esprit-de-vin bien rectifié. Et même comme dans ce composé les sels dominent beaucoup sur les soulfres. (*HMAS* 1700_A)
>
> C'est ainsi que M. Lémery a fait un Etna ou un Vésuve, ayant enfoui en terre, à un pied de profondeur, pendant l'Été, 50. livres d'un mélange de parties égales de limaille de fer, et de soulfre pulvérisé, le tout réduit en pâte avec de l'eau. Au bout de 8. ou 9. heures, la terre se gonfla, et s'entrouvrit en quelques endroits, il en sortit des vapeurs <u>soulfreuses</u> et chaudes, et ensuite des flammes. [...]
>
> Il ne doit pas paraître étrange que ce soulfre, plongé dans l'eau des nues, ne laisse pas de s'y allumer. Les matières <u>sulfureuses</u> naturellement ne se mêlent point avec l'eau, et si elles sont fort exaltées, elles y brûlent, témoin de feu Grégoris. (*HMAS* 1700_D)
>
> Il est aisé de conclure que le Système des acides et des alcali ne peut s'étendre à ces expériences. Ce sont ici des matières <u>sulphureuses</u>, et non des alcali, qui font avec ces acides de si violents effets, et ceux des acides et des alcali ne sont pas si grands. (*HMAS* 1701_C)

> Une huile épaisse et rouge comme du sang que M. Homberg sait tirer du Soufre commun, et qui étant refroidie, prend une consistance de Gomme, lui paraît être la véritable partie inflammable ou <u>sulfureuse</u> du Soufre ; ce serait le Soufre principe, si dans l'opération par où elle a passée, elle n'avait retenu quelque mélange d'une matière étrangère. (*HMAS* 1703_A)

Sulfureux est utilisé dans le sens aussi bien de « source sulfureuse », à savoir l'acide sulfhydrique, dont le synonyme est *hydrogène sulfuré*, que de « élément ou partie contentant du soufre », cette acception étant celle que l'adjectif va acquérir définitivement dans la deuxième moitié du XVIIIe siècle. *Sulfureux* et *vitriolique*, ainsi que les deux adjectifs concurrentiels *sulfuré* et *vitriolé*, témoignent donc de la nécessité de standardiser l'usage de certains termes du domaine de la chimie. C'est suite à la réforme introduite à la fin du siècle que cette confusion au niveau de l'usage sera dépassée, ce qui est encore plus évident si l'on considère la disparition de certains des adjectifs analysés ici, tels que *vitriolique* à l'avantage de *sulfurique*, introduit par Guyton de Morveau et Lavoisier après l'introduction du concept de *sulfure*, et la nouvelle conceptualisation qui est la base d'autres adjectifs, tels que *sulfureux*, et de toute la famille dérivationnelle provenant du terme *soufre*.

Les caractéristiques des produits chimiques

Les adjectifs analysés jusqu'ici dérivent notamment des noms d'éléments ou de corps chimiques utilisés en alchimie depuis plusieurs siècles. D'autres dérivés retrouvés dans le corpus servent plutôt à indiquer les caractéristiques ou les propriétés de certaines réalités terrestres. La plupart de ces dérivés proviennent de produits dont la création est le résultat de réactions chimiques, tels que le savon, le plâtre, le gluten et le baume, ou il s'agit de produits naturels, comme l'argile (le *bol d'Arménie*) et le talc. Au niveau diachronique, il est intéressant de remarquer que presque tous ces adjectifs apparaissent au cours du XVIIIe siècle pour qualifier des réalités dont la nature doit être spécifiée par les savants au cours de leurs expériences chimiques.

> M. Geoffroy dit qu'à Plombières il y a des sources froides d'eau <u>savoneuse</u>, qu'on y trouve des pierres qui sont comme du savon, et d'autres qui mises en poudre, et jetées dans le feu, brûlent comme du souphre sans en avoir l'odeur ; que dans toutes ces eaux <u>savoneuses</u>, il croit beaucoup d'hépatique, qu'il n'en vient point dans les autres sources chaudes ni froides [...]. (*JS* 1703_B)
>
> Si toutes ces maladies ne cèdent point entièrement aux bains d'eau simple pris avec toutes les préparations et tous les ménagements que doit prescrire un sage Médecin, M. Burlet ne voit point d'autre ressource pour une guérison parfaite que les eaux minérales employées en bains et en boisson. Elles ne manquent point en Espagne ; il y en a de chaudes, de froides, de sulphurées, de nitreuses, de salines, de <u>savoneuses</u>, de vitrioliques, d'alumineuses, de ferrugineuses, de purgatives, de diurétiques, etc. (*JS* 1713_B)
>
> Celle de l'alun ne s'est pas dérobée de même à M. Geoffroy. Il a découvert sûrement que sa base est une terre <u>*bolaire*</u>, il faut toujours sous-entendre, dissoute par un acide. Les *bols* sont des terres graisseuses, douces au toucher et fragiles. (*HMAS* 1728_A)
>
> Les précipités <u>Talqueux</u> ou Gipseux, qu'on avait remarqués dans les anciennes Eaux, leur avaient fait grand tort dans l'opinion même des Physiciens. Ils avaient traité le Talc ou Gipse de Plâtre, qui ne devait pas être salutaire. (*HMAS* 1724_A)

Nous remarquons que dans les extraits retenus les adjectifs dérivés sont accompagnés des substantifs dont ils dérivent, tels que *savon*, *bol* et *talc*. Dans le cas de *bolaire*, une explication de *bol* est aussi fournie (« les *bols* sont des terres graisseuses, douces au toucher et fragiles »). Nous supposons que ce choix est lié au fait que d'après les sources lexicographiques consultées[115] les premières attestations de ces adjectifs dérivés ne datent que des années retenues pour notre analyse[116] et leur lexicalisation se réalise dans le *DA* de 1762. De ce point de vue, il n'est pas sans intérêt de préciser que les occurrences retrouvées dans le corpus représentent des attestations antérieures à celles fournies par le *TLFi* et le *DH*, ce qui représente une donnée très importante relativement au rôle joué par le corpus dans la communication scientifique et au support qu'il a fourni aux procédés d'implantation terminologique.

---

115   Notamment le *TLFi* et le *DH*.
116   D'après le *TLFi*, *talqueux* apparaît pour la première fois dans un *Mémoire* de de Réaumur datant de 1727 sous la forme *talceux* : « que ces paillettes étant de vraies paillettes *talceuses*, que le *Kao lin* n'était qu'un Talc pulvérisé » (*TLFi* : s.v. *talc*).

À côté de ces adjectifs dérivés nous citons aussi *glutineux*, dont nous remarquons une seule occurrence dans le corpus, dans laquelle l'adjectif n'est pas accompagné du substantif de dérivation *gluten* :

> Lorsque la superficie de la plante est dépouillée de son écorce, on la voit toute pleine de canaux, qui continuent depuis l'extrémité de la plaque, jusqu'à l'endroit où les pointes de la plante commencent à se ramollir : il y a plusieurs cellules rondes, creuses dans la même substance, qui sont aussi remplies d'un suc de lait glutineux, lequel en se séchant devient jaune, de même que celui des tubules de l'écorce. (*JS* 1727_A)

L'absence de *gluten* semble ici être liée au fait que jusqu'au début du XVIIIe siècle *glutineux* n'est en effet employé qu'en tant que synonyme de *visqueux*, tel qu'il est indiqué dans le *DT*, ce sens étant attesté pour l'occurrence retrouvée dans le corpus. Aucune valeur scientifique n'est donc donnée à *glutineux* ou à *gluten*, qui sont absents du *DF*. Ce ne sera qu'avec la réforme chimique de 1787 que *gluten* et *glutineux* seront introduits définitivement en chimie et leur seront associés respectivement les signifiés de « substance visqueuse contenue dans la graine des céréales » et « de la nature du gluten ».[117]

En revanche, quant à *plâtreux* et *balsamique*, leur attestation datant du XVIe siècle, nous pouvons supposer que leur absence dans le *DF* soit en quelque sorte due à un sens attribué aux termes qui n'est pas perçu comme technique du domaine de la chimie (*plâtreux*, « blanc comme le plâtre »)[118] ou qui n'est pas restreint uniquement à la chimie (*balsamique*, « de tout genre, se dit des choses qui ont une propriété, une vertu, une qualité semblable à celle du baume »).[119]

> Un habile Chirurgien voulant tirer à un homme hors de l'œil un cristallin réellement Glaucomatique, et tout plâtreux, lui fit à la cornée une incision qui la traversait presque entièrement, et tira par là ce cristallin avec beaucoup de succès. (*JS_S* 1708_C)
>
> L'Auteur dans le chapitre des Topinambours, dit que les topinambours nourrissent beaucoup. Il en apporte aussitôt la raison. C'est que les topinambours contiennent des principes huileux et balsamiques propres à s'attacher aux parties qui ont besoin de réparation. (*JS* 1702_B)

---

117   *DH* : s.v. *gluten*.
118   *DH* : s.v. *plâtre*.
119   *DA* 1694 : s.v. *balsamique*.

> Il faut outre cela qu'ils contiennent des principes actifs et volatils, mais tempérés et adoucis par un certain mélange de parties huileuses et <u>balsamiques</u> ; en sorte qu'ils puissent entretenir en nous cette fermentation douce et tranquille que l'action des levains a déjà commencée, et qui tend à une parfaite digestion. (*JS* 1711_A)
> [...] M. Boulduc l'égale à cet égard aux Baumes naturels. On entend assez que ces effets appartiennent naturellement à la partie résineuse et <u>balsamique</u>. (*HMAS* 1708_B)
> Le sang devient séreux et incapable de liaison, si les parties <u>balsamiques</u> se trouvent dissipées par quelque cause que ce soit. (*JS* 1714_A)
> Les humeurs, devenues trop subtiles, s'agitent outre mesure ; les vibrations des solides se sont avec plus de véhémence ; tout le corps s'échauffe, et privé qu'il est de cette substance <u>balsamique</u>, dont il avait besoin, il tombe dans le desséchement. (*JS* 1725_A)

Enfin, parmi les adjectifs utilisés pour caractériser des corps ou des produits, il est utile de signaler ceux qui dérivent d'opérations chimiques conduites par les savants. Au niveau disciplinaire il s'agit d'adjectifs dérivés dont le sens est indiqué comme vieilli par les sources lexicographiques consultées, mais qui, pendant les années retenues pour notre analyse, étaient encore utilisés couramment.

> Pour ce qui est des remèdes contre les tremblements et l'asthme causés par cette vapeur, il conseille le baume d'ortie, le sel nitre, l'esprit de sel <u>dulcifié</u>, le mercure doux, l'antimoine diaphorétique ; et pour l'érosion du palais, de la gorge, et des gencives, il recommande de se gargariser avec du lait, et de se frotter les gencives avec du beurre. (*JS* 1703_C)
> Il a donc pris de l'esprit de soufre bien <u>deflegmé</u>, c'est-à-dire du sel acide de souffre ; il l'a mêlé avec une partie égale de cette gomme, ou matière inflammable dont on vient de parler, et une autre partie égale d'huile de tartre ; et après les opérations convenables, le mélange de ces trois matières lui a donné du soufre brûlant tout pur. (*JS* 1707_A)
> *Sur la manière de reconnaître le sublimé corrosif <u>sophistiqué</u>.* (*HMAS* 1699_A)

Dans ce cas il s'agit de trois adjectifs dérivés qui renvoient clairement aux verbes *dulcifier*, *déflegmer* et *sophistiquer* désormais sortis de l'usage en chimie, dont le sens a été acquis par d'autres verbes (*dulcifier* a été substitué par *adoucir*)[120] ou a été transférés dans le domaine commercial (*sophistiqué*

---

120 *DH* : s.v. *dulcifier*.

La langue scientifique au XVIIIe siècle

sous l'influence de l'anglais *sophisticated*).¹²¹ Il est quand même intéressant de noter que ces trois adjectifs étaient très bien normalisés en chimie et qu'ils jouaient un rôle très important dans ce domaine en tant que qualificatifs de corps chimiques très connus, à savoir *sel*, *soufre* et *sublimé*.

Les propriétés des corps chimiques

Parmi les substantifs de chimie absents dans le *DF* les plus intéressants désignent les propriétés des corps chimiques. Ces termes font partie d'un groupe terminologique plus homogène (*dissolubilité*, *ductilité*, *fixité*, *malléabilité*, *élasticité*, *fusibilité*, *volatilité*), aussi bien au niveau de la datation historique que des procédés de dérivation. Il s'agit, en effet, de substantifs dont leur première attestation remonte au XVIIe siècle : le plus ancien au niveau de la dérivation est *fixité*, datant de 1603, alors que le plus récent est *élasticité*, apparu en 1687.¹²²

L'absence de ces substantifs dans le *DF* et leur rareté d'occurrence dans notre corpus témoignent peut-être d'un usage encore restreint dans le domaine de la chimie.¹²³

> *Sur le verre des bouteilles, ou sur la* <u>dissolubilité</u> *de plusieurs verres.* (*HMAS* 1727_A)
> Les anciens ont mis le vif-argent au nombre des métaux, quoiqu'il n'en ait ni la dureté, ni la <u>ductilité</u>, ni la <u>fixité</u>. Mais le lieu où il naît, son poids, sa simplicité, et la manière facile dont il s'amalgame ou se joint avec les autres métaux lui ont fait donner ce rang. (*JS* 1732_A)
> Que quand on déroule les tables de ce Plomb, on y sent une roideur, qui prouve qu'il a perdu de sa <u>malléabilité</u>, qualité cependant qu'il est si important de conserver à ce métal, puisqu'elle en fait le principal mérite pour les usages auxquels il est destiné. [...]
> L'<u>élasticité</u> n'est pas moins à conserver dans le Plomb, et notre Auteur prétend que le laminage la fait perdre aussi à ce métal. (*JS* 1731_A)

---

121   *DH* : s.v. *sophisme*.
122   *DH* : s.v. *dissoluble*, *malléable*, *élastique*, *fixe*, *volatil*, *ductile*, *fusible*.
123   Nous soulignons que dans le *DT* nous n'avons retrouvé que les substantifs *ductilité* et *volatilité*, ce qui à notre avis est lié à la datation différente des deux ouvrages lexicographiques.

Ses expériences [de M. Homberg] du Verre ardent rapportées dans l'Histoire de 1709 prouvent que des métaux privés de leur Soufre, et devenus par là incapables de se fondre, reprennent très aisément un Soufre végétal, et avec lui leur <u>fusibilité</u>, et leur forme métallique. (*HMAS* 1710_A)

[...] Que cette différence de <u>volatilité</u> et de <u>fixité</u> ne vient pas seulement de la différente force du feu, mais qu'elle peut venir aussi de la fermentation du Mixte qui aura précédé l'analyse ; parce que toute fermentation dégage naturellement les matières volatiles d'avec les fixes, et par conséquent les dispose à une séparation encore plus parfaite par le feu. (*HMAS* 1701_D)

Là, elles [les plantes] fermentent naturellement, les parties les plus légères, les plus actives, les plus volatiles, commencent à se dégager d'avec les autres, celle qui ont un moindre degré d'activité ou de <u>volatilité</u> les suivent, et à la fin tout le Mixte se décompose autant qu'il le peut sans secours, et sans agent étranger. (*HMAS* 1702_A)

Le vitriol des eaux de Passy qui est en petite quantité, n'eut pas la force d'exciter dans l'estomac de grandes secousses ; et d'ailleurs da <u>volatilité</u> ne lui permit pas d'y séjourner assez longtemps pour les exciter. (*HMAS* 1701_B)

La terre du Soufre commun est extrêmement fixe, parce qu'elle est dépouillée de la matière grasse et huileuse, dans laquelle consiste la <u>volatilité</u> de tout le Mixte. (*HMAS* 1703_A)

Sur la <u>volatilité</u> *des sels urineux*. (*HMAS* 1721_A)

Les substantifs retrouvés sont tous composés du suffixe formateur –*ité* qui indique l'inanimé et une qualité dérivée d'une base adjectivale. Les substantifs proviennent, en effet, tous d'adjectifs déjà présents dans le domaine de la chimie ou de la physique, certains d'entre eux, tels que *élasticité* et *volatilité* ne pouvant pas être catégorisés dans une seule des deux disciplines. De ce point de vue, l'absence de certains de ces termes dans le corpus pourrait aussi être liée au fait qu'ils sont utilisés notamment en physique et notre corpus ne recueille que les articles de botanique et de chimie.

Au niveau chronologique l'homogénéité de ces substantifs sur le plan de l'attestation est aussi valable relativement à leur lexicalisation qui date du XVIIIe siècle (*DA* 1762), exception faite pour *dissolubilité* qui ne se lexicalise qu'au siècle suivant (*DA* 1872). Il s'agit donc d'un groupe de termes renvoyant à des concepts bien stabilisés au niveau scientifique qui le long d'un siècle ont été acceptés complètement par les savants. Cette normalisation est encore plus évidente si l'on considère, entre autres, *élasticité* et *ductilité* dont la lexicalisation se produit un siècle après leur attestation.

La langue scientifique au XVIIIe siècle

Au niveau disciplinaire, il est intéressant de remarquer que la plupart de ces substantifs indiquent des caractéristiques des métaux, ce qui est évident dans quelques extraits retenus (« Les anciens ont mis le vif-argent au nombre des métaux, quoiqu'il n'en ait ni la dureté, ni la ductilité, ni la fixité » ou « que quand on déroule les tables de ce Plomb, on y sent une roideur, qui prouve qu'il a perdu de sa malléabilité, qualité cependant qu'il est si important de conserver à ce métal »). En outre, nous soulignons que *ductilité* et *fixité*, ainsi que *malléabilité* et *élasticité*, apparaissent dans le même article et sont utilisés par les savants dans des phrases descriptives à la nature didactique pour indiquer les propriétés générales des corps, les expériences et les résultats des recherches en cours.

En général nous pouvons donc affirmer que ce groupe de substantifs démontre que, lorsque le concept, exprimé par un adjectif, s'insère et se stabilise au niveau disciplinaire, la famille linguistique de dérivation provenant de ce même adjectif a un succès immédiat auprès des savants, aussi bien sur le plan de l'usage que sur celui de la lexicalisation de ces termes, qui pénètrent progressivement dans la langue commune jusqu'à acquérir des signifiés figurés qui vont au-delà du domaine technique de départ (par exemple *malléabilité* (ce qui est souple et influençable), *élasticité* (flexibilité et souplesse à propos du caractère d'une personne, d'institutions) et *ductilité* (la ductilité d'un style)).

Les opérations chimiques

Comme nous l'avons vu auparavant pour certains adjectifs tels que *sophistiqué*, *dulcifié* et *deflegmé*, les opérations chimiques conduites sur les corps simples ou complexes représentent les étapes principales d'évolution de la discipline car c'est grâce aux expériences faites par les savants que le domaine se développe au niveau des connaissances. Les adjectifs cités témoignent *a posteriori* d'un dépassement de certaines idées de l'alchimie et subissent au niveau linguistique un phénomène de disparition de l'usage à l'avantage d'autres termes renvoyant à des concepts nouveaux qui sont formulés et introduits par la communauté scientifique.

De ce point de vue, étant donné que le corpus créé se situe au niveau temporel au moment où les chimistes mettent en question certaines théories du domaine, il représente une source d'informations, à la fois sur des opérations chimiques qui seront dépassées le long du XVIIIe siècle et sur celles qui seront développées davantage suite aux nouveaux travaux menés par les savants mêmes.

Un des exemples les plus intéressants de cette double dynamique est fourni par le terme *laminage* qui renvoie à l'opération de laminer le métal, dont le corpus atteste sa première apparition :

> *Mémoire sur le <u>laminage</u> du plomb.*
> Ce Mémoire est, à proprement parler, une réponse aux Observations dont nous venons de rendre compte. L'Auteur commence par expliquer ce que c'est que le <u>Laminage</u> : il dit que « laminer un métal », c'est le réduire d'une certaine épaisseur, à une moindre par « le secours d'une forte compression ». (*JS* 1731_A)

Dans cet extrait le terme est accompagné de sa base de dérivation, à savoir le verbe *laminer* qui, bien qu'il existe dès le XVe siècle pour « orner de petites lamelles de métal »,[124] acquiert une valeur technique en 1731 pour désigner l'opération de réduire du métal en lames, dont l'objet, comme l'indique le *DH*, évolue avec les techniques métallurgiques.[125] Il est donc intéressant de remarquer que le corpus représente ici le vrai témoignage de l'implantation d'un concept dans les domaines techniques et de sa diffusion auprès de la communauté scientifique.

En revanche, dans d'autres cas nous remarquons que le corpus créé s'avère le lieu d'attestation des résultats d'opérations chimiques qui sont déjà conduites par les savants depuis plusieurs siècles.

> Cette terre, qui est la base du Sel fixe de Borax, ou de son Sel de Glauber, est la même qui entre dans cette vitrification si facile du Borax. Il y a plus. Le Sel Sédatif, même celui qui a été sublimé, se vitrifie encore en partie, et par conséquent il contient encore de cette même Terre, qui doit être bien inséparable du Borax. Une grande difficulté de faire du Borax artificiel sera apparemment de trouver cette Terre <u>vitrifiable</u>. (*HMAS* 1732_D)

---

124 *TLFi* : s.v. *laminer*.
125 *DH* : s.v. *laminer*.

> On ne peut avoir que de deux façons une matière à demi-vitrifiée ; ou 1° on l'aura saisie, enlevée du feu, avant qu'elle le fût entièrement ; ou 2° elle était composée de deux matières, dont l'une était <u>vitrifiable</u>, et l'autre ne l'était point, ou du moins ne l'était que plus difficilement et avec un plus long temps, de sorte que la vitrification de l'une étant faite, et celle de l'autre ne l'étant pas, on a enlevé le tout du feu. (*HMAS* 1740_A)

Vitrifiable renvoie à l'opération de la *vitrification*, à savoir la transformation d'une substance en verre par fusion.[126] Alors que la dénomination de l'opération est attestée au niveau lexicographique depuis le XVIe siècle, l'adjectif dérivé *vitrifiable* est recensé pour la première fois dans une étude de de Réaumur datant de 1727, présentée dans la section *Mémoires* des *HMAS*.[127] De même que pour *laminage*, les extraits retenus démontrent qu'en raison de son usage récent le terme *vitrifiable* nécessite de la présence de *vitrifier* et *vitrification* dans son contexte d'occurrence pour faciliter sa compréhension. La présence de la famille dérivationnelle et d'une explication de l'opération chimique conduite justifie également le manque de définition du terme nouveau.

Ce qu'on vient d'indiquer au niveau du contexte d'occurrence pour *vitrifiable* est aussi valable dans le corpus pour *revivification*.

> L'expérience n'a pas moins confirmé sa conjecture sur la difficulté de la <u>revivification</u> du fer. Il est vrai que l'effet de l'aiman sur la poudre noire semble marquer un ver revivifié ; mais diverses expériences particulières faites sur cette poudre, et sur de la limaille de fer, ont donné des différences considérables, qui toutes ont convaincu M. Lémery, que la <u>revivification</u> n'était pas parfaite [...]. (*JS* 1708(S)_C)

Le terme fait référence à l'opération de « rendre un métal à sa forme métallique », dont le verbe préfixé *revivifier* se veut porteur.[128] L'attestation de *revivification* dans le corpus est très proche de la datation du terme

---

126   *DH* : s.v. *vitre*.
127   René Antoine Ferchault de Réaumur, *Des différentes manières dont on peut faire la porcelaine*, in *HMAS* 1727.
128   *DH* : s.v. *vivifier*.

proposée par les sources lexicographiques consultées, à savoir 1675.[129] Nous soulignons que, de même que pour les opérations désignées par les verbes *dulcifier, sophistiquer* et *déflegmer, revivifier* et *revivification* indiquent de nos jours des opérations inusitées et des concepts vieillis en chimie, alors qu'à l'époque il s'agissait d'opérations très pratiquées par les chimistes, qui relevaient des expériences alchimiques.

Volatiliser est un autre verbe, introduit en 1611,[130] présent dans le corpus qui sert à désigner l'opération chimique de passage d'un corps à l'état de gaz, de vapeur.[131]

> L'esprit de vin fait perdre la faim, parce qu'étant extrêmement rempli de sel volatil, il volatilise les ferments d'estomac jusqu'à les dissiper. (*JS* 1705_A)

Par rapport à *revivifier* il ne s'agit ici d'une opération et d'un concept qui disparaîtront en chimie, mais plutôt d'un terme dont l'usage sera concurrencé par des synonymes plus récents et désormais plus utilisés, tels que *évaporer, sublimer* et *vaporiser*.

Pour conclure, il est intéressant d'achever cette partie en citant le verbe *lessiver* qui fait l'objet en 1701[132] d'un emprunt sémantique en chimie pour désigner l'opération de « traiter un corps, une substance par l'eau pour en diminuer les parties solubles ».[133]

> M. du Fay a eu depuis et les matières employées dans cette Verrerie, et une instruction sur les doses, et par là il a été en état de rechercher l'origine du mal. On met 7 parties de cendres lessivées et séchées dans les Archers du Four, I partie de cendres du même Four au défaut de cendres fortes, ou non lessivées, I partie et ¼ de sable séché. (*HMAS* 1727_A)

---

129   Aussi bien le *TLFi* que le *DH* proposent cette date. Il est intéressant de signaler que *revivification* ne dérive pas d'une opération de préfixation faite sur *vivification*, mais il s'agit d'un dérivé du verbe *vivifier*, ce qui peut être lié au fait que *vivification*, tout en étant attesté dès 1380, est utilisé très rarement. Cf. *DH* : s.v. *vivifier*.
130   *DH* : s.v. *volatiliser*.
131   *TLFi* : s.v. *volatiliser*.
132   *DH* : s.v. *lessive*.
133   Wilhem Hombert, *Mémoire*, in *HMAS* 1701.

Or, encore une fois la définition d'un nouveau concept du domaine de la chimie trouve dans le corpus créé son lieu de première attestation et, de même que pour *vitrifiable*, le fait que les termes renvoyant à ces opérations sont présents plusieurs fois dans les articles du *JS* et des *HMAS*, bien avant leur lexicalisation dans le *DA*, témoigne d'une vitalité linguistique non négligeable de la langue de la chimie, ainsi que d'un travail précis fait par la communauté savante qui crée et utilise ces mêmes termes dont les revues en question permettent d'en registrer les usages.

Conclusion générale

> Voyez-vous cet œuf, c'est avec cela qu'on renverse toutes les écoles de théologie et tous les temples de la terre. Qu'est-ce que cet œuf une masse insensible avant que le germe y soit introduit ; et après que le germe y est introduit, qu'est-ce encore une masse insensible, car ce germe n'est lui-même qu'un fluide inerte et grossier. Comment cette masse passera-t-elle à une autre organisation, à la sensibilité, à la vie qu'y produira la chaleur le mouvement. Quels seront les effets successifs du mouvement ? Au lieu de me répondre, asseyez-vous, et suivons-les de l'œil de moment en moment.
> — DENIS DIDEROT (1769), *Entretien entre d'Alembert et Diderot*

L'analyse menée sur le plan terminologique s'avère être un instrument de validation valable relativement à notre hypothèse de départ concernant le rapport étroit existant entre l'état des sciences pendant les années retenues pour notre étude (1699–1740), les choix faits par les savants relatifs à la langue scientifique et le genre adopté de la presse scientifique. Le travail conduit sur le corpus permet, en effet, de dégager différents aspects de l'évolution terminologique en diachronie qui témoignent d'un travail fait sur plusieurs niveaux linguistiques par les savants, qui adoptent un réseau ontologique de concepts découlant d'un paradigme scientifique partagé. Cette adoption se manifeste clairement en raison d'un usage terminologique intentionnel dans les articles scientifiques.

Dans cette dernière partie de notre travail c'est à partir de quelques considérations générales tirées des études les plus récentes conduites en philosophie des sciences que nous proposons des réflexions conclusives de nature linguistique sur le travail mené.

Pour ce qui est des histoires des sciences la seconde moitié du XXe siècle a connu un gain d'intérêt remarquable quant à l'analyse des dynamiques qui sont à la base du progrès des disciplines scientifiques au fil des siècles, suite notamment aux ouvrages de Kuhn sur les révolutions scientifiques.[1] Plusieurs chercheurs ont indiqué des concepts clé, tels que *paradigme, dogme, épistémologie* ou *révolution*, mais ce qui nous intéresse davantage est l'importance attachée à l'idée de continuité des savoirs scientifiques, qui semble inspirer désormais toute étude du domaine.

> L'un des traits caractéristiques des connaissances scientifiques (pour s'en tenir à elles, mais cela est également le cas à quelque degré pour les autres formes de connaissance dans les sociétés humaines), est d'être produites et transformées au long du temps. Ce que nous appelons « la science » est fondamentalement non statique. Elle comporte une dimension temporelle intrinsèque qui se manifeste dans sa dynamique, visible tant dans les changements de contenus de connaissance, que dans le mouvement même de l'activité scientifique et dans les transformations liées à ses effets. Et, avant ces changements, dans la formulation même de ces connaissances, qui n'étaient pas données comme telles dans la nature, et qui ont donc été inventées ou créées dans leur propre espace symbolique.
>
> Cet aspect dynamique est devenu très apparent avec la science moderne et contemporaine, depuis le XVIIe siècle : l'augmentation et l'intégration de toutes les connaissances acquises incitent à donner corps à l'idée d'un « progrès » [...].[2]

La prise en compte du caractère dynamique des connaissances scientifiques, ainsi que des genres de l'écriture de la science permet de reconsidérer le rôle joué par les découvertes dans l'histoire des sciences qui dans cette perspective ne représentent plus le point de départ d'une nouvelle conception de la science ou d'une théorie scientifique qui vient d'être formulée, mais elles sont plutôt envisagées comme les résultats d'une pratique scientifique en quelque sorte novatrice, ainsi que de toute une série de nouveaux concepts qui s'enchaînent auprès de la communauté scientifique.[3] Il est intéressant

---

1   Cf. Thomas Samuel Kuhn, *The Structure of Scientific Revolutions* (Chicago : University of Chicago Press, 1962) ; Id., « The Function of Dogma in Scientific Research », in *Scientific Change*, Colloque sur l'histoire de la science, University of Oxford, 9–15 juillet 1961, éd. Alistair Cameron Crombie (New York and London : Basic Books and Heineman, 1963), pp. 347–369 ; Id., *The Essential Tension : Selected Studies in Scientific Tradition and Change* (Chicago : University of Chicago Press, 1977).
2   Paty, « Du style en sciences et en histoire des sciences », pp. 61–62.
3   « Così dunque la rivoluzione scientifica del XVI–XVII secolo [...] consistette non solo e non tanto in una serie di scoperte che rivoluzionarono i paradigmi dell'astronomia

Conclusion générale

de remarquer que, bien qu'il considère l'existence d'une rupture logique soudaine comme la condition nécessaire pour l'insertion d'un nouveau paradigme scientifique remplaçant celui qui le précède, ce qui correspond à un trait caractéristique de l'histoire des sciences,[4] Kuhn analyse à plusieurs reprises le caractère temporel et non statique des éléments différents qui interagissent dans la construction de sa théorie du signifié pour les concepts empiriques.[5] Dans l'ouvrage italien *Dogma contro critica*, édité par Gattei, qui réunit les principaux essais de Kuhn, le philosophe allemand Paul Hoyningen-Huene aborde les conséquences linguistiques découlant de la nouvelle théorie du signifié élaborée par Kuhn :

(Copernico, Keplero, Galileo) o della meccanica (Boyle, Lavoisier), quanto nel sorgere e divenire istituzionale di un nuovo ideale di scienza, ideale che si differenziava sostanzialmente da quelli che avevano guidato l'attività conoscitiva degli uomini di scienza dell'antichità e del medioevo e che le nuove scoperte semplicemente rendevano realizzabile » (Stefan Amsterdamski, *Enciclopedia* (Torino : Einaudi, 1981), vol. 18, s.v. *scienza*).

4 « L'*histoire des sciences*, quant à elle, a longtemps envisagé la succession des théories comme un phénomène continu, fait de progrès, de correction et d'accroissement. Ainsi, le principe de correspondance, ainsi nommé par Niels Bohr, affirme qu'une théorie antérieure est au moins "contenue" dans la théorie qui la remplace. À cette thèse de continuité s'est opposée une conception de l'histoire comme phénomène discontinu. Pour Kuhn, il n'y a de continuité et de progrès qu'à l'intérieur de périodes d'activité dite "normale", c'est-à-dire dominée par des "paradigmes" établis et acceptés par la communauté scientifique. L'importance accordée à ces modèles de recherche et à leurs implications ne tient pas seulement à leur consistance logique ou à leur conformité aux phénomènes enregistrés, mais aussi à des facteurs institutionnels et sociologiques. Lorsque, à la suite d'une crise provoquée par des anomalies trop nombreuses ou touchant à des phénomènes trop importants, un paradigme est remplacé par un autre, un langage nouveau se met en place, qui parle d'un autre monde : entre paradigmes successifs, il n'y a pas correspondance, mais rupture logique » (Hallyn, *La structure poétique du monde : Copernic, Kepler*, pp. 10–11).

5 L'idée de concepts empiriques a été bien établie par Kant, selon lequel le concept désigne toute idée ou notion générale. Il distingue les concepts empiriques, tirés des données expérimentales par le moyen de l'abstraction, les concepts purs, qui sont les éléments a priori de la connaissance et n'empruntent rien de l'expérience externe, et les concepts mixtes, où entrent à la fois des données de l'expérience et des données de l'entendement pur.

> Je veux maintenant traiter de deux conséquences philosophiques intéressantes de la théorie kuhnienne du signifié pour les concepts empiriques. La première concerne le fait que dans l'utilisation des concepts empiriques auprès d'une communauté linguistique la connaissance empirique du monde peut s'accumuler. [...] Les termes introduits selon la modalité indiquée sur la base des relations de ressemblance et de dissemblance, et non à travers des définitions explicites, jouissent donc de la propriété que la connaissance empirique du monde peut résider dans leur emploi.
>
> En deuxième lieu, à partir du moyen par lequel les concepts empiriques sont introduits, on peut distinguer deux moyens de changement du langage. Dans le premier moyen la structure du lexique reste inaltérée, ce qui signifie que les relations entre tous les concepts restent les mêmes. Les critères utilisés pour indiquer les référents correspondants peuvent quand même changer de manière systématique. [...] Le deuxième moyen de changement du langage est caractérisé par un changement dans la structure du lexique [...]. On peut donc l'appeler changement révolutionnaire du langage.[6]

La théorie kuhnienne du signifié est, donc, le résultat d'une réflexion qui permet de prendre en considération deux situations conceptuelles au sein d'une communauté linguistique qui témoignent de deux paradigmes successifs concernant une même science dont la comparaison s'avère être impossible en raison des structures et schèmes de pensées différents des deux paradigmes.

> L'incommensurabilité, exprimée en termes d'un nouveau cadre linguistique, est le résultat d'une structure différente des lexiques correspondants. Cette différence structurelle peut être évidente de plusieurs manières. En premier lieu, étant donné qu'il existe dans la structure du lexique un réseau de relations de ressemblances et de dissemblances, de même l'incommensurabilité implique un changement des ressemblances et des dissemblances. En résulte un réaménagement de la taxonomie et une redistribution de certains objets ordonnés par la taxonomie. [...] En deuxième lieu, des lexiques différents peuvent intégrer des connaissances diverses du monde. Étant donné que cette connaissance fait partie désormais du langage, l'annulation de la connaissance empirique, qui est implicite dans le langage, peut se présenter comme une confusion conceptuelle. [...] Et peuvent en découler des problèmes de communication entre les personnes qui utilisent des lexiques différents. Enfin, les phrases articulées grâce à un lexique ne peuvent pas être exprimées littéralement à travers

---

6   Nous traduisons de l'original italien. Paul Hoyningen-Huene, « Prefazione », in *Dogma contro critica*, Thomas Kuhn (éd. de Stefano Gattei) (Milano : Raffaello Cortina editore, 2000), pp. XXV–XXVI.

un autre lexique incompatible avec le premier. Le résultat est qu'il est impossible de traduire, dans le sens littéral, des théories incommensurables.[7]

Deux paradigmes scientifiques successifs entraînent selon Kuhn des problèmes d'incommensurabilité, dont découle une confusion conceptuelle ayant des retombées importantes au niveau linguistique et communicationnel.

Pour ce qui est de notre étude cette confusion ontologique entourant la botanique et la chimie, ainsi que les exigences de créations néologiques sont étroitement liées à la période retenue qui correspond au moment où les deux sciences se configurent comme des disciplines scientifiques au sens moderne du terme ayant leurs propres schèmes et structures de pensée. L'étude de plusieurs termes démontre, en effet, que l'existence d'une confusion conceptuelle (par exemple, entre autres, *pétale*, *tunique*, *sommet-anthère*, *sensitive*, *mimosa*, *vitriolique*, *sulfureux*) ou d'un flou conceptuel (par exemple, entre autres, *chaton* et *nitro-aérien*) témoigne d'un passage lent, mais progressif, au sein de la communauté scientifique qui adopte une vision de la réalité liée aux nouveaux atouts des différents domaines scientifiques.

Cette adoption d'une vision nouvelle de la réalité se manifeste au niveau linguistique, en allant bien au-delà d'une nomenclature, qu'elle soit botanique ou chimique. Elle est plutôt censée représenter l'adhésion à un réseau ontologique fait de correspondances et de séparations existant entre les concepts, qui dépasse le niveau du signifiant.

> The language with which the scientist reads the world is not therefore a nomenclature but an act of cognition, or rather the condition of knowledge itself. It is not a matter of labelling objects but of revealing relationships, organizing the observation of the real world into mental discourse. [...]
>
> The problem of scientific lexis is, however, largely that of the semantic history of words; an evolution that is not highly visible, taking place in individual lexical niches, but a significant consequence and therefore a certain indicator of conceptual development. [...]

---

7   Nous traduisons de l'original italien. *Ibid.* pp. XXVIII–XXIX. Pour d'autres remarques sur la notion d'incommensurabilité, cf. également pp. 332–344.

> [...] The constant nature of the signifier, then, does not free us from the need to examine the history of the meaning.[8]

De ce point de vue, nous partageons les réflexions proposées Halliday relativement à l'écriture de la science et du rôle que la métaphore grammaticale joue dans la construction du discours scientifique :

> This sort of discourse has served well for the natural sciences, where it was important to construe a world of « things », including virtual entities that could be brought into existence as and when the discourse required them; some of these virtual entities then remain in existence as theoretical constructs, while others function locally in the argument and then disappear. Symbolically, this kind of discourse is holding the world still, making it noun-like (stable in time) while it is observed, experimented with, measured and reasoned about.[9]

Alors que la création des nomenclatures botaniques et chimiques unanimement acceptées peuvent correspondre aux résultats linguistiques les plus évidentes des révolutions scientifiques disciplinaires, d'autres termes créés *ex novo* (*monopétale, polypétale, revivification*) ou découlant d'une tradition scientifique déjà existante (*déflegmé, sophistiqué*) et reconceptualisés selon un nouveau paradigme conceptuel témoignent de l'action menée par les savants qui essaient par le biais de ces mêmes termes de rendre compte d'un nouveau système ontologique dont la systématisation du vocabulaire s'avère la nécessité la plus immédiate.[10]

Or, la prise en compte de la dimension diachronique et la création d'un corpus comparable au niveau des genres textuels choisis sur lequel mener notre analyse terminologique permettent de cerner certaines tentatives de systématisation (*lixivieux/lixiviel, ferrugineux, sulfureux, savonneux*), qui attestent également le pouvoir linguistique dont disposent les savants mêmes pendant les années retenues. C'est, en effet, en raison de la renommée qui entoure plusieurs savants qui travaillent sur la langue, comme

---

8   Altieri Biagi, « A Diachronic View of the Languages of Science », p. 39 et pp. 43–44.
9   Halliday, *The Language of Science*, p. 21. Nous renvoyons également à la section « The Grammatical Construction of Scientific Knowledge : the Framing of the English Clause » (pp. 102–134) de l'ouvrage de Halliday.
10 Cf. Brunot, *Histoire de la langue française*, pp. 638–639.

Tournefort, que certains termes analysés, tels que *placenta* ou *verticillé*, qu'on pourrait presque définir des « termes d'auteur », jouissent d'une implantation terminologique plus simple, par rapport à d'autres termes, tels que *belle-de-nuit*, *nopal* ou *cytise*, revenant à une tradition de formation linguistique populaire. Les résultats obtenus permettent de valider l'hypothèse d'une volonté partagée chez les savants de suivre des critères exacts quant aux choix de systématisation des lexiques. Dans ce cas il s'agit d'un travail collectif dont les conséquences sont à plusieurs reprises évidentes (par exemple, entre autres, *dissolubilité*, *malléabilité*, *fusibilité*, *talqueux*, *plâtreux*, *glutineux*).

Le développement de la pensée a ici des conséquences évidentes sur le développement du vocabulaire, à savoir sur le lien qui existe entre la création des idées nouvelles et les termes scientifiques, qui révèlent la plasticité et la fécondité indéfinies de la langue scientifique.

La prise en compte de la dimension diachronique préconisée par plusieurs travaux récents en terminologie[11] permet à la fois de confirmer le manque de stabilité qui entoure les concepts[12] et l'attestation de signifiés

---

11   Cf. entre autres, Dury et Picton, « Terminologie et diachronie : vers une réconciliation théorique et méthodologique ? » ; Jean-François Sablayrolles, « Nomination, dénomination et néologie : intersection et différences symétriques », *Neologica* no. 1 (2007), pp. 87–99 ; Humbley, « La néologie : interface entre ancien et nouveau » ; Anne Condamines, Josette Rebeyrolle et Annie Soubeille, « Variation de la terminologie dans le temps : une méthode linguistique pour mesurer l'évolution de la connaissance en corpus », in *Actes d'Euralex International Congress*, Lorient, 6–10 juillet 2004, pp. 547–557 (édn en ligne <http://www.euralex.org/publications/>) ; John Humbley, « Vers une méthode de terminologie rétrospective », *Langages* no. 183 (2011/3), pp. 51–62 ; Danielle Candel et François Gaudin (éd.), *Aspects diachroniques du vocabulaire* (Mont-Saint-Aignan : Publications des Universités de Roeun et du Havre, 2006) ; Judit Freixa, « Causes of denominative variation in terminology: a typology proposal », *Terminology* 12/1 (2006), pp. 51–77 ; Zanola, *Arts et métiers au XVIIIe siècle*.

12   « La TGT [Théorie générale de la terminologie] ne s'attache pas non plus à l'étude de l'évolution des concepts. La TGT considère que les concepts sont statiques. Et s'ils ne le sont pas, la perspective strictement synchronique qu'elle adopte les traite de cette façon » (Maria Teresa Cabré, « Terminologie et linguistique : la théorie des portes », *Terminologies nouvelles* no. 21 (2000), p. 12).

nouveaux et réactualisés qui peuvent se cacher, comme le dit Altieri Biagi, derrière certains signifiants plus ou moins stables.

Selon Picton, différents types d'évolution en diachronie peuvent être, en effet, explorés à partir de l'analyse conduite sur un corpus diachronique.[13] Pour ce qui est de notre travail, il s'agit notamment de l'apparition de nouveaux concepts dans les domaines scientifiques (par exemple, *calice*, *laminage* ou *lessiver*), de la stabilisation/implantation d'un concept (par exemple, *alcalin*, *étamine* et *pistil*), de la migration de certains termes/concepts d'un domaine connexe (par exemple, de l'anatomie à la botanique et vice-versa, comme pour *placenta*, *suc nourricier*, *utricule* et *pédicule*)[14] et de la réactualisation des connaissances partagées sur un concept donné (par exemple, *tégument* et *tubercule*). Par ailleurs, au-delà des avantages immédiats et concrets du système de renvois présents dans les articles des deux journaux, un effet encore plus novateur semble être produit par les deux publications, notamment en raison de leur périodicité. En effet, si, d'un côté, les lecteurs sont amenés à connaître les nouvelles théories ou les découvertes au fur et à mesure qu'elles se réalisent dans la communauté savante, de l'autre ils sont également projetés dans cette même communauté grâce à la possibilité de connaître certains mécanismes de parution des ouvrages et de partage des savoirs au sein des institutions préposées à la construction de la science. Cela permet aux lecteurs de réactualiser progressivement les connaissances acquises sur un concept donné.

Il est aussi intéressant de remarquer que le corpus valide les hypothèses de Dury quant à la dissociation et à l'évolution parfois indépendantes des dénominations et des concepts[15] (par exemple, les cas de *calice* ou *chaton*), l'évolution pouvant porter uniquement sur la dénomination ou sur le concept.

---

13 Picton, *Diachronie en langue de spécialité*.
14 Il s'agit ici d'un cas très intéressant d'enrichissement terminologique du domaine qui « emprunte » le terme, avec des retombées au niveau des collocations et de l'usage du même terme dans le nouveau domaine qui reçoit (cf. *suc nourricier* et son expansion en *faisceaux nourriciers*, *artères nourricières* et *vaisseaux nourriciers*).
15 Dury, *Étude comparative et diachronique de l'évolution de dix dénominations fondamentales du domaine de l'écologie en anglais et en français*.

Conclusion générale 181

Les résultats obtenus en diachronie à partir du corpus permettent de signaler que plusieurs niveaux linguistiques sont en jeu lorsqu'on adopte cette approche : le plan graphique (par exemple, la suppression du tiret pour *ginseng* ou l'attestation de la forme *sulfureux* par rapport à *sulphureux*), morphologique (*nitro-aérien*), lexical (*sensitive*), sémantique (*molécule* et *analyse*) et discursif (les contextes d'énonciation).

Les résultats mettent en valeur également la vitalité et l'importance du plan textuel, qui nous invite à réfléchir à la fois sur la dynamique terminologique et sur la dynamique des connaissances scientifiques. La circulation des savoirs mise en œuvre dans les deux journaux scientifiques se réalise de manière adéquate grâce notamment à une structure textuelle cohérente au sens large du terme, à savoir en raison du fait que la cohésion (dépendances de récurrence et dépendances grammaticales garanties à travers des stratégies anaphoriques et cataphoriques) et la cohérence au sens étroit (dépendances sémantiques) sont stables. Ces deux paramètres sont fondamentaux pour transmettre des informations scientifiques nouvelles de manière claire et ils atteignent par conséquent aussi le niveau syntaxique du texte, car, comme le dit Kocourek, « la cohésion et la cohérence textuelles se réalisent dans l'espace dont les segments sont structurés par l'analyse syntaxique des textes savants ».[16]

En effet, si, d'une part, le corpus nous semble en ligne avec les études en diachronie, entre autres, avec celles de Kaguera[17] et avec les réflexions de Humbley,[18] d'autre part il nous invite à examiner les textes en tant que

---

16 Kocourek, *La langue française de la technique et de la science*, p. 69.
17 Cf. Kyo Kaguera, *The Dynamics of Terminology: a Descriptive Theory of Term Formation and Terminological Growth* (Amsterdam/Philadelphie : Benjamin, 2002).
18 « Les terminologies nouvelles sont formées à partir des terminologies des domaines existants. Puisqu'un nouveau domaine est construit à partir de connaissances existantes, elles-mêmes placées dans des domaines établis, c'est le vocabulaire de ces secteurs qui constitue le point de départ pour la néologie » (John Humbley, « La terminologie française du commerce électronique, ou comment faire du neuf avec de l'ancien », in Actes en ligne de la Ve Journée scientifique Realiter *Terminologie et plurilinguisme dans l'économie internationale*, Milan, 9 juin 2009 <http://unilat.org/Library/Handlers/File.ashx?id=09850e3c-875c-4fb7-be6c-ae5cc6cdc5e0>).

produits qui manifestent, modèlent et diffusent des attitudes nouvelles « qu'il faut interroger en tenant compte des enjeux moraux, épistémologiques et esthétiques, mais aussi politiques et sociaux, qui orientent les activités des savants ».[19] Ce n'est en effet que dans les textes que nous avons pu observer concrètement les évolutions linguistiques et les évolutions des connaissances du domaine, ainsi que les liens entre ces mêmes évolutions.

Un dernier aspect qui a été relevé au fil de l'analyse terminologique menée est une présence robuste de la fonction métalinguistique assumée par la langue scientifique. En effet, comme le dit Kocourek :

> La langue scientifique [...] peut, en premier lieu, exprimer les faits relatifs à ses propres expressions, leur forme, leur sens, leur emploi. Un savant peut se servir de la langue pour exprimer qu'il a l'intention d'introduire une expression nouvelle *gluon* pour désigner l'idée du « quantum de champ qui assure la liaison entre quarks », il peut exprimer la prononciation, l'orthographe, la formation et l'emploi de ce néologisme.
> La langue scientifique naturelle peut aussi avoir la fonction métalangagière, c'est-à-dire la fonction d'expliquer les symboles et les règles d'un langage symbolique, de décrire ses manipulations et d'interpréter les résultats.[20]

Les passages dans lesquels cette fonction de la langue scientifique est explicite sont nombreux et il n'est pas intérêt de souligner ici qu'ils se rapportent sans aucun doute au fait que les lexiques scientifiques des disciplines scientifiques analysées font l'objet d'une construction lexicale progressive de la part des savants. Les expressions de la langue sont, en effet, souvent commentées par les rédacteurs du *JS* et des *HMAS* qui insèrent ces réflexions de nature métalinguistique à l'intérieur de l'argumentation scientifique, car « ces segments s'unissent avec des phrases non métalinguistiques pour constituer le texte savant ».[21]

---

19 Gilles Bertrand et Alain Guyot, « Introduction », in *Des « passeurs » entre science, histoire et littérature*, éd. Gilles Bertrand et Alain Guyot (Grenoble : ELLUG, 2011), pp. 7–8.
20 Kocourek, *La langue française de la technique et de la science*, p. 61.
21 *Ibid.*

Conclusion générale

Nous avons remarqué que les réflexions métalinguistiques présentes dans le corpus[22] peuvent concerner aussi bien des unités lexicales nominales déjà installées et stabilisées dans la terminologie scientifique de l'époque que des néologismes créés ad hoc par les savants afin de dénommer une nouvelle réalité scientifique. Si, donc, dans le premier cas c'est plutôt un souci didactique qui semble guider l'insertion des explications métalinguistiques, dans le deuxième cas celles-ci sont insérées pour proposer au lectorat des approfondissements linguistiques qui témoignent d'une attention particulière des savants face aux nécessités portant sur l'expression de la science. À notre avis, il est intéressant de souligner qu'au niveau discursif la présence de ces moments de réflexion métalinguistique sont liés à certains mécanismes de structuration discursive spécifique, entre autres, la reformulation, qui comme le démontrent les études de Célio Conceiçao, peut jouer un rôle fondamental dans les discours scientifiques qui sont « des exposés de connaissances, des représentations de signification élaborées à des fins communicatives spécifiques ».[23]

Les premières attestations de plusieurs termes dans le corpus, validées par les dictionnaires consultés, ainsi que leur apparition avant la datation fournie par nos sources lexicographiques permettent de confirmer notre hypothèse de départ selon laquelle le *JS* et les *HMAS* s'avèrent des moteurs

---

22 Cf. à titre d'exemples, les extraits suivants : « Il [M. de Jussieu] voulut éprouver si une autre fleur radiée et jaune, très commune dans les terres à bled, tant aux environs de Paris, que dans les pays au Nord de Paris, qui est une espèce de *Chrysanthemum*, appelée vulgairement *Marguerite jaune*, serait propre au même usage » (*HMAS* 1724_G), « Il y a des sels essentiels de Plantes, c'est-à-dire, des sels qui en ont été tirés sans l'action du feu, si semblables par leurs effets à du salpêtre, ou à du sel commun, qu'ils paraissent avoir été sucés de la terre par ces Plantes tels qu'ils sont, et sans avoir reçu d'altération » (*HMAS* 1701_E) et « Chaque graine contient une petite Plante toute formée, et qui n'a qu'à se développer. La petite Plante a sa petite racine, et la pulpe ou la chair de la graine, séparée ordinairement en deux lobes, est le fonds de la première nourriture, que la Plantule tire par sa racine, dès qu'elle commence à germer » (*HMAS* 1700_G).

23 Manuel Célio Conceiçao, « Concepts et dénominations : reformulations et description lexicographique d'apprentissage », *ELA. Études de linguistique appliquée* no. 135 (2004/3), p. 373.

novateurs au sein de la communauté scientifique quant à la diffusion des idées et des terminologies scientifiques. Étant donné que les deux publications sont gérées par des savants professionnels appartenant à un groupe institutionnalisé, il est indéniable que les choix faits par la rédaction et la direction des deux journaux suivent la nécessité de systématisation du vocabulaire scientifique que nous avons citée auparavant et dont les savants se veulent les acteurs principaux.

Grâce à sa périodicité et aux traces d'intertextualité présentes dans le corpus (le *JS* analyse la parution des *HMAS* et les deux publications traitent parfois des mêmes ouvrages qui viennent d'être publiés), le genre de la presse scientifique périodique participe à plein titre à la construction des réseaux conceptuels des sciences modernes, ainsi qu'à l'usage et à l'implantation des termes utilisés par la communauté scientifique. D'ailleurs, les volumes annuels des deux journaux périodiques représentent le moment pour les rédacteurs de faire le point sur ce qui s'est produit au fil de l'année civile au niveau scientifique à l'échelle nationale et internationale, sans pour autant négliger ce qui a fait l'objet des parutions précédentes des volumes. Les rédacteurs sont, en effet, très attentifs à créer un réseau intertextuel autour des nouveaux ouvrages recensés permettant au lectorat de suivre les nouvelles idées concernant aussi bien un sujet scientifique que des thématiques qui ont fait l'objet de plusieurs publications scientifiques au fil des décennies.

De ce point de vue, la mise en valeur de la fonction métalinguistique de la langue scientifique et le recours à des choix de reformulation portés sur les termes des domaines analysés sont d'autres ressources linguistiques adoptées par les rédacteurs du *Journal des savants* et des *Histoire et Mémoires de l'Académie royale des sciences* pour valoriser la finalité de vulgarisation scientifique des deux périodiques, ainsi que les fonctions générales de légitimation des pratiques savantes, de médiation entre les savants et d'information qui entourent ces journaux scientifiques novateurs.

Annexe 1

Liste des articles retenus du *Journal des savants* et abréviations adoptées

1699

De l'origine et du progrès du café JS 1699_A
Regiae scientiarum Academiae Historia JS 1699_B

1700

Lettre à M. D. B. R. touchant quelques propriétés de l'Aimant, et du Fer aimanté JS 1700_A

1701

Discours philosophique sur la création et l'arrangement du monde JS 1701_A

1702

Dissertations sur des sujets de Médecine JS 1702_A
Traité des aliments JS 1702_B
Remèdes étrangers, reconnus pour très efficaces contre les maladies les plus opiniâtres, la Fève de S. Ignace, l'Ipecacuanha, la pierre de porc Épin, le quinquina, le tabac en clystère, la Panacée mercurielle des Français, et une nouvelle manière de guerir les Hernies, avec des figures en taille douce JS 1702_C
Essai de Médecine, touchant les mouvements et les maladies des Fibres, dans lequel on traite de la Structure des solides, de leur force, de leur ressort, de leur usage, etc. JS 1702_D

1703

Curiosités de la nature et de l'art, apportées de deux voyages des Indes ; l'un aux Indes d'Occident, en 1698 et 1699, et l'autre aux Indes d'Orient en 1701 et 1702 JS 1703_A

Histoire de l'Académie royale des sciences, année 1700 JS 1703_B
Traité des maladies qui sont particulières à chaque profession JS 1703_C
Second exposé des Actes chimiques de l'Acadmi Helmestad, JS 1703_D
Parallèle de la Véronique avec le Thé de la Chine JS 1703_E

1704

Histoire de l'Académie royale des sciences, année 1701 JS 1704_A
Le thé de l'Europe ou les propriétés de la Véronique JS 1704_B

1705

L'Économie du corps animé, expliquée en peu de mots selon les règles de la Circulation du sang JS 1705_A
Thèse sur la question : Si l'homme tire son origine d'un ver JS 1705_B
Histoire de l'Académie royale des sciences, année 1702 JS 1705_C
Histoire de l'Académie royale des sciences, année 1703 JS 1705_D

1707

Histoire de l'Académie royale des sciences, année 1704 JS 1707_A
Histoire de l'Académie royale des sciences, année 1704 JS 1707_B
Histoire de l'Académie royale des sciences, année 1705 JS 1707_C
Histoire de l'Académie royale des sciences, année 1706 JS 1707_D

1707(S)[1]

Relation de ce qui s'est passé à la première Assemblée publique de la Société Royale des Sciences, tenues à Montpellier, dans la Sale des États de la Province, le 10 décembre 1706 JS 1707(S)_A
Extrait d'une lettre écrite de Cassis, près de Marseille JS 1707(S)_B

---

1   L'indication *(S)* indique le *Supplément* au *Journal des savants* prévu pour l'année en question.

Annexe 1

1708

Les Oeuvres de Médecine practique de Jean Jacques Waldschmidt. Nouvelle édition, corrigée et augmentée JS 1708_A
De l'indécence aux hommes d'accoucher les femmes, et de l'obligation aux femmes de nourrir leurs enfants JS 1708_B
Voyage aux îles de Madère JS 1708_C
Continuation des Consultations de Médecine JS 1708_D
Essai concernant la Méchanique de l'Univers, ou nouvelle Hypothèse, accomodée à la Philosophie Moderne et Expérimentale, et par laquelle on explique plusieurs Phénomènes peu éclaircis jusqu'à présent, tels que sont les véritables Causes de la Pesanteur, du Mouvement, de la Réflexion, de la Réfraction, etc JS 1708_E

1708(S)

Histoire de l'Académie royale des sciences, année 1707 JS 1708(S)_A
Traité des Poisons considérés en général et en particulier, où l'on explique leur nature, et la manière dont ils agissent dans le corps JS 1708(S)_B
Histoire de l'Académie royale des sciences, année 1707 JS 1708(S)_C

1709

Description succinte des Minéraux qui se trouvent dans le Territoire de Nuremberg et aux environs JS 1709_A
Histoire de l'Académie royale des sciences, année 1708 JS 1709_B

1709(S)

Histoire de l'Académie royale des sciences, année 1708 JS 1709(S)_A

1710

Explication Méchanique des Poisons, contenue en plusieurs Essais JS 1710_A
Le Trésor de la nature JS 1710_B
Traité du Nitre des Anciens, et du Nitre vulgaire : dans lequel on recherche l'origine et la nature de l'un et de l'autre ; on examine les vertus et les usages, et l'on corrige où l'on explique divers passages des Auteurs Grecs, Latins et Arabes, concernant ce Minéral JS 1710_C

1711

Mémoire sur la cause de la digestion des aliments JS 1711_A

1712

De la digestion et des maladies de l'estomac, suivant le système de la trituration et du broyements, sans l'aide des levains ou de la fermentation, dont on fait voir l'impossibilité en santé et en maladie JS 1712_A
Histoire de l'Académie royale des sciences, année 1709 JS 1712_B
Dissertation sur les sels des Métaux et particulièrement de l'Or et du Mercure JS 1712_C

1713

Question de Médecine, Si les écrevisses de rivière sont propres contre la grande salûre du sang JS 1713_A
Question agitée aux Écoles de Médecine le 18 Janvier 1714, sous la présidence de M. Claude Burlet, Docteur en Médecine, de l'Académie Royale des Sciences, et Premier Médecin du Roi d'Espagne, Si le bain est un remède efficace pour plusieurs maladies des Espagnols JS 1713_B
Recueil de définitions concernant la Physique JS 1713_C
Institutions de Médecine, selon les sentiments des modernes JS 1713_D

1714

Nouveau recueil des plus beaux secrets de Médecine pour la guerison de toutes les maladies JS 1714_A
Histoire de l'Académie royale des sciences, année 1710 JS 1714_B
Histoire de l'Académie royale des sciences, année 1711 JS 1714_C

1715

Abrégé des Institutions botaniques de Tournefort JS 1715_A
Abrégé de l'Histoire des plantes usuelles JS 1715_B

Annexe 1

1716

Histoire de l'Académie royale des sciences, année 1712 JS 1716_A
Histoire de l'Académie royale des sciences, année 1712 JS 1716_B
Mémoire concernant l'arbre et le fruit du café JS 1716_C
Dissertation sur les eaux minérales de Bourbonne les bains JS 1716_D

1717

Dissertation sur le Phosphore Mercuriel, ou sur la lumière que jette le vif argent dans l'obscurité JS 1717_A
Traité de l'Ananas, ou de la Pomme de Pin des Indes JS 1717_B
Thèse soutenue par Jean-François-Christophe Fasche, sur l'origine du cuivre, la manière de le tirer de la mine, et ses divers usages JS 1717_C
Histoire de l'Académie royale des sciences, année 1713 JS 1717_D
Histoire de l'Académie royale des sciences, année 1713 JS 1717_E

1718

Discours sur la structure des fleurs, leurs différences et l'usage de leurs parties, prononcé à l'ouverture du Jardin Royal de Paris, le dixième jour de Juin 1717 et l'établissement de trois nouveaux genres de plantes JS 1718_A
Histoire des plantes qui naissent aux environs d'Aix, et dans plusieurs autres endroits de la Provence JS 1718_B
Histoire de l'Académie royale des sciences, année 1714 JS 1718_C
Histoire de l'Académie royale des sciences, année 1714 JS 1718_D

1719

Dissertation sur les eaux minérales de Pont à Mousson JS 1719_A
Discours sur le progrès de la Botanique au Jardin Royal de Paris JS 1719_B
Histoire naturelle du cacao et du Sucre, divisée en deux traités, qui contiennent plusieurs faits nouveaux, et beaucoup d'observations également curieuses et utiles JS 1719_C
Histoire de l'Académie royale des sciences, année 1715 JS 1719_D
Histoire de l'Académie royale des sciences, année 1715 JS 1719_E
Appendices aux Institutions Botaniques de Joseph Pitton Tournefort JS 1719_F

1720

Sur les analises ordinaires JS 1720_A
Traité de la maladie vénerienne, où l'on donne le moyen de la connaître dans tous ses degrés, avec une méthode de la traiter, plus sûre et plus facile que la commune, et la résolution d'un grand nombre de problèmes très curieux sur ces matières JS 1720_B
La Flore de Nuremberg, un Catalogue des Plantes que croissent aux environs de cette même Ville JS 1720_C
Abregé des Tables Botaniques contenant un dénombrement de deux cents soixante et douze Plantes, nouvellement découvertes en Italie JS 1720_D
Histoire du Romarin JS 1720_E
Abrégé des Tables Botaniques JS 1720_F
Expérience curieuse de George Wolfgang Wedel, sur le Colchique JS 1720_G

1721

Histoire de l'Académie royale des sciences, année 1716 JS 1721_A
Histoire de l'Académie royale des sciences, année 1716 JS 1721_B
La Chimie JS 1721_C
Histoire des chien-dents, des foncs, des souchets, des cypéroides et de quelques autres plantes analogues JS 1721_D
Histoire de l'Académie royale des sciences, année 1717 JS 1721_E
Histoire de l'Académie royale des sciences, année 1717 JS 1721_F

1722

Introduction à la médecine pratique JS 1722_A
Histoire de l'Académie royale des sciences, année 1718 JS 1722_B
Histoire de l'Académie royale des sciences, année 1718 JS 1722_C

1723

L'art de convertir le fer forgé en acier JS 1723_A

Annexe 1

1724

Nouveau cours de chimie JS 1724_A
L'art d'adoucir le fer fondu JS 1724_B
Histoire de l'Académie royale des sciences, année 1719 JS 1724_C
Histoire de l'Académie royale des sciences, année 1719 JS 1724_D
Histoire de l'Académie royale des sciences, année 1720 JS 1724_E
Histoire de l'Académie royale des sciences, année 1720 JS 1724_F
Histoire de l'Académie royale des sciences, année 1721 JS 1724_G

1725

Question agitée aux Écoles de Médecine de Paris, le 22 Mars 1725, sous la Présidence de M. Claude Burlet, Docteur en Médecine, de l'Académie Royale des Sciences, ci-devant premier Médecin du Roi d'Espagne ; et proposée par Jean-Baptiste du Bois, Bachelier en Médecine, Si pour les personnes maigres, le Cidre est une boisson saine que le Vin ? JS 1725_A
Traité des eaux minérales JS 1725_B
Nouvea Caractère des Plantes JS 1725_C
Histoire de l'Académie royale des sciences, année 1722 JS 1725_D

1726

Histoire de l'Académie royale des sciences, année 1723 JS 1726_A

1727

Histoire physique de la mer, ouvrage enrichi de figures données d'après le naturel JS 1727_A
Histoire de l'Académie royale des sciences, année 1724 JS 1727_B

1728

Examen des vertus extraordinaires et des différents éloge d'un sel appelé Sal solutium JS 1728_A
Histoire de l'Académie royale des sciences, année 1724 JS 1728_B
Histoire de l'Académie royale des sciences, année 1725 JS 1728_C

1729

Histoire naturelle de la Cochenille, justifiée par des Documents authentiques JS 1729_A
Histoire de l'Académie royale des sciences, année 1726 JS 1729_B

1730

Traité de l'art métallique JS 1730_A
Histoire de l'Académie royale des sciences, année 1727 JS 1730_B

1731

Observations sur le plomb laminé JS 1731_A
Histoire de l'Académie royale des sciences, année 1728 JS 1731_B

1732

Éléments ou institutions de Chimie JS 1732_A
Histoire de l'Académie royale des sciences, année 1729 JS 1732_B

1733

Histoire de l'Académie royale des sciences, année 1730 JS 1733_A

1734

Description des plantes qui naissent, ou se renouvellent aux environ de Paris, avec leur usage dans la Médecine et dans les Arts, le commencement et le progrès de cette Science, et l'Histoire des personnes dont il est parlé dans l'Ouvrage JS 1734_A
Traité de chimie, contenant la manière de préparer les remèdes qui sont les plus en usage dans la Pratique de la Médecine JS 1734_B
Histoire de l'Académie royale des sciences, année 1731 JS 1734_C

Annexe 1

1735

Avertissement pour servir de Préface au second Volume de la Description des Plantes JS 1735_A

Histoire générale des drogues simples et composées, contenant dans les trois classes des Végétaux, des Animaux et des Minéraux, tout ce qui est l'objet de la Physique, de la Chimie, de la Pharmacie, et des Arts les plus utiles à la société des hommes JS 1735_B

1736

Question de Médecine agitée dans les Écoles de Médecine de Paris, le jeudi 9 février 1736, sous la Présidence de M. Jacques-François Vandermonde, Docteur-Régent de la Faculté de Médecine de Paris, Si le Gin-Seng convient pour reparer les forces abattues des convalescents ? JS 1736_A

Histoire de l'Académie royale des sciences, année 1732 JS 1736_B

1737

Nouveau cours de chimie JS 1737_A
Histoire de l'Académie royale des sciences, année 1733 JS 1737_B

1738

Méthode pour cultiver les arbres à fruit JS 1738_A
Histoire de l'Académie royale des sciences, année 1734 JS 1738_B

1739

Traité des eaux minérales, bains et douches de Vichy JS 1739_A
Histoire de l'Académie royale des sciences, année 1735 JS 1739_B

1740

Recueil d'expériences et de recherches physiques sur la pierre JS 1740_A

Annexe 2

Liste des articles retenus des *Histoire et Mémoires de l'Académie royale des sciences* et abréviations adoptées

1699

Sur la manière de reconnaître le sublimé corrosif sophistiqué HMAS 1699_A
Examen d'eaux minérales HMAS 1699_B
Diverses observations chimiques HMAS 1699_C

1700

Analyse de l'ipécacuanha HMAS 1700_A
Sur la force des alkali terreux HMAS 1700_B
Comparaison des analises de la soie, du Sel Armoniac, et la Corne de Cerf HMAS 1700_C
Sur les feux souterrains, les Tremblements de Terre, le Tonnerre, etc. expliqués chimiquement HMAS 1700_D
Sur les dissolutions et les Fermentations froides HMAS 1700_E
Sur l'eau de chaux HMAS 1700_F
Sur la perpendicularité des tiges des Plantes, par rapport à l'Horizon HMAS 1700_G
Sur la fécondité des plantes HMAS 1700_H
Sur les plantes de mer HMAS 1700_I
Diverses observations botaniques HMAS 1700_J
Des Dissolvants et des Dissolutions du Mercure HMAS 1700_K
Sur les Huiles des Plantes HMAS 1700_L
Sur l'Acde de l'Antimoine HMAS 1700_M

1701

Analises de la coloquinte, du jalap, de la gomme goute et de l'ellebore noir HMAS 1701_A
Sur les eaux de Passy HMAS 1701_B
Sur les fermentations HMAS 1701_C

Sur les analyses des plantes HMAS 1701_D
Sur les sels volatils des plantes HMAS 1701_E
Sur la fécondité des Plantes HMAS 1701_F
Sur l'Yquetaya HMAS 1701_G

1702

Sur des analyses des plantes fermentées HMAS 1702_A
Sur des Expériences faites à un Miroir ardent convexe HMAS 1702_B
Sur la Perpendicularité des Tiges par rapport à l'horizon HMAS 1702_C

1703

Sur l'analyse du soufre commun HMAS 1703_A
Sur le borax HMAS 1703_B
Observation chimique HMAS 1703_C
Sur la camphorata de Montpellier HMAS 1703_D
Observation botanique HMAS 1703_E
Sur l'Analyse des Grosseilles fermentées HMAS 1703_F

1704

Sur la recomposition du soufre HMAS 1704_A

1705

Sur la Gratiole HMAS 1705_A
Sur la génération du Fer HMAS 1705_B
Sur le Camphre HMAS 1705_C

1706

Sur une dissolution d'Argent HMAS 1706_A
Sur la nature du Fer HMAS 1706_B
Sur la nature du Miel HMAS 1706_C

Annexe 2

Sur le fer des Plantes HMAS 1706_D
Sur l'Analyse de deux Plantes Marines HMAS 1706_E

1707

Sur la vitrification de l'Or HMAS 1707_A
Sur une végétation du Fer HMAS 1707_B
Sur l'Hydromel HMAS 1707_C
Sur les Huiles essentielles des Plantes HMAS 1707_D
Sur les différents Vitriols HMAS 1707_E
Sur la nature du Fer HMAS 1707_F
Sur les Champignons HMAS 1707_G
Sur le suc nourricier des Plantes HMAS 1707_H

1708

Sur la cire 53 *HMAS* 1708_A
Sur l'aloes 54 *HMAS* 1708_B
Sur la Manne HMAS 1708_C
Sur plusieurs Eaux minérales de France HMAS 1708_D
Sur la perpendicularité des Tiges par rapport à l'Horizon HMAS 1708_E

1709

Sur le Sublimé corrosif HMAS 1709_A
Sur les Métaux imparfaits exposés au verre ardent HMAS 1709_B
Sur le Cachou HMAS 1709_C
Sur l'Analyse des Cloportes HMAS 1709_D
Sur les Acides minéraux et végétaux HMAS 1709_E
Sur une Végétation singulière HMAS 1709_F
Sur la Circulation de la Sève dans les Plantes HMAS 1709_G

1710

Sur les souffres des végétaux, et des minéraux HMAS 1710_A
Sur l'analyse des plantes marines et principalement du corail rouge HMAS 1710_B
Sur les arbres morts par la gelée de MDCCIX HMAS 1710_C

Sur le bled cornu appelé ergot HMAS 1710_D
Sur les mouvements extérieurs des plantes HMAS 1710_E
Sur les plantes de la mer HMAS 1710_F
Sur un nouveau phosphore HMAS 1710_G
Sur la rhubarbe HMAS 1710_H
Sur la pareira brava HMAS 1710_I

1711

Sur le corail HMAS 1711_A
Sur un nouveau fébrifuge HMAS 1711_B
Sur les fleurs ou sur la génération des plantes HMAS 1711_C
Sur les fleurs et le graines de quelques espèces de fucus HMAS 1711_D
Sur la nourriture des plantes HMAS 1711_E
Sur les précipitations HMAS 1711_F
Sur les truffes HMAS 1711_G
Sur une végétation singulière HMAS 1711_H

1712

Sur un nouveau phosphore HMAS 1712_A
Sur la brione HMAS 1712_B
Sur les couleurs des précipités de mercure HMAS 1712_C
Sur les acides du sang HMAS 1712_D
Sur les fleurs et les graines de fucus HMAS 1712_E
Sur les figues HMAS 1712_F
Diverses observations botaniques HMAS 1712_G

1713

Sur l'usage du fer en médecine HMAS 1713_A
Sur les teintures des métaux HMAS 1713_B
Sur plusieurs eaux minérales de France HMAS 1713_C
De l'action des sels sur différentes matières inflammables HMAS 1713_D
Sur le quinquina HMAS 1713_E
Sur le vitriol et le fer HMAS 1713_F
Sur des matières qui pénètrent les Métaux sans les fondres HMAS 1713_G
Sur une plante faussement rapportée au genre des Lichen HMAS 1713_H

Annexe 2

1714

Sur l'agarie HMAS 1714_A
Sur la volatilisation des sels fixes des plantes HMAS 1714_B
Sur les couleurs des précipités de mercure HMAS 1714_C

1715

Sur l'huile de petrol HMAS 1715_A
Sur un nouveau phosphore HMAS 1715_B

1716

Sur l'origine du sel armoniac HMAS 1716_A
Sur un moyen de préserver les arbres de leur lèpre, ou de la mousse HMAS 1716_B

1717

Sur l'origine du nitre HMAS 1717_A
Sur le changement des Acides en Alkali HMAS 1717_B

1718

Sur le gin-seng HMAS 1718_A
Sur les systèmes de botanique HMAS 1718_B
Sur les épreuves de l'eau de vie et de l'esprit de vin HMAS 1718_C
Sur les rapports de différentes substances en chimie HMAS 1718_D
Sur le sel d'esbom HMAS 1718_E

1719

Sur le concombre sauvage, et l'elaterium HMAS 1719_A
Sur un moyen de se préserver des vapeurs nuisibles ou désagréables des dissolutions HMAS 1719_B
Sur les analyses ordinaires HMAS 1719_ C

Sur le chacril HMAS 1719_D
Sur la production de nouvelles espèces de plantes HMAS 1719_E

1720

Sur de nouvelles eaux minérales de Passy HMAS 1720_A
Sur l'origine du sel armoniac HMAS 1720_B
Sur les analyses ordinaires HMAS 1720_C
Sur les rapports de différentes substances en chimie HMAS 1720_D
Sur une préparation d'antimoine, appellée la Poudre des Chartreux HMAS 1720_E

1721

Sur la volatilité des sels urineux HMAS 1721_A
Sur les huiles essentielles des plantes HMAS 1721_B

1722

Sur la vanille HMAS 1722_A
Sur le nostoch HMAS 1722_B
Sur les végétations chimiques HMAS 1722_C
Sur les supercheries de la pierre philosophale HMAS 1722_D

1723

Sur un verd-de-gris naturel HMAS 1723_A
Sur le sel ammoniac HMAS 1723_B

1724

Sur les eaux de Passy HMAS 1724_A
Sur le sel de la chaux HMAS 1724_B
Sur la dissolution des sels dans l'eau HMAS 1724_C
Sur la chaleur des eaux de Bourbonne HMAS 1724_D
Sur un sel cathartique d'Espagne HMAS 1724_E

Annexe 2

Sur une pierre de Berne, qui est une espèce de phosphore HMAS 1724_F
Sur l'usage d'une espèce de chrysantheum HMAS 1724_G

1725

Sur l'art de faire le fer-blanc HMAS 1725_A
Sur le bleu de Prusse HMAS 1725_B
Sur un arbrisseau d'Amérique qui porte de la cire HMAS 1725_C

1726

Sur l'inflammation de certaines liqueurs huileuses ou sulphureuses HMAS 1726_A
Sur les eaux de Passy HMAS 1726_B

1727

Sur le verre des bouteilles, ou sur la dissolubilité de plusieurs verres HMAS 1727_A
Sur le froid qui résulte ordinairement du mélange des Huiles Essentielles avec l'Esprit de Vin HMAS 1727_B
Sur un sel naturel de Dauphiné HMAS 1727_C
Sur le corail HMAS 1727_D
Sur une végétation particulière qui veint sur le tan HMAS 1727_E

1728

Sur les différents vitriols, et sur l'alun HMAS 1728_A
Sur une maladie du safran HMAS 1728_B
Sur la multiplication des espèces de fruits HMAS 1728_C
Sur les huiles essentielles des plantes HMAS 1728_D

1729

Sur le simarouba HMAS 1729_A
Sur l'accroissement par les pluies HMAS 1729_B
Sur l'altération de la couleur des Pierres et des Plâtres des Bâtiments HMAS 1729_C

Sur le vinaigre concentré par la gelée HMAS 1729_D
Sur la précipitation du sel marin dans la fabrique du salpêtre HMAS 1729_E
Sur les eaux minérales chaudes de Bourbon-l'Archambaut HMAS 1729_F

1731

Sur l'anatomie de la poire HMAS 1731_A
Sur le sel de seignette et celui de l'esbom HMAS 1731_B
Sur les greffes HMAS 1731_C
Sur une nouvelle espèce de végétations métalliques HMAS 1731_D

1732

Sur les bouillons de poisson, les Os des Animaux, etc. HMAS 1732_A
Sur le tartre soluble HMAS 1732_B
Sur le sel de la chaux HMAS 1732_C
Sur le borax, et sur des expériences nouvelles de ce sel HMAS 1732_D
Sur les astringents et les caustiques HMAS 1732_E

1733

Sur le tartre soluble HMAS 1733_A
Sur une manière de tirer le mercure du plomb HMAS 1733_B

1734

Sur l'analyse des plantes HMAS 1734_A
Sur le sel de soufre HMAS 1734_B
Sur le sublimé corrosif HMAS 1734_C
Sur l'éméticité de l'antimoine, du tartre émétique, et du kermès minéral HMAS 1734_D
Sur le mercure HMAS 1734_E

1735

Sur le sel armoniac HMAS 1735_A
Sur les vitriols HMAS 1735_B

Annexe 2

Sur les eaux de Forges HMAS 1735_C
Sur une espèce de prune singulière HMAS 1735_D

1736

Sur la sensitive HMAS 1736_A
Sur les vitriols et sur l'alun HMAS 1736_B
Sur la base du sel marin HMAS 1736_C
Sur l'antimoine et sur un nouveau phosphore détonnant HMAS 1736_D

1737

Sur une nouvelle encre simpatique HMAS 1737_A
Sur le mélange de quelques couleurs dans la teinture HMAS 1737_B
Sur la manière dont les arbres croissent, et sur les dommages que la gelée leur fait HMAS 1737_C

1738

Sur l'étain HMAS 1738_A
Sur du sel de glauber trouvé dans le vitriol HMAS 1738_B
Sur l'augmentation de la force du bois de service HMAS 1738_C

1739

Sur le remède anglais pour la pierre HMAS 1739_A
Sur une racine qui tient les os en rouge HMAS 1739_B

1740

Sur une nouvelle espèce de porcelaine HMAS 1740_A
Sur les teintures HMAS 1740_B

Bibliographie

Histoire de la langue française

Ayres-Bennett, Wendy, et Rainsford, Thomas (éd.), *L'Histoire du français. État des lieux et perspectives* (Paris : Classiques Garnier, 2014).
Bertrand, Olivier, *Histoire du vocabulaire français* (Nantes : Éditions du temps, 2008).
Brunot, Ferdinand, *Histoire de la langue française. De l'origine à nos jours* (Paris : Armand Colin, 1966, t. VI/2).
Chaurand, Jacques (éd.), *Nouvelle histoire de la langue française* (Paris : Seuil, 1999).
Dauzat, Albert, *Histoire de la langue française* (Paris : Payot, 1930).
Gohin, Ferdinand, *Les transformations de la langue française pendant la deuxième moitié du XVIIIe siècle (1740–1789)* (Genève : Slatkine, 1970).
Hagège, Claude, *Le français, histoire d'un combat* (Boulogne-Billancourt : Éditions Michel Hagège, 1996).
Helgorsky, Françoise, « Les méthodes en histoire de la langue française. Évolution et stagnation », *Le Français Moderne* 49/2 (1981), pp. 119–144.
Lodge, R. Anthony, *Le français. Histoire d'un dialecte devenu langue* (Paris : Fayard, 1997).
Marchello-Nizia, Christiane, *Le français en diachronie : douze siècles d'évolution* (Paris : Éditions Ophrys, 1999).
Picoche, Jacquline, et Marchello-Nizia, Christiane, *Histoire de la langue française* (Paris : Nathan, 2001).
Rey, Alain, Duval, Frédéric, et Siouffi, Gilles, *Mille ans de langue française. Histoire d'une passion* (Paris : Perrin, 1997).
Seguin, Jean-Pierre, *La langue française au XVIIIe siècle* (Paris-Bruxelles-Montréal : Bordas, 1972).

Histoire des sciences

Amsterdamski, Stefan, « Scienza », in *Enciclopedia*, éd. Ruggiero Romano (Torino : Einaudi, 1981, vol. 18), s.v.

Andries, Lise (éd.), *Le partage des savoirs, XVIIIe–XIXe siècles* (Lyon : Presses universitaires de Lyon, 2003).

Ascher, Edgar, « Continuités et discontinuités de la science », *Revue européenne des sciences sociales* no. 102 (1995), pp. 67–82.

Blay, Michel, *La naissance de la science classique au XVIIe siècle* (Paris : Nathan, 1999).

Blay, Michel, et Halleux, Robert (éd.), *La science classique XVIe–XVIIIe siècle. Dictionnaire critique* (Paris : Flammarion, 1998).

Chambers, Alan F., *Qu'est-ce que la science ? Popper, Kuhn, Lakatos, Fayerabend* (Paris : La Découverte, 1987).

Charter, Roger, *Les origines culturelles de la Révolution française* (Paris : Seuil, 1990).

Chassagne, Annie, *La bibliothèque de l'Académie royale des sciences au XVIIIe siècle* (Paris : Comité des travaux historiques et scientifiques, 2007).

Cremante, Renzo, et Tega, Walter (éd.), *Scienza e letteratura nella cultura italiana del Settecento* (Bologna : Società editrice il Mulino, 1984).

Daumas, Maurice, « La vie scientifique au XVIIe siècle », *XVIIe siècle* no. 30 (janvier 1956), pp. 110–133.

Duby, Georges, et Mandrou, Robert, *Histoire de la civilisation française (XVIIe–XXe siècle)* (Paris : Armand Colin, 1976).

Garçon, Anne-Françoise, *L'Imaginaire et la pensée technique. Une approche historique, XVIe–XXe siècle* (Paris : Classiques Garnier, 2012).

Garin, Eugenio, *Rinascite e Rivoluzioni. Movimenti culturali dal XIV al XVIII secolo* (Roma-Bari : Laterza, 1976).

Geymonat, Ludovico, *Storia del Pensiero Filosofico e Scientifico* (Milano : Garzanti, 1979, vol. III–V).

Gille, Bertrand (éd.), *Histoire des techniques. Technique et civilisations. Technique et sciences* (Paris : Gallimard, 1978).

Griewank, Karl, *Il concetto di rivoluzione nell'età moderna. Origini e sviluppo* (Firenze : La Nuova Italia, 1979).

Gusdorf, Georges, *De l'histoire des sciences à l'histoire de la pensée* (Paris : Payot, 1966).

Hatin, Eugène, *Histoire politique et littéraire de la presse en France : avec une introduction historique sur les origines du journal et la bibliographie générale des journaux depuis leur origine* (Paris : Poulet-Malassis et De Broise, 1859, t. II).

Kuhn, Thomas, *The Essential Tension: Selected Studies in Scientific Tradition and Change* (Chicago : University of Chicago Press, 1977).

——, « The Function of Dogma in Scientific Research », in *Scientific Change*, éd. Alistair Cameron Crombie, Colloque sur l'histoire de la science, University of Oxford, 9–15 juillet 1961 (New York and London : Basic Books and Heineman, 1963), pp. 347–369.

—, « Remarks on Incommensurability and Translation », in *Incommensurability and Translation. Kuhnian Perspectives on Scientific Communication and Theory Change*, éd. Rema Rossini Favretti, Giorgio Sandri et Roberto Scazzieri (Cheltenham-Northampton : Edward Elgar, 1999), pp. 33-37.

—, *The Structure of Scientific Revolutions* (Chicago : University of Chicago Press, 1962).

— (éd. de Stefano Gattei), *Dogma contra critica* (Milano : Raffaello Cortina editore, 2000).

Lamy, Michel, *La science en question* (Paris : Éditions Le Sang de la Terre, 2013).

Lenoble, Robert, « La représentation du monde physique à l'époque classique », *XVIIe siècle* no. 30 (janvier 1956), pp. 5-24.

Macherey, Pierre, « Histoire des savoirs et épystémologie », *Revue d'histoire des sciences* no. 1 (2007), pp. 217-236.

Mandrou, Robert, *Des humanistes aux hommes de science. XVIe et XVIIe siècles* (Paris : Seuil, 1973).

Mazauric, Simone, *Fontenelle et l'invention de l'histoire des sciences à l'aube des Lumières* (Paris : Fayard, 2007).

—, *Histoire des sciences à l'époque moderne* (Paris : Armand Colin, 2009).

—, *Savoirs et philosophie à Paris dans la première moitié du XVIIe siècle, les conférences du Bureau d'adresse de Théophraste Renaudot (1633-1642)* (Paris : Publications de la Sorbonne, 1997).

Moreau, Isabelle (éd.), *Les Lumières en mouvement. La circulation des idées au XVIIIe siècle* (Lyon : ENS, 2009).

Nellen, Henricus Johannes Maria, « La correspondance savante au XVIIe siècle », *XVIIe siècle* no. 178 (janvier-mars 1993), pp. 87-98.

Niderst, Alain, « La diffusion des sciences au XVIIIe siècle », *Revue d'histoire des sciences* t. 44, no. 3-4 (1991), pp. 279-280.

Rossi, Paolo, *La nascita della scienza moderna in Europa* (Roma-Bari : Laterza, 1997).

Rupert Hall, Alfred, *La Rivoluzione scientifica 1500/1800. La formazione dell'atteggiamento scientifico moderno* (Milano : Feltrinelli Editore, 1976 [1954]).

Sartori, Eric, *Histoire des grands scientifiques français* (Paris : Perrin, 2012 ; Ière édn, Paris : Plon, 1999).

Simon, Gérard, *Sciences et savoirs aux XVIe et XVIIe siècles* (Villeneuve d'Ascq : Presses universitaires du Septentrion, 1996).

Soulez, Antonia (éd.), « La Conception scientifique du monde : Le Cercle de Vienne », in *Manifeste du Cercle de Vienne et autres écrits* (Paris : PUF, 1985), pp. 108-129.

Linguistique, terminologie et discours de la science

Altmanova, Jana, « Les métiers de l'orfèvre à travers les dictionnaires », *ELA. Études de linguistique appliquée* no. 171 (juillet–septembre 2013), pp. 307–320.

——, *Néologismes et créativité lexicale du français contemporain dans les dictionnaires bilingues français-italien* (Fasano-Paris : Schena-A. Baudry et Cie, 2008).

——, *Parasynonymie intra et interlinguistique : du nom de marque au nom commun*, in *Genèse du dictionnaire. L'aventure des synonymes*, éd. Giovanni Dotoli (Fasano-Paris : Schena-A. Baudry et Cie, 2011), pp. 331–346.

Altieri Biagi, Maria Luisa, *L'avventura della mente. Studi sulla lingua scientifica dal Due al Settecento* (Napoli : Morano, 1990).

——, « Coerenza logica e coesione sintattica nella scrittura di Galileo », in *Galileo a Padova, 1592–1610. 5. Occasioni galileiane : conferenze e convegni*, Actes des célébrations de Galilée (1592–1992), Padoue, mai–novembre 1992 (Trieste : Lint, 1992), pp. 53–77.

——, « A Diachronic View of the Languages of Science », in *Incommensurability and Translation*, éd. Rema Rossini Favretti, Giorgio Sandri and Roberto Scazzieri (Cheltenham-Northampton : Edward Elgar, 1999), pp. 39–51.

——, « Forme della comunicazione scientifica », in *Letteratura italiana*, éd. Alberto Asor Rosa (Torino : Einaudi, 1984, vol. 3), pp. 891–947.

——, *Fra lingua scientifica e lingua letteraria* (Pisa : Istituti editoriali e poligrafici internazionali, 1998).

——, *Galileo e la terminologia tecnico-scientifica* (Firenze : Olschki, 1965).

——, « La lingua italiana e i linguaggi tecnici e speciali », in *La lingua italiana, oggi*, Actes de la table ronde (31 mai 1979) (Milano : Istituto Lombardo di Scienze e Lettere, 1980), pp. 43–54.

——, « Lingua della scienza fra Sei e Settecento », in *Letteratura e scienza nella storia della cultura italiana*, éd. Vittore Branca, Actes du IXe Congrès AISSLI, Palermo-Messine-Catane, 21–25 avril 1976 (Palermo : Manfredi, 1978), pp. 103–162.

——, « Le scienze e la funzione cognitiva della lingua », in *Lingua italiana e scienze*, éd. Nesi, Annalisa, De Martino, Domenico (Firenze : Accademia della Crusca, 2012), pp. 4–12.

Altieri Biagi, Maria Luisa, et Basile, Bruno (éd.), *Scienziati del Seicento* (Milano-Napoli : Ricciardi, 1980).

Arcaini, Enrico, « Linguistics, Hermeneutics and Analysis of Scientific Discourse », in *Incommensurability and Translation. Kuhnian Perspectives on Scientific Communication and Theory Change*, éd. Rema Rossini Favretti, Giorgio Sandri, et Roberto Scazzieri (Cheltenham-Northampton : Edward Elgar, 1999), pp. 117–130.

Babiniotis, Georges, « Diachronie et synchronie dynamique », *La linguistique* no. 1 (2009), pp. 21–36.

Bah-Ostrowiecki, Hélène, « L'expérience et son récit. Remarques sur la présentation de l'expérience chez Pascal », in *Méthode et histoire. Quelle histoire font les historiens des sciences et des techniques ?*, éd. Anne-Lise Rey (Paris : Classiques Garnier, 2013), pp. 39–95.

——, « Mise en texte, mise en ordre et mise en corps chez Pascal », in *La mise en textes des savoirs*, éd. Kazuhiro Matsuzawa et Gisèle Séginger (Strasbourg : Presses universitaires de Strasbourg, 2010), pp. 153–163.

Banks, David, « The beginnings of vernacular scientific discourse : genres and linguistic features in some early issues of the *Journal des Sçavans* and the *Philosophical Transactions* », *E-rea* no. 8/1 (2010) <http://erea.revues.org/1334>.

——, *The Development of Scientific Writing, Linguistic Features and Historical Context* (London : Equinox, 2008).

——, « Diachronic ESP: at the interface of linguistics and cultural studies », *ASp* no. 61 (2012), pp. 55–70.

——, « Starting science in the vernacular. Notes on some early issues of the *Philosophical Transactions* and the *Journal des Sçavans*, 1665–1700 », *ASp* no. 55 (2009), pp. 5–22.

Battimelli, Giovanni, et Paoloni, Giovanni, « Le parole e il loro senso: osservazioni sparse su livelli e linguaggi nella comunicazione scientifica », in *Lingua italiana e scienze*, éd. Annalisa Nesi et Domenico De Martino (Firenze : Accademia della Crusca, 2012), pp. 95–103.

Battistini, Andrea, et Raimoni, Ezio, *Le figure della retorica. Una storia letteraria italiana* (Torino : Einaudi, 1990).

Bazerman, Charles, *Shaping Written Knowledge: The Genre and Activity of the Experimental Article in Science* (Madison : The University of Wisconsin Press, 1988).

Béacco, Jean-Claude, et Moirand, Sophie, « Autour des discours de transmission des connaissances », *Langages* no. 117 (mars 1995), pp. 32–53.

Beaudry, Guylaine, *La communication scientifique et le numérique* (Paris : Hermès, 2011).

Bellone, Enrico, « Il significato dell'opera di Galilei nella storia della scienza e nella filosofia della scienza », in *Galileo a Padova, 1592–1610. 5. Occasioni galileiane: conferenze e convegni*, Actes des célébrations de Galilée (1592–1992), Padoue, mai–novembre 1992 (Trieste : Lint, 1992), pp. 39–51.

Bensaude-Vincent, Bernadette, *L'opinion publique et la science. À chacun son ignorance* (Paris : La Découverte, 2013).

Benveniste, Émile, *Problème de linguistique générale*, 2 (Paris : Gallimard, 1974).

Berthelot, Jean-Michel (éd.), *Figures du texte scientifique* (Paris : PUF, 2003).

Bertrand, Olivier, Gerner, Hiltrud, et Stumpf, Béatrice (éd.), *Lexiques scientifiques et techniques. Constitution et approche historique* (Palaiseau : Les Éditions de l'École Polytechnique, 2007).

Bessé (de), Bruno, « Le domaine », in *Le sens en terminologie*, éd. Henri Béjoint et Philippe Thoiron (Lyon : Presses Universitaires de Lyon, Travaux du CRTT [Centre de Recherche en Terminologie et Traduction], 2000), pp. 182–197.

Blank, Andreas, « Words and Concepts in Time: Towards Diachronic Cognitive Onomasiology », in *Words in Time: Diachronic Semantics from Different Points of View*, éd. Regine Eckardt, Klause von Heusinger, et Christoph Schwarze (Berlin-New York : Mouton de Gruyter, 2003), pp. 37–65.

Blay, Michel, et Nikolaïdis, Efthymios (éd.), *L'Europe des sciences : constitution d'un espace scientifique* (Paris : Seuil, 2001).

Blumenthal, Peter, « Sciences de l'homme vs sciences exactes : combinatoire des mots dans la vulgarisation scientifique », *Revue française de linguistique appliquée* XII/2 (2007), pp. 15–28.

Boulanger, Jean-Claude, « Présentation : images et parcours de la socioterminologie », *Meta* no. XL/2 (1995), pp. 194–205.

Bourigault, Didier, et Slodzian, Monique, « Pour une terminologie textuelle », *Terminologies Nouvelles* no. 19 (1999), pp. 29–32.

Brian, Eric, et Demeulenaere-Douyere, Christiane (éd.), *Histoire et mémoire de l'Académie des sciences : guide de recherches* (Paris : TEC & DOC–Lavoisier, 1996).

Brunot, Ferdinand, *La Pensée et la Langue* (Paris : Masson, 1922).

Cabré, Maria Teresa, « Constituer un corpus de textes de spécialité », in *Cahier du CIEL* numéro spécial (2008), pp. 37–56.

——, « Panorama des approches et tendances de la terminologie aujourd'hui », in *Dans tous les sens du terme*, éd. Jean Quirion, Loïc Depecker et Louis-Jean Rousseau (Ottawa : Presses de l'Université d'Ottawa, 2013), pp. 133–152.

——, « Sur la représentation mentale des concepts », in *Le sens en terminologie*, éd. Henri Béjoint et Philippe Thoiron (Lyon : Presses Universitaires de Lyon, Travaux du CRTT [Centre de Recherche en Terminologie et Traduction], 2000), pp. 20–39.

——, *La terminología : representación y comunicación. Elementos para una teoría de base comunicativa y otros artículos* (Barcelona : Universitat Pompeu Fabra, Institut Universitari de Lingüística Aplicada, 1999).

——, « Terminologie et linguistique : la théorie des portes », *Terminologies nouvelles* no. 21 (2000), pp. 10–15.

——, « Theories of terminology, their description, prescription and explanation », *Terminology* no. 9/2 (2003), pp. 163–199.

Cabré, Maria Teresa, et Nazar, Rogelio, « Towards a new approach to the study of neology », in *Neologica* no. 6 (2012), pp. 63–80.
Candel, Danielle (éd.), *Français scientifique et technique et dictionnaire de langue* (Paris : Didier érudition, 1994).
——, « Wüster par lui-même », in *Des fondements théoriques de la terminologie*, éd. Colette Cortès (Cahiers du C. I. E. L., Centre Interlangue d'Études en Lexicologie, Université Paris 7, 2004), pp. 15–31.
Candel, Danielle, et Gaudin, François (éd.), *Aspects diachroniques du vocabulaire* (Mont-Saint-Aignan : Publications des Universités de Roeun et du Havre, 2006).
Caro, Paul, *La vulgarisation scientifique est-elle possible ?* (Nancy : Presses universitaires de Nancy, 1990).
Cartier, Emmanuel, et Sablayrolles, Jean-François, « Néologismes, dictionnaires et informatique », *Cahiers de lexicologie* no. 93/2 (2008), pp. 175–192.
Carugo, Adriano, et Crombie, Alistair C., « Galilée et l'art de la rhétorique », *XVIIe siècle* no. 163 (avril–juin 1989), pp. 145–166.
Célio Conceiçao, Manuel, « Concepts et dénominations : reformulations et description lexicographique d'apprentissage », *ELA. Études de linguistique appliquée* no. 135 (2004/3), pp. 371–380.
——, *Concepts, termes et reformulations* (Lyon : Presses universitaires de Lyon, 2005).
Celotti, Nadine, et Musacchio, Maria Teresa, « Un regard diachronique en didactique des langues de spécialité », *Revue de didactologie des langues-cultures et de lexiculturologie* no. 135/3 (2004), pp. 263–270.
Charbonneau, Frédéric (éd.), *L'art d'écrire la science : anthologie de textes savants du XVIIIe siècle français* (Rennes : Presses universitaires de Rennes, 2006).
Chassot, Fabrice, *Le Dialogue scientifique au XVIIIe siècle* (Paris : Classiques Garnier, 2011).
——, « Imiter les *Entretiens sur la pluralité des mondes* : la marquise entre cartésiens et newtoniens », *XVIIIe siècle* no. 40 (2008), pp. 585–603.
——, « Littérature et socialisation des sciences dans le dialogue scientifique », *Littératures classiques* no. 85 (2014), pp. 189–203.
Chemla, Karine, « Histoire des sciences et matérialité des textes », *Enquête* no. 1 (1995), en ligne <http://enquete.revues.org/273>.
Compagnon, Antoine, « La réhabilitation de la rhétorique au XXe siècle », in *Histoire de la rhétorique dans l'Europe moderne : 1450–1950*, éd. Marc Fumaroli (Paris : PUF, 1999), pp. 1261–1282.
——, « La rhétorique à la fin du XIXe siècle (1875–1900) », in *Histoire de la rhétorique dans l'Europe moderne : 1450–1950*, éd. Marc Fumaroli (Paris : PUF, 1999), pp. 1215–1260.

Condamines, Anne, « L'interprétation en sémantique de corpus : le cas de la construction de terminologies », *Revue française de linguistique appliquée* no. XII/1 (2007), pp. 39–52.

——, « Sémantique et corpus spécialisés : constitution de bases de connaissances terminologiques », *Carnet de Grammaire, Rapports Internes de l'ERSS (Équipe de Recherche en Syntaxe et Sémantique)*, Habilitation à Diriger les Recherches, Toulouse 2, 2003.

——, « Terminologie et représentation des connaissances », *La banque des mots* no. 6 (1999), pp. 29–44.

Condamines, Anne, Dehaut, Nathalie, et Picton, Aurélie, « Rôle du temps et de la pluridisciplinarité dans la néologie sémantique en contexte scientifique. Études outillées en corpus », *Cahiers de Lexicologie* no. 101 (2012), pp. 161–184.

Condamines, Anne, Rebeyrolle, Josette, et Soubeille, Annie, « Variation de la terminologie dans le temps : une méthode linguistique pour mesurer l'évolution de la connaissance en corpus », in *Actes d'Euralex International Congress*, Lorient, 6–10 juillet 2004, pp. 547–557 (en ligne <http://www.euralex.org/publications/>).

Crosland, Maurice, *Le langage de la science : du vernaculaire au technique* (Méolans-Revel : DésIris, 2009).

Defays, Jean-Marc, *Principes et pratiques de la communication scientifique et technique* (Bruxells : De Boeck, 2003).

Delavigne, Valérie, *Les mots du nucléaire. Contribution socioterminologique à une analyse des discours de vulgarisation*, Thèse de Doctorat, Université de Rouen, 2001.

Desmet, Isabel, « Variabilité et variation en terminologie et langues spécialisées : discours, textes et contextes », in *Mots, termes et contextes*, éd. Daniel Blampain, Philippe Thoiron, et Marc Van Champenhoundt, Actes des septièmes Journées scientifiques du réseau de chercheurs « Lexicologie Terminologie Traduction », Bruxelles, 8–10 septembre 2005 (Paris : Éditions des Archives contemporains, 2005), pp. 235–247.

Dibon, Paul, « Les échanges épistolaires dans l'Europe savante du XVIIe siècle », *Revue de synthèse* no. 81–82 (1976), pp. 31–50.

Diglio, Carolina, et Altmanova, Jana (éd.), *L'art de l'orfèvrerie : parcours linguistiques et culturels* (Paris : Hermann, 2013).

——, *Dictionnaires et terminologie des arts et métiers* (Fasano-Paris : Schena-A.Baudry Cie, 2011).

Dow, Sheila C., « Rationality and Rhetoric in Smith and Keynes », in *Incommensurability and Translation. Kuhnian Perspectives on Scientific Communication and Theory Change*, éd. Rema Rossini Favretti, Giorgio Sandri, et Roberto Scazzieri (Cheltenham-Northampton : Edward Elgar, 1999), pp. 189–200.

Drouin, Patrick, « Identification automatique du lexique scientifique transdisciplinaire », *Revue française de linguistique appliquée* XII/2 (2007), pp. 45–64.
Dubois, Jean, et al., *Dictionnaire de linguistique* (Paris : Larousse, 1973).
Ducos, Joëlle, *La météorologie en français au Moyen Âge (XIIIe–XIVe siècles)* (Paris : Champion, 1998).
——, « Néologie lexicale et culture savante : transmettre les savoirs », in *Lexiques scientifiques et techniques. Constitution et approche historique*, éd. Olivier Bertrand, Hiltrud Gerner et Béatrice Stumpf (Palaiseau : Les Éditions de l'École Polytechnique, 2007), pp. 249–254.
—— (éd.), *Néologies et sciences médiévales*, numéro de la révue *Neologica* no. 7 (2013).
——, « Terminologie médiévale française face au latin : un couple nécessaire ? », in *Le français en diachronie. Nouveaux objets et méthodes*, éd. Anne Carlier, Michèle Goyens et Béatrice Lamiroy (Berne : Peter Lang, 2015), pp. 133–160.
Dury, Pascaline, *Étude comparative et diachronique de l'évolution de dix dénominations fondamentales du domaine de l'écologie en anglais et en français*, Thèse de Doctorat sous la direction de Philippe Thoiron, Université Lumière Lyon II, 1997.
Dury, Pascaline, et Drouin, Patrick, « L'obsolescence des termes en langue de spécialité : une étude semi-automatique de la "nécrologie" en corpus informatisés, appliquée au domaine de l'écologie », Actes du XVII European Symposium, 2009, pp. 1–11, en ligne <http://bcom.au.dk/fileadmin/www.asb.dk/isek/dury_drouin.pdf>.
Dury, Pascaline, et Picton, Aurélie, « Terminologie et diachronie : vers une réconciliation théorique et méthodologique ? », *Revue française de linguistique appliquée* no. XIV-2 (2009), pp. 31–41.
Ehrard, Jean, et Roger, Jacques, « Deux périodiques français du 18e siècle : le *Journal des savants* et *Les Mémoires de Trévoux*. Essai d'une étude quantitative », in *Livre et société dans la France du XVIIIe siècle*, éd. Geneviève Bollème, et al. (Paris-La Haye : Mouton, 1965), pp. 33–59.
Fabre, Daniel, *Écritures ordinaires* (Paris : Éditions P. O. L., 1993).
Faulstich, Enilde, « Principes formels et fonctionnels de la variation en terminologie », *Terminology* no. 5/1 (1998–1999), pp. 93–103.
Fiorentino, Giuliana, « Peculiarità sintattiche della prosa scientifica : il caso di Galilei », *Revista de la Sociedad Española de Lingüística* no. 28/1 (1988), pp. 73–88.
France Comité des travaux historiques et scientifiques, *Les sciences et leurs langages* (Paris : CTHS Éditions, 2000).
Freixa, Judit, « Causes of denominative variation in terminology : a typology proposal », *Terminology* no. 12/1 (2006), pp. 51–77.
Galuzzi, Massimo, Micheli, Gianni, et Monti, Maria Teresa (éd.), *Le forme della comunicazione scientifica* (Milano : FrancoAngeli, 1998).

Garratt, John, Overton, Tina, et Threlfall, Terry, *Chimie : l'art de se poser les bonnes questions* (Bruxelles : De Boeck, 2000).

Gaudin, François, « Dire les sciences et décrire les sens : entre vulgarisation et lexicographie, le cas des dictionnaires de sciences », *TTR : traduction, terminologie, rédaction* 8/2 (1995), pp. 11–27.

——, *Pour une socioterminologie. Des problèmes sémantiques aux pratiques institutionnelles* (Rouen : Publications de l'Université de Rouen, 1993).

——, *Socioterminologie. Une approche sociolinguistique de la terminologie* (Bruxelles : De Boeck-Duculot, 2003).

—— (éd.), *La lexicographie militante. Dictionnaires du XVIIIe au XXe siècle* (Paris : Honoré Champion, 2013).

Gilles, Bertrand, et Guyot, Alain, *Des « passeurs » entre science, histoire et littérature* (Grenoble : ELLUG, 2011).

Grimaldi, Claudio, « Champs disciplinaires, genres textuels, vulgarisation des idées savantes : la presse périodique scientifique en France au début du XVIIIe siècle », in *Itinerari di culture 3*, éd. Carmen Saggiomo, et al. (Napoli : Loffredo, 2016), pp. 121–130.

——, « Les classifications botaniques et la fabrication d'un vocabulaire logique » (à paraître).

——, « Évolution terminologique dans le discours de la science au début du XVIIIe siècle » (à paraître).

——, « La science autrement : définir et reformuler l'activité savante dans les *Comptes rendus hebdomadaires de l'Académie des sciences* », in *Autrement dit : définir, reformuler, gloser*, éd. Paolo Frassi et Giovanni Tallarico (Paris : Hermann, 2017), pp. 241–256.

——, « Traduction et transmission des savoirs dans les ressources de vulgarisation scientifique », *Testi e Linguaggi* 8 (2014), pp. 149–160.

——, « Vulgariser la science pour réaffirmer son rôle de savant. L'*Essai philosophique sur les probabilités* de Laplace », *Mémoires du livre/Studies in Book Culture* 6/1 (automne 2014) (en ligne <https://www.erudit.org/revue/memoires>).

Gross, Alan, Harmon, Joseph, et Reidy, Michael (éd.), *Communicating Science. The Scientific Article from the 17th Century to Present* (Oxford : Oxford University Press, 2002).

Groult, Martine, *Savoir et Matières. Pensée scientifique et théorie de la connaissance de l'Encyclopédie à l'Encyclopédie méthodique* (Paris : CNRS Éditions, 2011).

Guilbert, Louis, *La créativité lexicale* (Paris : Larousse, 1975).

——, « Théorie du néologisme », *Cahiers de l'Association internationale des études françaises* no. 25 (1973), pp. 9–29.

Halliday, Michael A. K., *The Language of Science*, éd. Jonathan J. Webster (London-New York : Continuum, 2004).
Halliday, Michael A. K., et Martin, J. R., *Writing Science: Literacy and Discoursive Power* (London-Washington : The Falmer Press, 1993).
Hallyn, Fernand, « Dialectique et rhétorique devant la "nouvelle science" du XVIIe siècle », *Histoire de la rhétorique dans l'Europe moderne : 1450–1950*, éd. Marc Fumaroli (Paris : PUF, 1999), pp. 601–627.
——, « Les lieux de rhétorique dans les sciences », in *Méthode et histoire. Quelle histoire font les historiens des sciences et des techniques ?*, éd. Anne-Lise Rey (Paris : Classiques Garnier, 2013), pp. 27–37.
——, *La structure poétique du monde : Copernic, Kepler* (Paris : Seuil, 1987).
——, *Les structures rhétoriques de la science. De Kepler à Maxwell* (Paris : Seuil, 2004).
—— (éd.), *Metaphor and Analogy in the Sciences* (Dordrecht-Boston-London : Kluwer, 2000).
Haßler, Gerda, « Entre Renaissance et Lumières : les genres textuels de la création et de la transmission du savoir », in *Manuel des langues de spécialité*, éd. Werner Forner et Britta Thörle (Berlin : De Gruyter Mouton, 2016), pp. 446–471.
Holmes, Frederic L., « Argument and Narrative in Scientific Writing », in *The Literary Structure of Scientific Argument: Historical Studies*, éd. Peter Dear (Philadelphia : University of Pennsylvania Press, 1991), pp. 164–181.
Hoque, Thierry, *Les fondements de la botanique. Linné et la classification des plantes* (Paris : Vuibert, 2005).
Hoyningen-Huene, Paul, « Prefazione », in Thomas Samuel Kuhn (éd. Stefano Gattei), *Dogma contra critica* (Milano : Raffaello Cortina editore, 2000), pp. XI–XXIX.
Humbley, John, « La néologie : interface entre ancien et nouveau », in *Langues et cultures : une histoire d'interface*, éd. Rosalind Greenstein (Paris : Publications de la Sorbonne, 2006), pp. 91–103.
——, « La néologie en terminologie », in *L'innovation lexicale*, éd. Jean-François Sablayrolles (Paris : Honoré Champion, 2003), pp. 261–278.
——, « Présentation. Terminologie : orientations actuelles », *Revue française de linguistique appliquée* XIV/2 (2009), pp. 5–8.
——, « Quelques aspects de la datation de termes techniques : le cas de l'enregistrement et de la reproduction sonore », *Meta* no. XXXIX/4 (1994), pp. 701–715.
——, « La terminologie française du commerce électronique, ou comment faire du neuf avec de l'ancien », in Actes en ligne de la Ve Journée scientifique Realiter *Terminologie et plurilinguisme dans l'économie internationale*, Milan, 9 juin 2009 <http://unilat.org/Library/Handlers/File.ashx?id=09850e3c-875c-4fb7-be6c-ae5cc6cdc5e0>.

—, « Vers une méthode de terminologie rétrospective », *Langages* no. 183 (2011/1), pp. 51–62.

Jacobi, Daniel, *La communication scientifique : discours, figures, modèles* (Grenoble : Presses universitaires de Grenoble, 1999).

—, « Lexique et reformulation intradiscursive dans les documents de vulgarisation scientifique », in *Français scientifique et technique et dictionnaire de langue*, éd. Danielle Candel (Paris : Didier érudition, 1994), pp. 75–91.

Jacquet-Pfau, Christine, « Lexicographie et terminologie au détour du XIXe siècle : la *Grande Encyclopédie* », *Langages* no. 168 (2007/4), pp. 24–38.

—, « Naissance d'un projet lexicographique à la fin du XIXe siècle : *La Grande Encyclopédie, par une Société de savants et de gens de lettres* », in *Aspects de la métalexicographie du XVIIe au XXIe siècles*, éd. Jean Pruvost, *Cahiers de lexicologie* no. 88 (2006/1), pp. 97–111.

Jacquet-Pfau, Christine, et Sablayrolles, Jean-François, *La fabrique des mots français* (Limoges : Lambert Lucas, 2016).

James-Raoul, Danièle, et Soutet, Olivier (éd.), *Par les mots et les textes. Mélanges de langue, de littérature et d'histoire des sciences médiévales offerts à Claude Thomasset* (Paris : Presse de l'Université de Paris-Sorbonne, 2005).

Jean, Claude, « Les politiques pour le français et la science », in *Lingua italiana e scienze*, éd. Annalisa Nesi et Domenico De Martino, Actes du Colloque international « Lingua italiana e scienze » (Florence, Villa Medicea di Castello, 6–8 février 2003) (Firenze : Accademia della Crusca, 2012), pp. 451–458.

Jeanneret, Yves, *Écrire la science* (Paris : PUF, 1994).

Jurdant, Baudouin, *Les problèmes théoriques de la vulgarisation scientifique* (Paris : Archives contemporaines, 2009).

Kaguera, Kyo, *The Dynamics of Terminology: a Descriptive Theory of Term Formation and Terminological Growth* (Amsterdam-Philadelphia, PA : Benjamin, 2002).

—, *The Quantitative Analysis of the Dynamics and Structure of Terminologies* (Amsterdam-Philadelphia, PA : Benjamin, 2012).

Kockaert, Hendrik J., et Steurs, Freida, *Handbook of Terminology* (Amsterdam-Philadelphia : Benjamin, 2015).

Kocourek, Rostislav, *Essais de linguistique française et anglaise* (Leuven : Peeters Publishers, 2001).

—, *La langue française de la technique et de la science* (Zurich : Brandstetter Verlag, 1982).

Lamoureux, Gisèle, *Flore printanière* (Saint-Henri-de-Lévis : Fleurbec éditeur, 2002).

Lamy, Bernard, *La rhétorique ou l'art de parler* (Paris : PUF, 1998).

Lavinio, Cristina, « I linguaggi scientifici tra terminologia e testualità: spunti », in *Lingua italiana e scienze*, éd. Annalisa Nesi et Domenico De Martino, Actes du

Colloque international « Lingua italiana e scienze » (Florence, Villa Medicea di Castello, 6–8 février 2003) (Firenze : Accademia della Crusca, 2012), pp. 135–151.

Léoni, Sylviane, « Une redécouverte restreinte : la rhétorique française du 18ᵉ siècle », *XVIIIᵉ siècle* no. 30 (1998), pp. 179–193.

Lerat, Pierre, *Langue et technique* (Paris : Hermann, 2016).

——, *Les langues spécialisées* (Paris : Presses Universitaires de France, 1995).

Leroy, Jean-François, « Adanson dans l'histoire de la pensée scientifique », *Revue d'histoire des sciences et de leurs applications* t. 20/4 (1967), pp. 349–360.

L'Homme, Marie-Claude, *Terminologie : principes et techniques* (Montréal : Presses de l'Université de Montréal, 2004).

L'Homme, Marie-Claude, Heide, Ulrich , et Sager, Juan C., « Terminology during the past decade (1994–2004) : An Editorial statement », *Terminology* no. 9/2 (2003), pp. 151–161.

L'Homme, Marie-Claude, et Vandaele, Sylvie (éd.), *Lexicographie et terminologie. Comptabilité des modèles et des méthodes* (Ottawa : Les Presses de l'Université d'Ottawa, 2007).

Licoppe, Christian, *La formation de la pratique scientifique. Le discours de l'expérience en France et en Angleterre (1630–1820)* (Paris : La Découverte, 1996).

Loty, Laurent, « Pour l'indisciplinarité », in *The Interdisciplinary Century; Tensions and convergences in 18th-century Art, History and Literature*, éd. Julia Douthwaite et Mary Vidal (Oxford : Studies on Voltaire and the Eighteenth Century, Voltaire Foundation, 2005), pp. 245–259.

McKenzie, Donald Francis, *La bibliographie et la sociologie des textes* (Paris : Cercle de la Librairie, 1991).

Marchetti, Marilia, *Retorica e linguaggio nel secolo dei lumi. Equilibrio logico e crisi dei valori* (Roma : Edizioni di Storia e Letteratura, 2002).

Mari, Carlo, et Zanola, Maria Teresa, « La lingua italiana e la meccanica quantistica », in *Lingua italiana e scienze*, éd. Annalisa Nesi et Domenico De Martino, Actes du Colloque international « Lingua italiana e scienze » (Florence, Villa Medicea di Castello, 6–8 février 2003) (Firenze : Accademia della Crusca, 2012), pp. 223–237.

Martin, Robert, *Pour une logique du sens* (Paris : PUF, 1992).

Martine, Jean-Luc, « L'article *Art* de Diderot : machine et pensée pratique », *Recherches sur Diderot et sur l'Encyclopédie* no. 39 (2005), pp. 41–79.

Martinet, André, *Économie des changements phonétiques. Traité de phonologie diachronique* (Paris : Éd. Maisonneuve & Larose, 2005 [1955]).

Mayo, Marielle, « L'*Encyclopédie*, un monument dédié à la raison », *Les cahiers de Science & Vie* no. 152 (avril 2015), pp. 36–41.

Meyer, Ingrid, et Mackintosh, Kristen, « L'étirement du sens en terminologie. Un aperçu du phénomène de la déterminologisation », in *Le sens en terminologie*, éd. Henri Béjoint et Philippe Thoiron (Lyon : Presses Universitaires de Lyon, Travaux du CRTT [Centre de Recherche en Terminologie et Traduction], 2000), pp. 198–217.

Minelli, Alessandro, « The Ranks and the Names of Species and Higher Taxa, or A Dangerous Inertia of the Language of Natural History », in *Cultures and Institutions of Natural History*, éd. Michael T. Ghiselin et Alan E. Leviton (San Francisco : California Academy of Science, 2000), pp. 339–351.

Møller, Bernt, « À la recherche d'une terminochromie », *Meta* no. 43/3 (1998), pp. 426–438.

Mortureux, Marie-Françoise, « L'analyse du discours de la vulgarisation scientifique et le dictionnaire de la langue scientifique », in *Français scientifique et technique et dictionnaire de langue*, éd. Danielle Candel (Paris : Didier érudition, 1994), pp. 63–75.

——, *Le lexique entre langue et discours* (Paris : Sédès, 1997).

——, « Néologie lexicale et énonciation personnelle dans le discours scientifique », *Linx* no. 3 (1991), pp. 71–83.

——, « Les résistances à la néologie terminologique », *Meta* no. 323 (1987), pp. 250–254.

Moulinier-Brogi, Laurence, et Weill-Parot, Nicolas (éd.), *Le livre de science, du copiste à l'imprimeur* (Paris : Presses universitaires de Vincennes, 2007).

Pailliart, Isabelle (éd.), *La publicisation de la science. Exposer, communiquer, débattre, publier, vulgariser* (Grenoble : Presses universitaires de Grenoble, 2005).

Passeron, Irène, « La République des Sciences, réseaux des correspondances, des Académies et des livres scientifiques », *XVIIIe siècle* no. 40 (2008), pp. 5–27.

Paty, Michel, « Du style en sciences et en histoire des sciences », in *Méthode et histoire. Quelle histoire font les historiens des sciences et des techniques ?*, éd. Anne-Lise Rey (Paris : Classiques Garnier, 2013), pp. 57–87.

Pecman, Mojca, « Variation as a cognitive device: how scientists construct knowledge through term formation », *Terminology* no. 20/1 (2014), pp. 1–24.

Peiffer, Jeanne, Conforti, Maria, et Delpiano, Patrizia (éd.), *L'Europe des journaux savants (XVIIe–XVIIIe siècles). Communication et construction des savoirs/ Scholarly journals in early modern Europe. Communication and the construction of knowledge*, n. spécial des *Archives internationales d'histoire des sciences* vol. 63, no. 170-171 (juin 2013).

Peiffer, Jeanne, et Vittu, Jean-Pierre, « Les journaux savants, formes de la communication et agents de la construction des savoirs (17e–18e siècles) », *XVIIIe siècle* no. 40 (2008), pp. 281–300.

Pera, Marcello, « Scientific Discourse and Scientific Knowledge », in *Incommensurability and Translation. Kuhnian Perspectives on Scientific Communication and*

Theory Change, éd. Rema Rossini Favretti, Giorgio Sandri et Roberto Scazzieri (Cheltenham-Northampton : Edward Elgar, 1999), pp. 173–187.

Petit, Gérard, « L'introuvable identité du terme technique », *Revue française de linguistique appliquée* VI/2 (2001), pp. 63–79.

Picton, Aurélie, *Diachronie en langue de spécialité. Définition d'une méthode linguistique outillée pour repérer l'évolution des connaissances en corpus. Un exemple appliqué au domaine spatial*, Thèse de Doctorat sous la direction d'Anne Condamines, Université Toulouse le Mirail-Toulouse II, 2009.

Pruvost, Jean, et Sablayrolles, Jean-François, *Les néologismes* (Paris : PUF, 2003).

Quemanda, Bernard, *Les Dictionnaires du français moderne (1539–1863). Étude sur leur histoire, leurs types et leurs méthodes* (Paris : Didier, 1968).

Raccah, Pierre-Yves, « Argumentation and Knowledge: From Words to Terms », in *Incommensurability and Translation. Kuhnian Perspectives on Scientific Communication and Theory Change*, éd. Rema Rossini Favretti, Giorgio Sandri et Roberto Scazzieri (Cheltenham-Northampton : Edward Elgar, 1999), pp. 219–233.

Raichvarg, Daniel, et Jacques, Jean, *Savants et ignorants. Une histoire de la vulgarisation des sciences* (Paris : Seuil, 2003).

Rastier, François, *Arts et sciences du texte* (Paris : PUF, 2001).

——, « Le terme : entre ontologie et linguistique », *La banque des mots* no. 7 (1995), pp. 35–65.

Resche, Catherine (éd.), *Terminologie et domaines spécialisés* (Paris : Classiques Garnier, 2016).

Rey, Alain, *La terminologie : noms et notions* (Paris : PUF, 1979).

Rey, Anne-Lise, « La littérarisation de la science newtonienne au XVIIIe siècle : une littérature pour les dames ? », *Littératures classiques* no. 85 (2014), pp. 303–326.

—— (éd.), *Méthode et histoire. Quelle histoire font les historiens des sciences et des techniques?* (Paris : Classiques Garnier, 2014).

Rodolphe, Thérèse, et Delaveau, Pierre, « Quelques réflexions sur la Méthode de nomenclature chimique de Guyton de Morveau, Lavoisier, Berthollet, Fourcroy (1787) », *Revue d'histoire de la pharmacie* no. 350 (2006), pp. 252–257.

Rossari, Corinne, *Connecteurs et relations de discours : des liens entre cognition et signification* (Nancy : Presses Universitaires de Nancy, 2000).

——, *Les opérations de reformulation. Analyse du processus et des marques dans une perspective contrastive français-italien* (Berne : Peter Lang, 1997).

Rossi, Micaela, *In rure alieno. Métaphores et termes nomades dans les langues de spécialité* (Berne : Peter Lang, 2015).

Rossini Favretti, Rema, « Scientific Discourse: Intertextual and Intercultural Practice », in *Incommensurability and Translation. Kuhnian Perspectives on Scientific Communication and Theory Change*, éd. Rema Rossini Favretti, Giorgio

Sandri et Roberto Scazzieri (Cheltenham-Northampton : Edward Elgar, 1999), pp. 201–216.

Rossini Favretti, Rema, Sandri, Giorgio, et Scazzieri, Roberto, « Translating Languages: an Introductory Essay », in *Incommensurability and Translation. Kuhnian Perspectives on Scientific Communication and Theory Change*, éd. Rema Rossini Favretti, Giorgio Sandri et Roberto Scazzieri (Cheltenham-Northampton : Edward Elgar, 1999), pp. 1–29.

Russell, Nicholas, *Communicating Science. Professional, Popular, Literary* (Cambridge : Cambridge University Press, 2009).

Sablayrolles, Jean-François, *L'innovation lexicale* (Paris : Honoré Champion, 2003).

——, *La néologie en français contemporain. Examen du concept et analyse de productions néologiques récentes* (Paris : Honoré Champion, 2000).

——, « Nomination, dénomination et néologie : intersection et différences symétriques », *Neologica* no. 1 (2007), pp. 87–99.

Saussure, Ferdinand de, *Cours de linguistique générale* (Paris : Payot, 1995 [1916]).

Séguin, Maria Susana, « Fontenelle et l'*Histoire de l'Académie royale des sciences* », *XVIIIe siècle* no. 44 (2012), pp. 365–379.

Selosse, Philippe, « Peut-on parler de classification à la Renaissance : les concepts d' "ordre" et de "classe" dans les ouvrages sur les plantes », *Seizième siècle* no. 8 (2012), pp. 39–56.

Selosse, Philippe, Minelli, Alessandro, et Bensaude-Vincent, Bernadette, « Entre Renaissance et Lumières : les nomenclatures des sciences nouvelles », in *Manuel des langues de spécialité*, éd. Werner Forner et Britta Thörle (Berlin : De Gruyter Mouton, 2016), pp. 413–445.

Silvestri, Domenico, « I lessici tematici tra lingua standard e lessici scientifici », in *Lingua italiana e scienze*, éd. Annalisa Nesi et Domenico De Martino, Actes du Colloque international « Lingua italiana e scienze » (Florence, Villa Medicea di Castello, 6–8 février 2003) (Firenze : Accademia della Crusca, 2012), pp. 27–44.

Silvi, Christine, *Science médiévale et vérité. Étude linguistique de l'expression du vrai dans le discours scientifique en langue vulgaire* (Paris : Honoré Champion, 2003).

Sinclair, John, *Corpus, Concordance, Collocation* (Oxford : Oxford University Press, 1991).

Skytte, Gunver, « La divulgazione scientifica. Riflessioni sulla funzionalità della divulgazione scientifica in chiave », in *Lingua italiana e scienze*, éd. Annalisa Nesi et Domenico De Martino, Actes du Colloque international « Lingua italiana e scienze » (Florence, Villa Medicea di Castello, 6–8 février 2003) (Firenze : Accademia della Crusca, 2012), pp. 131–134.

Slodzian, Monique, « L'émergence d'une terminologie textuelle et le retour du sens », in *Le sens en terminologie*, éd. Henri Béjointe et Philippe Thoiron (Lyon : Presses

Universitaires de Lyon, Travaux du CRTT [Centre de Recherche en Terminologie et Traduction], 2000), pp. 61–85.
Suhamy, Henry, *Les figures de style* (Paris : PUF, 1981).
Tabarroni, Giorgio, « La lingua della scienza fra Sette e Ottocento », in *Atti della Natio Francorum*, éd. Liano Petroni et Francesca Malvani (Bologna : CLUEB, 1993, vol. 2), pp. 571–576.
Temmerman, Rita, *Towards New Ways of Terminology Description. The Sociocognitive Approach* (Amsterdam-Philadelphia : John Benjamins Publishing Company, 2000).
Temmerman, Rita, et Van Campenhoudt, Marc (éd.), *Dynamics and Terminology* (Amsterdam/Philadelphia : Benjamin, 2014).
Thoiron, Philippe, et Béjoint, Henri, « La terminologie, une question de termes ? », *Meta* vol. 55, no. 1 (2010), pp. 105–118.
Thomasset, Claude (éd.), *L'écriture du texte scientifique au Moyen Âge* (Paris : PUPS, 2006).
Tillier, Simon, « Terminologie et nomenclatures scientifiques : l'exemple de la taxonomie zoologique », *Langage* vol. 39 (2005), pp. 103–116.
Tutin, Agnès, « Autour du lexique et de la phraséologie des écrits scientifiques », *Revue française de linguistique appliquée* XII/2 (2007), pp. 5–14.
Valette, Mathieu, « Des textes au concept. Propositions pour une approche textuelle de la conceptualisation », en ligne <https://hal.inria.fr/hal-00491037/document>.
Vanvolsem, Serge, « Trasparenza e opacità: la definizione dei termini scientifici nei lessici », in *Lingua italiana e scienze*, éd. Annalisa Nesi et Domenico De Martino, Actes du Colloque international « Lingua italiana e scienze » (Florence, Villa Medicea di Castello, 6–8 février 2003) (Firenze : Accademia della Crusca, 2012), pp. 45–61.
Vickers, Brian, et Struever, Nancy S., *Rhetoric and the Pursuit of Truth. Language Change in the Seventeenth and Eighteenth Centuries* (Los Angeles : UCLA, Clark Memorial Library, 1985).
Villa, Maria Luisa, *La scienza sa di non sapere per questo funziona* (Milano : Guerini e Associati, 2016).
Vittu, Jean-Pierre, « De la *Res publica literaria* à la République des Lettres, les correspondances scientifiques autour du *Journal des savants* », in *La Plume et la Toile*, éd. Pierre-Yves Beaurepaire (Arras : Artois Presses Université, 2002), pp. 225–254.
——, « Diffusion et réception du *Journal des savants* de 1665 à 1714 », in *La Diffusion et la lecture des journaux de langue française sous l'Ancien Régime*, éd. Hans Bots (Amsterdam : APA-Holland University Press, 1988), pp. 167–175.
——, « Du catalogue au dictionnaire, l'évolution des tables des périodiques littéraires à l'époque de l'*Encyclopédie* », *XVIIe siècle* no. 25 (1993), pp. 423–431.

——, « Du *Journal des savants* aux *Mémoires pour l'histoire des sciences et des beaux-arts* : l'esquisse d'un système européen des périodiques savants », *XVIIe siècle* no. 228 (2005), pp. 527–545.

——, « La formation d'une institution scientifique : le *Journal des savants* de 1665 à 1714 [premier article : d'une entreprise privée à une semi-institution] », *Journal des savants* no. 1 (2002), pp. 179–203.

——, « La formation d'une institution scientifique : le *Journal des savants* de 1665 à 1714 [second article : l'instrument central de la République des Lettre] », *Journal des savants* no. 2 (2002), pp. 349–377.

——, « Journal des savants (1665–1792, puis 1797 et depuis 1816) », in *Dictionnaire des journaux, 1600–1789*, éd. Jean Sgard (Paris : Universitas, 1991, vol. II), pp. 645–654.

——, « Qu'est-ce qu'un article au *Journal des savants* de 1665 à 1714 ? », *Revue française d'histoire du livre* no. 112–113 (2001), pp. 129–148.

Waquet, Françoise, « De la lettre érudite au périodique savant : les faux semblants d'une mutation intellectuelle », *XVIIe siècle* XXXV/3 (1983), pp. 347–359.

Zanola, Maria Teresa, *Arts et métiers au XVIIIe siècle. Études de terminologie diachronique* (Paris : L'Harmattan, 2014).

——, « De "nomenclature" à "terminologie" : un parcours diachronique (XVIIe–XVIIIe siècles) entre France et Italie » (à paraître).

——, « Machines et instruments scientifiques au XVIIIe siècle : définition, communication et transmission des connaissances », in *Autrement dit : définir, reformuler, gloser. Hommage à Pierluigi Ligas*, éd. Paolo Frassi et Giovanni Tallarico (Paris : Hermann, 2017), pp. 29–46.

——« Synonymie et vulgarisation scientifique: l'*Explication des mots plus difficiles* dans les *Discours admirables* de Bernard Palissy (1580) », in *La Synonymie*, éd. Françoise Berlan et Olivier Soutet (Paris : Presses de l'Université de la Sorbonne, 2012), pp. 135–152.

Zanola, Maria Teresa, Collesi, Patrizia, et Serpente, Anna (éd.), *Terminologie e ontologie. Definizioni e comunicazione fra norma e uso* (Milano : EDUCatt, 2013).

Ouvrages lexicographiques et encyclopédiques

Bloch, Oscar, et Wartburg, Walther von, *Dictionnaire étymologique de la langue française* (Paris : PUF, VIe édn [1932], 1975).

Diccionario de la Real Academia española (version en ligne <http://www.rae.es>).
Dictionnaire de l'Académie française (version en ligne <http://www.lexilogos.com/francais_classique.htm>).
Dictionnaire universel françois et latin, Dictionnaire de Trévoux, édn de 1704 (version disponible sur <http://gallica.bnf.fr/>).
Diderot, Denis, et Le Rond d'Alembert, Jean (éd.), *L'Encyclopédie ou Dictionnaire raisonné des sciences, des arts et des métiers*, 1751–1772 (version en ligne <http://www.lexilogos.com/francais_classique.htm>).
Furetière, Antoine, *Dictionnaire universel contenant generalement tous les mots françois, tant vieux que modernes, & les termes de toutes les sciences et des arts*, édn de 1690 (version en ligne <http://www.lexilogos.com/francais_classique.htm>).
Grand Robert (version 2016, disponible en ligne <http://www.lerobert.com>).
Lunier, M., *Dictionnaire des sciences et des arts* (Paris : Étienne Gide & H. Nicolle et Cie, 1805).
Rey, Alain (éd.), *Dictionnaire culturel en langue française* (Paris : Le Robert, 2005).
——, *Dictionnaire historique de la langue française* (Paris : Le Robert, 2016).
Trésor de la langue française informatisé (version en ligne <http://www.atilf.fr>).

Index

Academia parisiensis 32
Académie d'architecture 34
Académie de danse 34
Académie florentine 27, 30
Académie française 30, 34, 39, 62
Académie de musique 34
Académie de peinture 30
Académie de peinture et de sculpture 34
Académie platonicienne 17
Académie de poésie et de musique 30
Académie royale des sciences 36–37, 39, 62–63
    see also *Histoire et Mémoires de l'Académie royale des sciences*
Accademia del Cimento 28
Accademia dei Lincei 28
Altieri Biagi, Maria Luisa 15, 45, 180
Ampère, André-Marie 151
Antiquité 7–10, 65, 117
approche onomasiologique 72
approche sémasiologique xxiv, 72
Auzout, Adrien 33–34
Avicenne 24
Avogadro, Amedeo 151

Babiniotis, Georges 76
Bacon, Francis 13, 20, 28, 85
Bah-Ostrowiecki, Hélène 16, 51
Banks, David 47, 56
Benveniste, Émile 21
Berthelot, Jean-Michel 42–43
Bignon, Jean-Paul 35, 57
Bloch, Oscar 79
Bruno, Giordano 25
Brunot, Ferdinand 11–12, 17, 88, 92, 98, 102, 109

Buffon, Georges-Louis Leclerc, Comte de 36, 86, 90

Carcavy, Pierre de 33–34
Cassini, Jean-Dominique 34
Célio Conceiçao, Manuel 183
Chapelain, Jean 33
Chassot, Fabrice 48
Colbert, Jean-Baptiste 33–35
communication scientifique xxiii–xxiv, 7, 10, 41, 48, 55–56, 162
    see also texte scientifique
Condillac, Étienne Bonnot, Abbé de 12, 94, 150
Condorcet, Nicolas de 12, 39, 86
Conférences du Bureau d'Adresse 31
Copernic, Nicolas 9–10, 14
correspondance savante 45, 47
    see also lettre savante

Daubenton, Louis Jean-Marie 90–91
Descartes, René 5, 13, 18–20, 26, 46, 49, 86
Desfontaines, René 111
diachronie xxi–xxiv, 72–76, 134, 173, 180–181
dialogue scientifique 47–50
Diderot, Denis 92, 135
discours scientifique 10–11, 16, 178, 183
Ducos, Joëlle 5, 40
Dupuy, Jacques 31
Dupuy, Pierre 31
Dury, Pascaline 74, 180

écriture de la science 6, 16, 19, 41, 43–44, 74, 174
état de langue xxiv, 75–77

Euler, Leonhard 38, 86
expérience 13–17, 28–29, 43, 49, 85,
 150–151, 167
  méthode de l' xxiii, 13–14, 16, 85, 149
  récit de l' 14, 51, 54

Ferchault de Réaumur, René Antoine 36,
 162, 169
Ficin, Marsile 8–9, 27, 30
Fontenelle, Bernard xxiii, 49–50, 53, 57,
 63, 78
français des sciences 11
Furetière, Antoine 84, 89, 94

Galien, Claude 10, 24
Galilée xxiii, 5, 13–15, 18, 20, 26, 28,
 45–46, 48–49, 85–86
Gassendi, Pierre 33, 46
Gattei, Matteo 175
Gaudin, François 73, 75
genre textuel xxi–xxv, 41–42, 44, 49,
 56–58, 74, 178
 see also typologie textuelle
grec 10–11, 97
 see also langues anciennes ; langues
  classiques
Guilbert, Louis 75–76
Guiraud, Pierre 98
Guyton de Morveau, Louis-
 Bernard 93–94, 149, 160–161

Halliday, Michael A. K. 17, 178
Hallyn, Fernand 42
Helgorsky, Françoise 77
*Histoire et Mémoires de l'Académie royale
 des sciences* xxiv, 56, 62–63, 66, 75,
 87, 99, 184
 see also Académie royale des sciences
histoire des sciences xxii–xxiii, 14, 42,
 44, 65, 74, 84, 86, 174–175
Hoyningen-Huene, Paul 175

Humanisme 27–28
Humbley, John 181
Huygens, Christian 34

Jacquet-Pfau, Christine 95
journal savant 45, 52, 54
 see also journal scientifique ; presse
  scientifique ; revue scientifique
Journal des savants xxiv, 52, 54, 56–58,
 60–61, 67, 75, 86–87, 99, 107,
 146, 184
journal scientifique 45, 47, 54–55, 181
 see also journal savant ; presse scientifique ; revue scientifique
Jussieu, Antoine de 108–109, 118

Kaguera, Kyo 181
Kepler, Johannes 9, 46
Kocourek, Rostislav 71, 73, 181–182
Kuhn, Thomas Samuel 174–177

Lagrange, Joseph-Louis 86
langue de la botanique 100, 102, 109
 see also langue scientifique
langue de la chimie 94, 151, 171
 see also langue scientifique
langue scientifique xxiv, 5, 12, 20, 88, 92,
 97, 100, 102, 145, 173, 179, 182, 184
langues anciennes 8, 11
 see also langues classiques
langues classiques 10, 88, 105
 see also langues anciennes
Laplace, Pierre-Simon de 86
latin 10–11, 15, 97–98, 101
 see also langues anciennes ; langues
  classiques
Lavoisier, Antoine 5, 12, 39, 93–95, 149, 161
Le Rond d'Alembert, Jean 50, 86–87,
 92, 135
Le Ru, Véronique 87
Lémery, Nicolas 35, 150, 159–160, 169

Index

lettre savante 45–47, 52–54
    see also correspondance savante
lexicalisation 111, 121, 123, 128–130, 135, 138, 148, 155, 162, 166–167, 171
Licoppe, Christian 51–52
Linné, Carl von 90, 93, 100–102, 110, 115, 118, 135

Mazauric, Simone 3, 26, 37, 63
mécanisme 18–19, 85, 89, 103, 147, 180, 183
Mersenne, Marin 19, 29–32, 46, 51
métaphore grammaticale 178
Miller, Philip 110

Nellen, Henricus Johannes Maria 46
néologie 75–76, 79
néologisation sémantique 141
Newton, Isaac 5, 10, 13, 16–17, 19–20, 86, 88
nomenclature 12, 91–93, 95, 99, 101–102, 125, 128, 177
nomenclature alchimique 95
nomenclature botanique 93, 112, 115, 178
nomenclature chimique 93–94, 149, 159
normalisation linguistique 93

Paracelse 9, 158
paradigme scientifique 42, 44, 74, 173–175, 177
Paré, Ambroise 9–10, 24
Pascal, Blaise 13, 15–16, 51, 85
Paty, Michel 6
Peiffer, Jeanne 54–55
Perier, Florin 16
Philosophical Transactions 47, 52, 56, 61–62
Picton, Aurélie 74, 108
pratique savante 3–4, 6–7, 21–22, 35, 47, 53, 66, 77, 84, 86, 184
    institutionnalisation de la 21, 77
    professionnalisation de la 53, 77
presse scientifique xxiv–xxv, 52, 54, 173, 184
    see also journal savant ; journal scientifique ; revue scientifique
Ptolémée, Claude 9–10, 14

Ray, John 90, 139
Renaissance 3–4, 8–9, 23, 26, 84–85
Renaudot, Théophraste 30–32
révolution scientifique 18, 84–85, 174, 178
revue scientifique 53
    see also journal savant ; journal scientifique ; presse scientifique
Rey, Alain 79
Royal Society of London 28–29, 62–63

Sallo, Denis de 57, 60
savoir scientifique xxiv, 6, 8, 21, 53, 61, 174
science moderne xxiii, 3–8, 13–14, 19, 21, 23, 28, 31, 45, 51, 84–85, 87
scientificité 4–5, 40, 85
Séguin, Maria Susana 65, 67
Siouffi, Gilles 97
Sorbière, Samuel 33
synchronie dynamique 75–76

terminologie diachronique xiii, xxi, 74
terminologie textuelle xxi, xxiv, 71–72, 75
texte scientifique xxii, 41–44, 52
    see also communication scientifique
Tournefort, Joseph Pitton de 90, 103–105, 112, 128, 130, 145, 179
typologie textuelle 41, 43, 45
    see also genre textuel

variation linguistique 77
Venel, Gabriel François 95
Vésale, André 9, 10
Vittu, Jean-Pierre 54–55, 58, 60–61
Voltaire 56

Wartburg, Walther von 79

Zanola, Maria Teresa xv, 74

CONTEMPORARY STUDIES IN DESCRIPTIVE LINGUISTICS

Edited by

PROFESSOR GRAEME DAVIS, School of Humanities, University of Buckingham.

KARL A. BERNHARDT, Research Fellow in the Department of English, University of Buckingham, UK, and English Language Consultant with Trinity College, London.

This series provides an outlet for academic monographs which offer a recent and original contribution to linguistics and which are within the descriptive tradition.

While the monographs demonstrate their debt to contemporary linguistic thought, the series does not impose limitations in terms of methodology or genre, and does not support a particular linguistic school. Rather the series welcomes new and innovative research that contributes to furthering the understanding of the description of language.

The topics of the monographs are scholarly and represent the cutting edge for their particular fields, but are also accessible to researchers outside the specific disciplines.

Contemporary Studies in Descriptive Linguistics is based at the Department of English, University of Buckingham.

Vol. 1   Mark Garner: Language: An Ecological View.
         260 pages, 2004.
         ISBN 3-03910-054-8 / US-ISBN 0-8204-6295-0

Vol. 2   T. Nyan: Meanings at the Text Level: A Co-Evolutionary Approach.
         194 pages, 2004.
         ISBN 3-03910-250-8 / US-ISBN 0-8204-7179-8

Vol. 3   Breffni O'Rourke and Lorna Carson (eds): Language Learner Autonomy: Policy, Curriculum, Classroom.
439 pages, 2010.
ISBN 978-3-03911-980-6

Vol. 4   Dimitra Koutsantoni: Developing Academic Literacies: Understanding Disciplinary Communities' Culture and Rhetoric.
302 pages, 2007.
ISBN 978-3-03910-575-5

Vol. 5   Emmanuelle Labeau: Beyond the Aspect Hypothesis: Tense-Aspect Development in Advanced L2 French.
259 pages, 2005.
ISBN 3-03910-281-8 / US-ISBN 0-8204-7208-5

Vol. 6   Maria Stambolieva: Building Up Aspect. A Study of Aspect and Related Categories in Bulgarian, with Parallels in English and French.
243 pages, 2008.
ISBN 978-3-03910-558-8

Vol. 7   Stavroula Varella: Language Contact and the Lexicon in the History of Cypriot Greek.
283 pages, 2006.
ISBN 3-03910-526-4 / US-ISBN 0-8204-7531-9

Vol. 8   Alan J. E. Wolf: Subjectivity in a Second Language: Conveying the Expression of Self.
246 pages. 2006.
ISBN 3-03910-518-3 / US-ISBN 0-8204-7524-6

Vol. 9   Bettina Braun: Production and Perception of Thematic Contrast in German.
280 pages, 2005.
ISBN 3-03910-566-3 / US-ISBN 0-8204-7593-9

Vol. 10   Jean-Paul Kouega: A Dictionary of Cameroon English Usage.
202 pages, 2007.
ISBN 978-3-03911-027-8

Vol. 11   Sebastian M. Rasinger: Bengali-English in East London. A Study in Urban Multilingualism.
270 pages, 2007.
ISBN 978-3-03911-036-0

Vol. 12 Emmanuelle Labeau and Florence Myles (eds): The Advanced Learner Variety: The Case of French.
298 pages, 2009.
ISBN 978-3-03911-072-8

Vol. 13 Miyoko Kobayashi: Hitting the Mark: How Can Text Organisation and Response Format Affect Reading Test Performance?
322 pages, 2009.
ISBN 978-3-03911-083-4

Vol. 14 Dingfang Shu and Ken Turner (eds): Contrasting Meaning in Languages of the East and West.
634 pages, 2010.
ISBN 978-3-03911-886-1

Vol. 15 Ana Rojo: Step by Step: A Course in Contrastive Linguistics and Translation.
418 pages, 2009.
ISBN 978-3-03911-133-6

Vol. 16 Jinan Fedhil Al-Hajaj and Graeme Davis (eds): University of Basrah Studies in English.
304 pages, 2008.
ISBN 978-3-03911-325-5

Vol. 17 Paolo Coluzzi: Minority Language Planning and Micronationalism in Italy.
348 pages, 2007.
ISBN 978-3-03911-041-4

Vol. 18 Iwan Wmffre: Breton Orthographies and Dialects: The Twentieth-Century Orthography War in Brittany. Vol 1.
499 pages, 2007.
ISBN 978-3-03911-364-4

Vol. 19 Iwan Wmffre: Breton Orthographies and Dialects: The Twentieth-Century Orthography War in Brittany. Vol 2.
281 pages, 2007.
ISBN 978-3-03911-365-1

Vol. 20 Fanny Forsberg: Le langage préfabriqué: Formes, fonctions et fréquences en français parlé L2 et L1.
293 pages, 2008.
ISBN 978-3-03911-369-9

- Vol. 21 Kathy Pitt: Sourcing the Self: Debating the Relations between Language and Consciousness.
220 pages, 2008.
ISBN 978-3-03911-398-9

- Vol. 22 Peiling Xing: Chinese Learners and the Lexis Learning Rainbow.
273 pages, 2009.
ISBN 978-3-03911-407-8

- Vol. 23 Yufang Qian: Discursive Constructions around Terrorism in the *People's Daily* (China) and *The Sun* (UK) Before and After 9.11: A Corpus-based Contrastive Critical Discourse Analysis.
284 pages, 2010.
ISBN 978-3-0343-0186-2

- Vol. 24 Ian Walkinshaw: Learning Politeness: Disagreement in a Second Language.
297 pages, 2009.
ISBN 978-3-03911-527-3

- Vol. 25 Stephen Bax: Researching Intertextual Reading.
371 pages, 2013.
ISBN 978-3-0343-0769-7

- Vol. 26 Shahela Hamid: Language Use and Identity: The Sylheti Bangladeshis in Leeds.
225 pages, 2011.
ISBN 978-3-03911-559-4

- Vol. 27 Magdalena Karolak: The Past Tense in Polish and French: A Semantic Approach to Translation.
217 pages, 2013.
ISBN 978-3-0343-0968-4

- Vol. 28 Iwan Wmffre: Dynamic Linguistics: Labov, Martinet, Jakobson and Other Precursors of the Dynamic Approach to Language Description.
615 pages, 2013.
ISBN 978-3-0343-1705-4

- Vol. 29 Razaul Karim Faquire: Modality and Its Learner Variety in Japanese.
237 pages, 2012.
ISBN 978-3-0343-0103-9

Vol. 30   Francisca Suau-Jiménez and Barry Pennock-Speck (eds):
           Interdisciplinarity and Languages: Current Issues in Research, Teaching,
           Professional Applications and ICT.
           234 pages, 2011.
           ISBN 978-3-0343-0283-8

Vol. 31   Ahmad Al-Issa and Laila S. Dahan (eds): Global English and Arabic:
           Issues of Language, Culture, and Identity.
           379 pages, 2011.
           ISBN 978-3-0343-0293-7

Vol. 32   Xosé Rosales Sequeiros: Linguistic Meaning and Non-Truth-Conditionality.
           266 pages, 2012.
           ISBN 978-3-0343-0705-5

Vol. 33   Yu Hou: A Corpus-Based Study of Nominalization in Translations of
           Chinese Literary Prose: Three Versions of *Dream of the Red Chamber*.
           230 pages. 2014.
           ISBN 978-3-0343-1815-0

Vol. 34   Christopher Beedham, Warwick Danks and Ether Soselia (eds): Rules
           and Exceptions: Using Exceptions for Empirical Research in Theoretical
           Linguistics.
           289 pages, 2014.
           ISBN 978-3-0343-0782-6

Vol. 35   Bettina Beinhoff: Perceiving Identity through Accent: Attitudes towards
           Non-Native Speakers and their Accents in English.
           292 pages, 2013.
           ISBN 978-3-0343-0819-9

Vol. 36   Tahir Wood: Elements of Hermeneutic Pragmatics: Agency and
           Interpretation.
           219 pages, 2015.
           ISBN 978-3-0343-1883-9

Vol. 37   Stephen Pax Leonard: Some Ethnolinguistic Notes on Polar Eskimo.
           292 pages, 2015.
           ISBN 978-3-0343-1947-8

Vol.38 Chiara Semplicini: One Word, Two Genders: Categorization and Agreement in Dutch Double Gender Nouns.
409 pages, 2016.
ISBN 978-3-0343-0927-1

Vol.39 Raffaella Antinucci and Maria Giovanna Petrillo (eds): Navigating Maritime Languages and Narratives: New Perspectives in English and French.
320 pages, 2017.
ISBN 978-1-78707-387-6

Vol.40 Ali Almanna: Semantics for Translation Students: Arabic–English–Arabic.
226 pages, 2016.
ISBN 978-1-906165-58-1

Vol.41 Pablo Kirtchuk: A Unified and Integrative Theory of Language.
262 pages, 2016.
ISBN 978-3-0343-2250-8

Vol.42 Prafulla Basumatary: Verbal Semantics in a Tibeto-Burman Language: The Bodo Verb.
290 pages, 2017.
ISBN 978-1-78707-339-5

Vol.43 Claudio Grimaldi: Discours et terminologie dans la presse scientifique française (1699–1740): La construction des lexiques de la botanique et de la chimie.
260 pages, 2017.
ISBN 978-1-78707-923-6